博士后文库
中国博士后科学基金资助出版

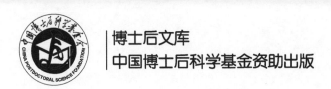

钾离子电池材料与技术

崔永朋 编著

科学出版社

北 京

内 容 简 介

本书聚焦于钾离子电池的正负极材料、电解质、器件及其相关技术。内容主要包括钾离子电池储能的基本原理、电极材料(普鲁士蓝类似物、层状氧化物、聚阴离子类正极材料等正极,碳基材料、钛基材料、有机负极材料等负极)、电极材料性能优化策略、电解液的选择与改性、器件的组装等。最后本书对钾离子电池储能整体技术进行了总结并对其未来发展前景进行了展望。此外,书中也强调了创新电池设计的重要性,如低成本、高容量实用型电极材料的开发,新型电解质的开发等。

本书适合从事电池材料研发、电化学储能技术、新能源领域的科研人员、工程师及高校相关专业师生阅读参考,旨在为读者提供钾离子电池领域的系统性知识和前沿技术动态,促进该领域的进一步发展和应用推广。

图书在版编目(CIP)数据

钾离子电池材料与技术 / 崔永朋编著. -- 北京 : 科学出版社,
2025. 3. -- ISBN 978-7-03-081294-0

Ⅰ. TM912.9

中国国家版本馆 CIP 数据核字第 2025AL7183 号

责任编辑:李明楠 张 莉 / 责任校对:杜子昂
责任印制:徐晓晨 / 封面设计:蓝正设计

科学出版社 出版
北京东黄城根北街 16 号
邮政编码:100717
http://www.sciencep.com
北京厚诚则铭印刷科技有限公司印刷
科学出版社发行 各地新华书店经销

*

2025 年 3 月第 一 版 开本:720×1000 1/16
2025 年 3 月第一次印刷 印张:14 1/4
字数:285 000
定价:118.00 元
(如有印装质量问题,我社负责调换)

"博士后文库" 编委会

"博士后文库"序言

　　1985 年，在李政道先生的倡议和邓小平同志的亲自关怀下，我国建立了博士后制度，同时设立了博士后科学基金。40 年来，在党和国家的高度重视下，在社会各方面的关心和支持下，博士后制度为我国培养了一大批青年高层次创新人才。在这一过程中，博士后科学基金发挥了不可替代的独特作用。

　　博士后科学基金是中国特色博士后制度的重要组成部分，专门用于资助博士后研究人员开展创新探索。博士后科学基金的资助，对正处于独立科研生涯起步阶段的博士后研究人员来说，适逢其时。它不仅有利于培养他们独立的科研人格、在选题方面的竞争意识以及负责的精神，更是他们独立从事科研工作的"第一桶金"。尽管博士后科学基金资助金额不大，但对博士后青年创新人才的培养和激励作用不可估量。"四两拨千斤"，博士后科学基金充分发挥了"小基金、大作用"的优势，有效推动了博士后研究人员迅速成长为高水平的研究人才。

　　在博士后科学基金的资助下，博士后研究人员的优秀学术成果不断涌现。2013 年，为提高博士后科学基金的资助效益，中国博士后科学基金会联合科学出版社开展了博士后优秀学术专著出版资助工作，通过专家评审遴选出优秀的博士后学术著作，收入"博士后文库"，由博士后科学基金资助、科学出版社出版。我们希望，借此打造专属于博士后学术创新的旗舰图书品牌，激励博士后研究人员潜心科研，扎实治学，提升博士后优秀学术成果的社会影响力。

　　2015 年，国务院办公厅印发了《关于改革完善博士后制度的意见》（国办发〔2015〕87 号），将"实施自然科学、人文社会科学优秀博士后论著出版支持计划"作为"十三五"期间博士后工作的重要内容和提升博士后研究人员培养质量的重要手段，这更加凸显了出版资助工作的意义。我相信，我们提供的这个出版资助平台将对博士后研究人员激发创新智慧、凝聚创新力量发挥独特的作用，促使博士后研究人员的创新成果更好地服务于创新驱动发展战略和创新型国家的建设。

　　祝愿广大博士后研究人员在博士后科学基金的资助下早日成长为栋梁之材，为实现中华民族伟大复兴的中国梦做出更大的贡献。

中国博士后科学基金会理事长

前　言

钾离子电池作为一种新型的储能技术，近年来在能源领域受到了广泛关注。与广泛应用的锂离子电池相比，钾离子电池具有成本低廉、资源丰富等优势，在电网规模的储能应用中具有巨大的潜力。虽然钾离子电池的研究起步较晚，但近几年发展迅速，这得益于其自身独特的优势，如丰富的钾资源、低成本以及环境友好性等特性。本书全面探讨了钾离子电池的关键材料与技术：正极材料、负极材料和电解质，旨在为读者提供一个关于这一领域的综合视角。

本书对钾离子电池储能技术的基本理论、基本知识、相关材料的制备及表征等内容进行了精选和融合，共分为5章：第1章为钾离子电池简介；第2章、第3章和第4章主要介绍了钾离子电池现有的正极材料、负极材料以及电解质的种类及研究进展；第5章对钾离子电池储能技术进行了总结并对其未来发展前景进行了展望。

钾离子电池的正极材料研究是当前的热点之一。由于钾离子的半径较大，其在电极材料中的嵌入/脱出过程会引起较大的体积变化，从而对电极材料的结构稳定性和循环寿命造成影响。目前，钾离子电池的正极材料主要分为四类：普鲁士蓝类似物、层状氧化物、聚阴离子类正极材料以及有机正极材料。这些材料各有优势和局限性，但都在不断地被研究和改进以提高电池的整体性能。

在负极材料方面，碳基材料因其资源丰富、成本低、无毒和电化学多样性等优点成为研究热点。此外，基于多电子转移合金化反应机理，合金型负极材料也显示出巨大的潜力，层状负极材料由于其可调控的层间距离、更大的比表面积和更多活性位点，在研究中表现出较好的结构稳定性和优异的可逆比容量。尽管钾离子电池在负极材料方面取得了一些进展，但仍面临诸多挑战，如钾离子的迁移速度慢、材料体积膨胀大、固体电解质界面不稳定等问题。为了解决这些问题，研究者们通过结构调控等策略，显著提升了负极材料的储钾容量和循环稳定性。

电解质的设计也是钾离子电池研究的关键方向。目前，钾离子电池的电解液主要包括有机液体、离子液体、凝胶/聚合物以及固态电解质等类型。由于钾离子的半径较大，传统的电解液可能无法有效支持钾离子的快速迁移。因此，开发新型电解液以提高钾离子的传导率和电池的整体性能成为研究的重点。目前，研究者们正在探索基于有机溶剂、水或固态电解质的新型电解液，以期实现更高效的钾离子传输。

未来，钾离子电池的发展将集中在提高电池性能、降低成本以及扩大应用范围上。通过开发新型高性能的正负极材料、优化电解液体系以及改进电池设计，将进一步提升钾离子电池的能量密度、功率密度和循环寿命。此外，钾离子电池在大规模储能、移动电子设备以及可再生能源储存等领域的应用前景也将得到进一步的拓展。总之，钾离子电池作为一种具有巨大潜力的新型储能技术，其未来的发展将依赖于材料科学、化学工程以及能源储存领域的持续创新和突破。随着研究的深入和技术的进步，钾离子电池有望成为实现清洁能源转换和储存的重要工具，为全球能源危机提供有效的解决方案。

本书由崔永朋编著，在编著过程中，邱智健、葛丽娜、郑如猛等对本书进行了初稿资料整理、校对和修改，参与校对的人员还有冯文婷、周莉、宋以俊、牛鹏超、郑淑欣、许崇、刘鹏云、李学进等。另外，感谢邢伟教授、薛庆忠教授、王雅君教授、李永峰教授的指导。

由于技术发展迅速，加之作者水平有限，书中难免会有不足之处，敬请读者批评指正。

崔永朋

2025 年 1 月

目　　录

第1章 钾离子电池简介

1.1 钾离子电池概述

现阶段，储能技术，特别是电力储能技术，在实现可持续发展的社会中变得越来越重要。大多数电能都是从化石燃料中产生的，无法以其原始形式储存。然而，随着对全球变暖的日益关注，减少温室气体排放和化石燃料消耗的压力越来越大[1]。虽然能够从可再生资源(如阳光、风、雨、潮汐和波浪)中获取能源，但自然资源的供应受天气条件的影响，具有间歇性的特点。因此，为了平衡电力系统的供需关系，提高能源利用效率，可再生能源发电厂必须具备大规模能源储存系统[2]。

现有的能量储存类型可以分为电气、机械、化学和电化学等形式。其中，可充电电池是电化学储能的典型形式，是最有吸引力的储能系统之一。与其他储能系统相比，可充电电池具有更高的储能效率。例如，铅酸电池、镍镉电池和锂离子电池(LIB)已用作各种电子产品的电源。自从 1991 年索尼公司将 LIB 商业化以来，得益于其高能量密度和长循环寿命，移动电话和笔记本电脑等便携式电子设备的发展进程被快速推进。2009 年以后，LIB 也逐渐被用作大规模生产的电动汽车和插电混合动力汽车的电源。在过去十年间，铅酸电池和镍氢电池等由于质量大、容量有限等缺陷已经逐步被 LIB 取代。毫无疑问，锂离子电池已被开发用于储能系统的固定应用。然而，锂和钴是锂离子电池的基本元素，它们价格昂贵，在地壳中含量也较低。鉴于高压储能系统、高压电力传输设备等高压领域以及电动汽车市场的迅猛扩张，对锂、钴、镍等关键材料资源的需求持续攀升。与此同时，锂和钴价格呈现出大幅波动态势，这无疑引发了各界对于这些材料长期供应稳定性的深切担忧。

最近，除钠离子电池（SIB）外，钾离子电池（KIB）作为一种极具成本效益的选择，同样受到了广泛关注[3]。近年来，鉴于对能源的高需求、锂资源的有限供应，以及 KIB 自身独特的吸引力，KIB 已成为锂具有诸多优势，如成本低廉、资源丰富（如图 1-1 所示钾在地壳中是含量位列第 7 的元素）、钾的氧化还原电位相对较低(相对于标准氢电极约为–2.94 V)，并且在技术上与研究广泛的 LIB 和 SIB 具有相似性(表 1-1 给出了锂、钠和钾的元素对比情况)[4]。具体而言，依据标准电极电位，K^+/K 的氧化还原电位为–2.94 V，处于 Li^+/Li(–3.040 V)与 Na^+/Na(–2.714 V)之间。然而，理论实际计算表明，在如碳酸丙烯酯(PC)等有机溶剂中，K^+/K 展现出的最低反应电位为–2.88 V(其中，Li^+/Li 约为–2.79 V，Na^+/Na 约为–2.56 V)[5, 6]。这有利于形成更广泛的电压窗口，从而提高电池的能量密度。与 LIB 和 SIB 相比，KIB 的另一个显著优势是 K^+ 为更弱的路易斯酸，这导致其比 Li^+ 和 Na^+ 更容易发生溶剂化。因此，在 KIB 中，传输的 K^+ 的电导率和数量将优于 Li^+ 和 Na^+。同时，较低的脱溶能使 K^+ 在电解质/电极界面上的扩散速度更快[7, 8]。此外，与 SIB 不同的是，KIB 可以利用商业石墨作为负极材料。例如，石墨能够形成 KC_8 夹层化合物，几乎可以显示达到其理论比容量(约 $279\ mAh \cdot g^{-1}$)，而在 SIB 中形成 NaC_{64}，只能提供 $35\ mAh \cdot g^{-1}$ 的放电比容量[9, 10]。此外，当钾在较低的电压下与铝接触时，从热力学角度看不会形成合金，因此可以通过在负极侧用铝箔取代铜来降低电池的生产成本。在此之后，KIB 及其相关材料，包括正负电极材料、非水系电解质、固体电解质和黏结剂一度成为研究热点。

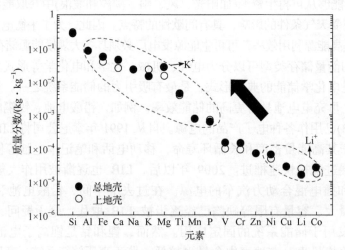

图 1-1　各种元素的地壳丰度比较

表 1-1　钾与锂、钠元素的性质比较

性质	Li	Na	K
原子半径/pm	167	190	243
离子半径/pm	76	102	138
原子量	6.94	22.989	39.098
标准电极电势/V(*vs.* SHE)	–3.04	–2.71	–2.94
熔点/℃	180.54	97.79	63.5
沸点/℃	1347	882.94	759

续表

性质	Li	Na	K
晶体结构	立方相	立方相	立方相
密度(293K)/(g·cm^{-3})	0.53	0.971	0.826
分布情况	70%在南美洲	分布广泛	分布广泛
碳酸盐(99%纯度)价格/(美元·kt^{-1})	2000~2200	200~250	500~1500

　　尽管如此，目前钾离子电池仍处于发展阶段，因此需要取得各种科学和工程层面的进步，以应对当前的挑战[5, 11, 12]。例如，在充放电过程中，由于频繁插入和提取半径为 0.138 nm 的大尺寸 K$^+$，常规的电极材料结构往往容易坍塌，导致容量和倍率性能降低以及较差的循环性，有时甚至出现电化学失活的现象。此外，由于 K 金属的强烈化学反应性，因此电池的安全性是目前研究的一个重点。以往的文献表明，金属电极产生的热量可以通过量热法检查，大量的热产生取决于剩余的 K 金属的数量[13]。因此，K 金属被认为在热产生前就消失了，最终导致热失控。值得注意的是，镀 K 金属的反应性和剩余 K 金属的数量取决于电解质盐、溶剂和添加剂的组成。由于 K 金属的熔点非常低，为 63.5℃(表 1-1)，当 K 金属镀层生长时，镀的 K 金属会因焦耳热而熔化，从而在负极和正极之间产生短路，而熔化的 K 金属将切断短路之前发生严重的热失控的电池。当 KIB 由于 K 金属在典型电解质中的不稳定性及其低熔点而被过充电时，K 金属可以充当内部保险丝[14]。

　　因此，钾离子电池在高比能、长寿命、高安全性和低成本等方面展现出巨大的潜力。但目前仍面临一些挑战，如低可逆比容量和较差的倍率性能等，迫切需要探索 KIB 不同电极的结构和电化学性能，进而设计以及开发结构稳健的电化学活性正负极材料，以构建性能优异的 KIB。

　　本书对目前所报道的正负极材料、相应的电解质以及电荷储存机理进行了详细的分析(图 1-2)。同时，也分析了目前 KIB 技术面临的关键挑战，以针对性地提出改进 KIB 现有性能的不同策略。此外，我们还提出了将 KIB 作为下一代电池的观点，并分享了对 KIB 储能技术的现有实际挑战和未来前景的看法。未来的研究方向包括开发更高比容量、倍率性能和循环稳定性的电极材料体系，以及进一步提升电解液的性能。这些努力将推动 KIB 在大规模储能、低速电动车等领域的广泛应用。

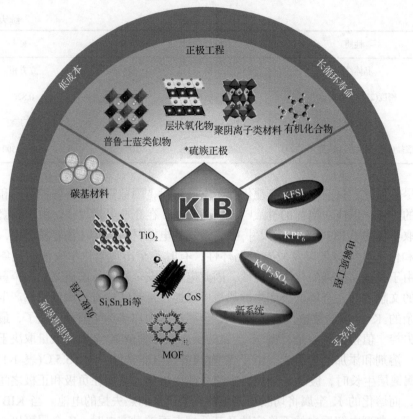

图 1-2 钾离子电池正极、负极、电解液存在的问题及其相关解决策略

1.2 钾离子电池发展历史

早在 20 年前，Ali Eftekhari 就推出了使用普鲁士蓝正极的 KIB 模型，表现出了长达 500 个周期的循环性能，容量衰减率仅为 12%[15]。随后，普鲁士蓝及其类似物又作为 SIB 和 LIB 的正极材料受到了广泛关注。2005 年，KPF_6 用于 KIB 电解质的专利被申请。2007 年，星威电子(中国)将第一个以 KIB 驱动的便携式媒体播放器推向市场。然而他们并没有在产品中提供任何电池规格信息，如电池寿命、充电时间等。后来，由于与金属钾相关的安全问题备受关注，再加上 LIB 和 SIB 技术的日益普及，对 KIB 的深入研究曾一度停滞。然而，自 2015 年以来，有关 KIB 的科学出版物的数量显著增加，还包括钾离子电容器、$K\text{-}O_2$ 和 K-S 族电池[10, 16, 17]。近年来，越来越多的潜在材料被成功地用于 KIB 系统的开发和改进，这极大地推动了 KIB 的发展。到目前为止，深入的研究主要集中在确定 KIB 工作电压和提升容量的电极材料开发等方向。

1.3　工　作　原　理

与 LIB 和 SIB 一样，基于充电/放电过程中 K⁺在电极之间的迁移，KIB 遵循"摇椅式"的工作原理。工作示意图如图 1-3 所示，与 LIB 不同的是，KIB 的成本可以通过在负极侧用铝箔取代铜箔作集流体来进一步降低。KIB 中的主要氧化还原反应是基于 K⁺在负极侧和正极侧的脱嵌。正负极之间以隔膜隔开，隔膜浸没在适量的电解液中。隔膜的主要作用是确保正极和负极之间适当的离子运输，同时隔绝电极之间的任何电接触。

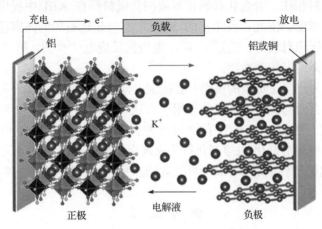

图 1-3　钾离子电池工作原理示意图[2]

在充电过程中，正极的 K 原子通过向外部电路释放电子而转变为 K⁺，然后通过隔膜和电解质向负极一侧移动。当 K⁺到达负极一侧时，它们将与来自外部电路的电子结合。充电过程的结果是，外部电源提供的能量(电)被转换并以化学能的形式储存在电池中。放电过程中，上述现象发生逆转。简而言之，当电池通过外部负载放电时，K⁺从负极一侧脱出，并通过隔膜和电解质向正极移动，在此期间，电子从负极迁移到外部负载。因此，选取性能优异的正负极材料，并匹配适当的电解液、黏结剂和隔膜可以实现高性能的钾离子电池。

已报道的正极材料可分为：普鲁士蓝类似物(Prussian blue analog，PBA)、层状氧化物、聚阴离子化合物和有机类材料。一些 PBA 表现出高容量的潜力，这是因为它们的三维开放框架包括适合大 K⁺扩散和插入的通道和间隙位点[18, 19]。与 Li 和 Na 体系相比，典型的含 K 层状氧化物，如 K_xCoO_2，由于强 K⁺-K⁺排斥和稳定 K⁺/空位有序，表现出较低的可逆比容量、低的反应电位，并伴随多次相变的阶梯式电压变化[20, 21]。聚阴离子化合物也是正极材料的潜在候选者，并且往往表现出高的工作电压[22, 23]。一些有机电极材料在 KIB 中也表现出较高的氧化还原活性，并提供出色的可逆比容量[7, 24]。此外，钾硫族电池体系由于其高能量密度受到了越来越多的关注[25,26]。第 2 章综述了各种相关正极材料的结构特征以及详细的电化学性能。

对于 KIB 的负极材料，所报道的电极材料可分为碳基材料、钛基材料、单质类材料、过渡金属化合物和有机负极材料等。石墨材料已经被广泛用于 LIB，并在技术上实现了较大的突破以提高其电化学性能，由于其低工作电压和优异的可逆比容量，被认为是 KIB 负极材料中有潜力的候选者[10, 27]。此外，一些非石墨碳材料在容量和倍率方面表现出优于石墨的性能[17,28]。与 Li 和 Na 电池体系类似，与碳基材料相比，合金化和转化反应的负极材料在 KIB 中提供了更高的能量密度和功率密度，因此，在未来的 KIB 中有望超越石墨的高容量性能，因为它们的工作电压相对较高，超过了 K/K+电极的反应电位[28-30]。第 3 章介绍了这些负极材料的详细电化学性能。

电解质作为连接正负极的桥梁，在决定电池可逆比容量、循环寿命、倍率性能和安全性等方面起到至关重要的作用[31]。这一观点已在 LIB 和 SIB 中得到广泛认可和研究。然而，由于 K+的大尺寸和低路易斯酸度，KIB 电解质的溶解度、离子电导率和溶剂化/去溶剂化行为表现出了显著差异。第 4 章综述了电解质以及电极/电解质界面对于 KIB 电化学性能的影响的相关研究进展。

参 考 文 献

[1] Neumann J, Petranikova M, Meeus M, et al. Recycling of lithium-ion batteries-current state of the art, circular economy, and next generation recycling [J]. Advanced Energy Materials, 2022, 12(17): 2102917.

[2] Yang Z, Zhang J, Kintner-Meyer M C W, et al. Electrochemical energy storage for green grid [J]. Chemical Reviews, 2011, 111(5): 3577-3613.

[3] Rajagopalan R, Tang Y, Ji X, et al. Advancements and challenges in potassium ion batteries: a comprehensive review [J]. Advanced Functional Materials, 2020, 30(12): 1909486.

[4] Zhu Y H, Yang X, Bao D, et al. High-energy-density flexible potassium-ion battery based on patterned electrodes [J]. Joule, 2018, 2(4): 736-746.

[5] Wu X, Leonard D P, Ji X. Emerging non-aqueous potassium-ion batteries: challenges and opportunities [J]. Chemistry of Materials, 2017, 29(12): 5031-5042.

[6] Moshkovich M, Gofer Y, Aurbach D. Investigation of the electrochemical windows of aprotic alkali metal (Li, Na, K) salt solutions [J]. Journal of the Electrochemical Society, 2001, 148(4): 155-167.

[7] Lei K, Li F, Mu C, et al. High K-storage performance based on the synergy of dipotassium terephthalate and ether-based electrolytes [J]. Energy & Environmental Science, 2017, 10(2): 552-557.

[8] 王振, 韩坤, 徐丽, 等. 钾离子电池电极材料研究进展[J]. 硅酸盐学报, 2020, 48(7): 1013-1024.

[9] Jian Z, Xing Z, Bommier C, et al. Hard carbon microspheres: potassium-ion anode versus sodium-ion anode [J]. Advanced Energy Materials, 2016, 6(3): 1501874.

[10] Komaba S, Hasegawa T, Dahbi M, et al. Potassium intercalation into graphite to realize high-voltage/high-power potassium-ion batteries and potassium-ion capacitors [J]. Electrochemistry Communications, 2015, 60: 172-175.

[11] Dhir S, Wheeler S, Capone I, et al. Outlook on K-ion batteries [J]. Chem, 2020, 6(10): 2442-2460.

[12] 廖树青, 董广生, 赵赢营, 等. 钾离子电池的研究进展及展望[J]. 工程科学学报, 2023, 45(7): 1131-1148.

[13] Kondou H, Kim J, Watanabe H. Thermal analysis on Na plating in sodium ion battery [J]. Electrochemistry, 2017, 85(10): 647-649.

[14] Xiao N, Mcculloch W D, Wu Y. Reversible dendrite-free potassium plating and stripping electrochemistry for potassium secondary batteries [J]. Journal of the American Chemical Society, 2017, 139(28): 9475-9478.

[15] Wang Z, Zhuo W, Li J, et al. Regulation of ferric iron vacancy for prussian blue analogue cathode to realize high-performance potassium ion storage [J]. Nano Energy, 2022, 98: 107243.

[16] Ji B, Zhang F, Wu N, et al. A dual-carbon battery based on potassium-ion electrolyte [J]. Advanced Energy Materials, 2017, 7(20): 1700920.

[17] Jian Z, Luo W, Ji X. Carbon electrodes for K-ion batteries [J]. Journal of the American Chemical Society, 2015, 137(36): 11566-11569.

[18] Ma R, Wang Z, Fu Q, et al. Dual-salt assisted synergistic synthesis of Prussian white cathode towards high-capacity and long cycle potassium ion battery [J]. Journal of Energy Chemistry, 2023, 83: 16-23.

[19] Eftekhari A. Potassium secondary cell based on Prussian blue cathode [J]. Journal of Power Sources, 2004, 126(1-2): 221-228.

[20] Kubota K, Dahbi M, Hosaka T, et al. Towards K-ion and Na-ion batteries as "beyond Li-ion" [J]. The Chemical Record, 2018, 18(4): 459-479.

[21] Kim H, Kim J C, Bo S H, et al. K-ion batteries based on a P2-type $K_{0.6}CoO_2$ cathode [J]. Advanced Energy Materials, 2017, 7(17): 1700098.

[22] Lin X, Huang J, Tan H, et al. $K_3V_2(PO_4)_2F_3$ as a robust cathode for potassium-ion batteries [J]. Energy Storage Materials, 2019, 16: 97-101.

[23] Fedotov S S, Luchinin N D, Aksyonov D A, et al. Titanium-based potassium-ion battery positive electrode with extraordinarily high redox potential [J]. Nature Communications, 2020, 11(1): 1484.

[24] Hu Y, Tang W, Yu Q, et al. Novel insoluble organic cathodes for advanced organic K-ion batteries [J]. Advanced Functional Materials, 2020, 30(17): 2000675.

[25] Ye C, Shan J, Li H, et al. Reducing overpotential of solid-state sulfide conversion in potassium-sulfur batteries [J]. Angewandte Chemie International Edition, 2023, 62(22): e202301681.

[26] Ruan J, Mo F, Chen Z, et al. Rational construction of nitrogen-doped hierarchical dual-carbon for

advanced potassium-ion hybrid capacitors [J]. Advanced Energy Materials, 2020, 10(15): 1904045.

[27] 晏然, 李怡然, 王劲孚. 钾离子电池碳基负极材料的研究进展[J]. 化工设计通讯, 2023, 49(10): 166-168.

[28] Bin D S, Lin X J, Sun Y G, et al. Engineering hollow carbon architecture for high-performance K-ion battery anode [J]. Journal of the American Chemical Society, 2018, 140(23): 7127-7134.

[29] Tian B, Tang W, Leng K, et al. Phase transformations in TiS$_2$ during K intercalation [J]. ACS Energy Letters, 2017, 2(8): 1835-1840.

[30] Wei Z, Wang D, Li M, et al. Fabrication of hierarchical potassium titanium phosphate spheroids: a host material for sodium-ion and potassium-ion storage [J]. Advanced Energy Materials, 2018, 8(27): 1801102.

[31] Zhou M, Bai P, Ji X, et al. Electrolytes and interphases in potassium ion batteries [J]. Advanced Materials, 2021, 33(7): 2003741.

第 2 章　正 极 材 料

正极材料在钾离子电池的电化学性能方面起着核心和决定性的作用，特别是在提升电池系统的能量密度方面。它不仅关系到电池的经济性和实用性，也是推动 KIB 技术向前发展的关键驱动力[1, 2]。与锂离子电池和钠离子电池相比，寻找适合钾离子电池的正极材料更具挑战性，是产业化应用的关键[3, 4]。

然而，由于 K^+ 的离子半径较大，正极材料在充放电过程中更容易发生不可逆的结构形变，从而导致容量迅速衰减。目前，钾离子电池正极材料的比容量通常低于 $100 \, mAh \cdot g^{-1}$，使其能量密度未达到预期目标。可见，发展具有高可逆比容量、高电压、长循环寿命的正极材料仍面临重大挑战。正极材料需要具备高度稳定的晶格结构以承载 K^+ 进行可逆充放电过程，既能为大尺寸 K^+ 的快速传输提供大通道，又能在高压范围内保持完整的晶格框架，从而保证正极内的可逆电化学反应，实现高可逆比容量和长周期循环寿命。迄今正极材料的主要设计策略是通过—O—、—P(S)—O(F)—和—CN 等化学键连接过渡金属，形成大层间距、大隧道结构、大框架结构的化合物，实现 K^+ 的嵌入和脱出[5, 6]。与 LIB 和 SIB 类似，根据其固有晶格结构特征，KIB 正极材料主要有四类，包括层状氧化物[7-9]、聚阴离子类材料[10, 11]、普鲁士蓝类似物[12, 13]和有机化合物[14-16]。如图 2-1 所示，基于比容量和电压窗口等关键电化学参数，对 KIB 各种正极材料进行综合比较[3]。值得注意的是，KIB 正极材料在 4.2 V 以上的高截止电压下能够稳定工作仍然是一项具有挑战性的任务。除了上述四种传统的 KIB 正极材料，还有

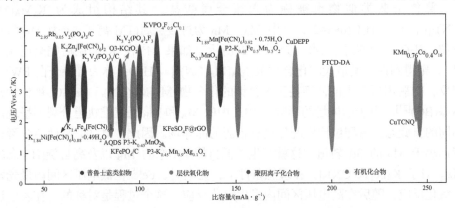

图 2-1　已报道的钾离子电池正极的比容量和电压窗口

一些其他钾基体系[17](如 K-S/Se/Te 电池等)正极材料值得关注，该部分内容我们也进行了相关讨论。这些正极材料都面临着一个关键的挑战，即 K^+ 插入/提取时的结构稳定性，以实现突出的长循环寿命，因此进一步的结构控制成为一个重要和必要的研究方向。

鉴于越来越多的人提出了对 KIB 正极材料的新认识，有必要进行全面的总结，以表明正极材料的潜在结构设计策略，这不仅有助于实现 KIB 的高电池性能，而且对展望未来电池设计的原则和实践至关重要。众所周知，正极材料的电化学性能在很大程度上与充放电机理有关，这取决于材料的结构和组成[18]。为了更好地提取/嵌入 K^+，正极材料应具有宽阔的离子扩散通道、稳定的晶格结构、高的氧化还原电位和电化学活性，从而获得更高的电池容量和更好的循环稳定性。研究发现，KIB 的电化学性能与合适的电极材料结构设计策略密切相关，这些策略主要集中在提高结构稳定性上，如阳离子掺杂[19, 20]、正极材料表面刚性涂层的构建[21]、稳定形貌的设计等[22]。

这里，我们将主要讨论正极材料的设计原则，并重点讨论用于对抗其结构退化的有效策略，包括结构工程、形态控制和组成优化等方面。我们将首先介绍不同类型正极材料的电荷储存机制，重点介绍它们的结构-性能关系，以揭示它们的晶格框架所起的决定性作用。随后，我们详细回顾了各类 KIB 正极材料的研究进展，以揭示它们在解决 KIB 应用相关的固有问题方面的重要贡献。最后，我们将讨论不同类别正极材料未来发展面临的关键问题，并为推动 KIB 进一步发展的潜在途径和策略进行展望。

2.1　普鲁士蓝类似物

普鲁士蓝类似物也被称为六氰金属酸盐，其结构组成为 $K_xM_A[M_B(CN)_6]_{1-y} \cdot \square_y \cdot zH_2O(0 \leqslant x \leqslant 2)$，其中 M_A、M_B 为过渡金属(TM)离子，□为 $M_B(CN)_6$ 空位，H_2O 为间隙/配位水。如图 2-2 所示，如果 M^{3+} 在 K^+ 插层后完全还原为 M^{2+}，则得到钾含量最大的化合物 $K_2M_A[M_B(CN)_6] \cdot nH_2O$，称为普鲁士白(PW)。相反，$K^+$ 脱出后产生的低钾甚至不含钾的化合物 $M_A[M_B(CN)_6] \cdot nH_2O$ 被称为柏林绿(BG)[23]。由于晶体场的影响，PBA 中的 M_A 和 M_B 因三维轨道分裂而呈现出不同的自旋态。氮配位比碳配位具有较弱的晶体场。因此，M_A 的 3d 轨道分裂程度远小于 M_B 的 3d 轨道，这就产生了低自旋(LS)态的 M_B 以及高自旋(HS)态的 M_A。对于 $K_2Fe[Fe(CN)_6]$，在理想条件下，充电时，Fe^{HS} 在低电压区间内最先发生氧化反应，随后在高电压区间内发生氧化反应。这个过程是对称的，在发生还原反应时是完全可逆的。Fe^{HS} 和 Fe^{LS} 的氧化还原反应决定了 PBA 正极材料的可逆比容量和工作电压。PBA 的传统晶胞结构沿着立方晶胞的⟨001⟩方向排列的

M_A—N≡C—M_B产生了M_AN_6和M_BC_6交替的八面体,为被氰化物配体包围的K^+提供了一个大的间隙位点。当$x=1$时,内部储钾位点被填满一半。该结构允许3D扩散途径,有可能导致快速的K^+插层。因此,普鲁士蓝类似物被认为是 KIB 正极材料的有吸引力的候选者[24]。这类材料通常采用共沉淀法合成,$K_xM_A[M_B(CN)_6]$中 K 含量 x 在 0~2 之间。此外,可以通过选择合适的M_A前驱体氧化态来调整M_A含量。例如,在 $K_4Fe(CN)_6$ 水溶液中加入 $FeCl_3$ 会析出 $KFe[Fe(CN)_6]$,在 $K_4Fe(CN)_6$ 水溶液中加入 $Mn(NO_3)_2$ 会析出 $K_2Mn[Fe(CN)_6]$[25]。虽然水分含量随合成方案的不同而不同,但由于共沉淀反应动力学快,在合成状态下完全脱水通常是困难的[26, 27]。结晶水的存在降低了结构中存在的氧化还原金属的数量,并减少了K^+的活性位点数量,限制了材料的整体性能。

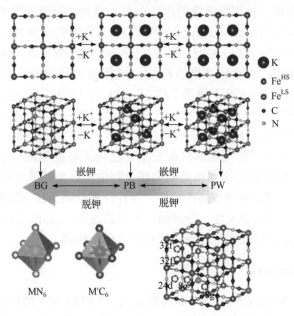

图 2-2　$K_2Fe[Fe(CN)_6]$电化学反应过程及储钾位点[23]

BG、PB 和 PW 的差异主要体现在 K/TM 的物质的量比上。特别是K^+含量(x)和结晶水含量(z),这严重影响晶体结构的稳定性和对称性。需要考虑三个影响因素,包括结晶水的泡利排斥作用、d-π 轨道重叠和 K^+与$(CN)^-$之间的库仑引力。其中,前两者导致体积收缩,后者倾向于使晶格体积减小。K^+的引入增强了库仑引力,而过高的含水量增加了泡利斥力。当发生钾化反应(x 增加)或减少结晶水数量(z 减少)时,库仑引力变得更强,具有比其他两个因素更强的影响作用,最终导致晶体结构发生一定程度的扭曲。相反,K^+脱出(x 减少)或结晶水数量增加(z 增加)导致泡利排斥作用增强,三种影响因素互相竞争最终导致晶体结构倾向于规整的排列[28]。因此，与贫钠相 PBA 的报道相似，贫钾相的 PBA 通常呈现立方结构。然而，与以往研究发现的富钠相 PBA 具有菱形结构不同，无论晶体含水量如何，大多数富钾 PBA 都表现出典型的单斜结构。这一结果可以解释为 K^+ 的大离子半径增强了泡利排斥作用从而抑制了晶格收缩[27,29]。整个 PBA 的结构组成中，x、y 和 z 的晶体参数是可调的，高度依赖于 K/TM 的比例和合成条件。

图 2-2 展示了 K^+ 在立方体结构中的潜在活性位点，用 Wyckoff 符号表示为 8c(体心)、24d(面心)、32f(从 8c 点向 N 配位的角移动)、32f'(从 8c 点向 C 配位的方向移动)和 48g(在 8c 和 24d 之间移动)。密度泛函理论(DFT)计算表明，K^+ 优先占据体心的 8c 位置，而面心的 24d 位置对 Na^+ 有利[23,30]。

PBA 被认为是一种很有前途的电极材料，已被广泛研究用于电化学储能。事实上，早在 2004 年，Eftekhari 就研究了 PBA(化学组成为 $KFe[Fe(CN)_6]$)在可逆储钾方面的应用[31]。与 Li^+ 相比，K^+ 的电化学扩散系数更高，这是 K^+ 更小的斯托克斯半径与 PBA 独特的晶格结构的协同作用所导致的。同时，该正极在 $8.7\ \text{mA} \cdot \text{g}^{-1}$ 的极低电流密度下提供了约 $78\ \text{mAh} \cdot \text{g}^{-1}$ 的可逆比容量，可在充放电过程中将 K^+ 从框架中完全提取或插入，证明了它是一种很有潜力的储钾正极材料。然而，该材料对于 KIB 的应用仍然面临着一些严峻的挑战。最关键的是，通常在框架中含有大量的间隙水或配位水，这将不可避免地与电解质产生副作用，导致相对较低的库仑效率和长期循环过程中的容量持续衰减[29,32]。同时，间隙水或配位水的存在会导致晶格结构中存在许多缺陷，在 K^+ 插入/提取过程中会削弱三维开放框架的稳定性，导致结构不可逆退化。因此，各种结构设计策略和样品合成方法正在开发中，以确保优异的电化学性能。

2.1.1　单活性位点 PBA

PBA 框架 $K_xM[Fe(CN)_6] \cdot yH_2O$ 根据其 $Fe^{2+/3+}$ 和 M 离子的氧化还原中心，可在每个单元电池内可逆地插入或提取 1～2 个 K^+。如果只有 $Fe^{2+/3+}$ 表现出氧化还原活性，而 M 离子呈现电化学惰性则为单电子转移机制[33,34]。对于具有单电子氧化还原中心的 PBA，每个分子单位只能转移 1 个 K^+。根据已有的研究，当过渡金属元素 M 的位置被 Ni、Zn 占据时，通常表现为单活性位点。例如，尽管骨架中有 K^+，但以 $K_{0.22}Fe[Fe(CN)_6]_{0.805} \cdot 4.01H_2O$[35] 和 $K_{1.81}Ni[Fe(CN)_6]_{0.97} \cdot 0.086\ H_2O$[36] 作为 K^+ 插层的正极材料，从 CV 曲线可以看出，只有一对碳配位的低自旋 $Fe^{2+/3+}$ 氧化还原峰(图 2-3)。因此，与碳配位的低自旋 Fe 离子在 K^+ 提取过程中表现出较低的 t_{2g} 轨道能量，从而表现出较强的电化学活性，而氮配位的高自旋 Ni 离子则表现出较高的离子电位，从而表现出较弱的电化学活性。

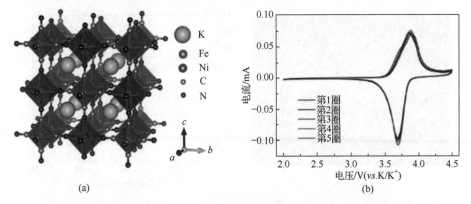

(a)   (b)

图 2-3 $K_{1.81}Ni[Fe(CN)_6]_{0.97} \cdot 0.086H_2O$ 的晶体结构(a)和 CV 曲线(b)[36]

Li 等采用温和的共沉淀法制备了低应变富钾 $K_{1.84}Ni[Fe(CN)_6]_{0.88} \cdot 0.49H_2O$ (KNiHCF)[37]。充放电曲线如图 2-4 所示，该电极具有较高的放电电压(3.82 V)，优越的倍率性能(在 5000 mA · g^{-1} 时具有 45.8 mAh · g^{-1} 的可逆比容量)以及良好的循环稳定性(100 次循环后容量保持率为 88.6%)。

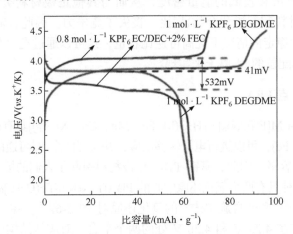

图 2-4 KNiHCF 电极的充放电曲线[37]

在充电/放电过程中，单活性位点的 PBA 通常会发生固溶反应，这是因为它们具有强大的 3D 开放框架和大的离子传输通道，通常认为 K^+ 的插入/提取不会发生诱导相变，从而提高了电荷储存能力。Yuan 等采用简易的焦磷酸盐辅助共沉淀法合成了高度结晶化的 $K_2Zn_3[Fe(CN)_6]_2$ 晶体[38]。材料表现为立方体状微晶，平均粒径分布在约 1 μm，如图 2-5 所示。作为 KIB 正极材料，该材料在 50 mA · g^{-1} 时的初始放电能力为 65.3 mA · g^{-1}，在约 3.4 V/3.8 V 的一对充放电平台对应$[Fe(CN)_6]^{3+}/[Fe(CN)_6]^{4+}$的氧化还原。在 500 mA · g^{-1} 时，1000 次循环后的容量保留率为 89.3%，具有良好的循环性能。

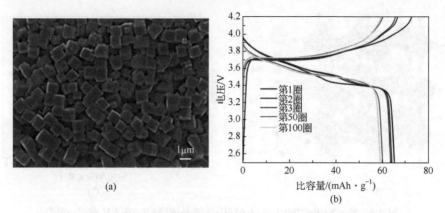

图 2-5　HQ-KZnHCF 的 SEM 图像(a)和在 50 mA · g⁻¹ 时的充放电曲线(b)[38]

　　由于制备工艺简单，原料丰富且环保，制备的 HQ-KZnHCF 显示出作为低成本、长循环寿命的 KIB 正极的巨大潜力。然而，每个单元仅有一个活性位点的 PBA，尽管其截止电压甚至充电到 4.2 V，但由于其氧化还原中心有限，只能提供相对较低的容量和较低的能量密度，从而与其他正极材料类别(如层状氧化物、聚阴离子材料和有机化合物)相比，丧失了竞争力。因此，需要进一步研究如何在结构高度稳定的情况下提高可逆比容量，这可以通过充分利用碳配位的低自旋 $Fe^{2+/3+}$ 和氮配位的 M 离子来实现。

2.1.2　双活性位点 PBA

　　许多 $PBA[A_xM[Fe(CN)_6] · yH_2O(M=Fe、Mn、Co、Ni 等)]$ 具有两个氧化还原中心(分别为 M 和 Fe)，可以进行电子转移反应，并实现两个 K^+ 可逆的插入/提取，具有较高的可逆比容量。因此，富钾 PBA 正极材料引起了人们的极大兴趣。例如，Xue 等报道了一种具有两个氧化还原中心的 $PBA(K_{1.89}Mn[Fe(CN)_6]_{0.92} · 0.75H_2O)$，包括高自旋 $Mn^{2+/3+}$ 和低自旋 $Fe^{2+/3+}$ 的氧化还原对(图 2-6)[32]。在 2.5~4.6 V 的电压范围内，具有在 4.23 V 和 4.26 V 处的两个平台，对应从结构中依次提取两个 K^+，从 $K_{1.89}Mn[Fe(CN)_6]_{0.92}$ 过渡到 $Mn[Fe(CN)_6]_{0.92}$。基于两个活性 K^+ 的储存能力，该电极的理论放电比容量可达 156 mAh · g⁻¹，表明该正极材料在高能量密度 KIB 器件中的巨大应用潜力。

　　与只有一个插入位点的 PBA 固溶反应不同，具有两个活性位点的 PBA 化合物在 K^+ 插入/提取时表现出独特的相变机制。对于贫钾相，Shadike 等报道了一种用于 KIB 的高质量 $FeFe(CN)_6$ 正极材料[39]。原位 XRD 证实了 $FeFe(CN)_6$ 的电化学反应是一个固溶过程，其晶体结构的体积变化仅为 1.18%，与 LIB 中零应变 $Li_4Ti_5O_{12}$ 的体积变化非常相似[40]。可以忽略的体积变化有利于电化学可逆过程，提高了 PBA 的结构稳定性。

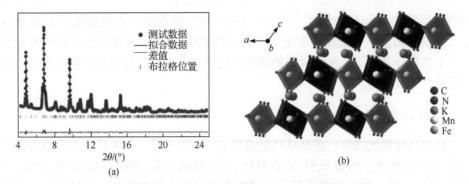

图 2-6　$K_{1.89}Mn[Fe(CN)_6]_{0.92} \cdot 0.75H_2O$ 的 XRD 图(a)和晶体结构(b)[32]

Bie 等报道了 $K_{1.75}Mn[Fe(CN)_6]_{0.93} \cdot 0.16H_2O$(K-MnHCFe)样品，其是具有两个活性 K^+ 的典型单斜结构($P2_1/n$ 空间群)[29]。如图 2-7 所示，该电极在第一个循环的充电期间表现出 4.08 V 和 4.11 V 两个电压平台，在放电期间表现出 3.97 V 和 3.89 V 两个放电平台，经历了三相转变过程。得益于其高可逆的双 K^+ 储存机制，该正极材料组装的电池能量密度约为 520 Wh · kg^{-1}，与大多数层状氧化物和聚阴离子化合物等正极材料相比具有显著的竞争力。

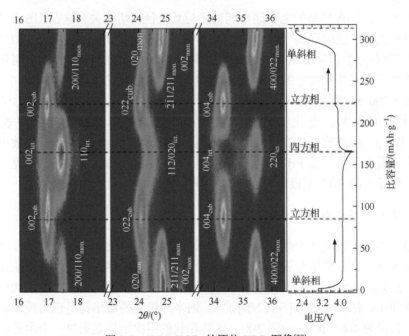

图 2-7　K-MnHCFe 的原位 XRD 图像[39]

虽然 PBA 正极材料为设计高性能 KIB 提供了宝贵的机会，但目前仍远远落后于实际应用的严格要求。结晶水和空位的存在降低了 PBA 在电化学反应过程中的结构稳定性和反应活性。同时，PBA 较差的电子导电性降低了其倍率性能。在这种情况下，提出并实施了各种改进策略。PBA 正极材料改进的重点是在高工作电压条件下，保证材料的高结晶度和良好的电子导电性，同时确保电化学稳定性和安全性。

1. 结晶度和粒径控制

合成高质量的 PBA 正极材料至关重要。一般来说，有两种化学合成方法。一种方法是将单一铁源原料(亚铁氰化钾)自分解获得 PBA，如 $K_4Fe(CN)_6$ 或 $K_3Fe(CN)_6$。另一种方法是采用不同过渡金属源的六氰亚铁酸盐型材料的化学共沉淀法。合成条件对 PBA 的结晶度有显著影响。Li 等研究了水溶液中 HCl 浓度对最终 $K_xFe[Fe(CN)_6]_{1-y} \cdot \square_y \cdot zH_2O$ 正极材料的形貌和结晶度的影响[41]。随着 HCl 浓度的增加，更多的 Fe^{2+} 参与氧化还原反应，结晶良好的微长方体逐渐转变为结晶较差的纳米颗粒。其中，具有高结晶度 $K_{1.93}Fe[Fe(CN)_6]_{0.97} \cdot 1.82H_2O$ 材料的放电比容量最高($75\ mA \cdot g^{-1}$ 时为 $135\ mAh \cdot g^{-1}$)，放电比容量衰减最小(循环 300 次后仅衰减 12%)。高结晶度限制了 PBA 正极材料的不可逆分解，有利于实现高比容量和长周期循环寿命。

事实上，PBA 样品的电荷储存能力还与其粒径密切相关，这在 LIB 和 SIB 的研究中得到了广泛的证实[42, 43]。对于钾的储存，缩小 PBA 的晶体尺寸似乎是增强 K^+ 扩散动力学和丰富 K^+ 插入位点的有效策略，从而提高倍率性能和可逆比容量。比较了不同晶粒尺寸的 PBA 样品的电化学性能，包括超微(约 20 nm)、亚微米(170~200 nm)和微米(>1.5 μm)晶粒[44]。由于纳米尺寸小，传输动力学速度快，比表面积大，电化学活性位点丰富，超微晶体在这些样品中表现出 $140\ mAh \cdot g^{-1}$ 的高放电比容量，而微米晶体仅表现出约 $10\ mAh \cdot g^{-1}$ 的放电比容量。这一发现证实了在 PBA 中，过大的粒子对 K^+ 的运输是不利的。可见，结晶度高、粒径小的 PBA 正极材料在 KIB 中具有优越的电化学性能。

2. 晶体形貌工程

晶体形貌工程被认为是提高 PBA 储钾正极材料电化学反应动力学和比容量的有效策略。具有精细形貌的 PBA 为 K^+ 输运提供了丰富的活性位点和快速扩散通道。据此，Qin 等采用溶解-再结晶方法制备了一种由超薄纳米片组装而成的纳米花状 PBA 材料($K_{1.4}Fe_4[Fe(CN)_6]_3$)[45]。纳米片组装的微结构呈现出独特的花状形态，直径为 400~600 nm(图 2-8)。这种花状的层次结构是通过一个由外向内的过程形成的。如图 2-8 所示，第一阶段采用快速共沉淀法形成一次固体芯。随后，亚稳态表面进行了溶解-再结晶反应过程，并在表面生长和组装了许多纳米片，以构建三维层次结构。由于超薄纳米片缩短了扩散路径，且分层结构提供了丰富的 K[+]插层位点,从而表现出快速的 K[+]扩散动力学。同时,该材料在 2.0～4.0 V 电压范围内表现出超过 100%的初始库仑效率,表明电解质与配位水或间隙水之间的副反应得到了有效抑制,结构稳定性和长期循环性能都得到了提高。结果表明,该电极材料在 200 mA·g[-1] 下的 100 次循环中表现出 75.2%的容量保持率。这项研究确定了结构工程策略在改善 PBA 化合物在 K[+]储存方面的实际应用潜力,表明结构工程在优化结构完整性、抑制副反应和提高电化学性能方面发挥着重要作用。

图 2-8 $K_{1.4}Fe_4[Fe(CN)_6]_3$ 的合成示意图[45]

3. 复合材料设计

另一种增强 PBA 电化学性能的方法是与其他导电材料结合形成纳米复合材料。PBA 类化合物通常具有较低的电子导电性,其独特 C≡N 键导电性较差的化学特性,导致其倍率性能较差[46-48]。Nossol 等引入了特种碳纳米管(CNT)与 PBA 纳米复合材料作为水系 KIB 的无黏结剂柔性电极,如图 2-9 所示[47]。碳纳米管与 PBA 的复合对提高结构稳定性有重要作用,表现出良好的长期循环稳定性,循环 1000 次后容量保持率为 74%。

除了与碳材料复合之外,Shi 等通过静电纺丝技术使用多孔导电碳纳米纤维(CNF)基体来支持 PBA 纳米颗粒,标记为 PB@CNF(图 2-10)[49]。柔性和无黏合剂的复合电极提供了相当多的活性位点,并增加了导电性。同时,这种复合结构也缓冲了循环过程中急剧的体积膨胀。因此,该正极材料显示了优异的钾储存能力,并在水系电解液中提供了令人满意的循环稳定性。

4. 表面修饰和元素取代

在大多数碱金属离子电池中,表面涂覆一直是提高正极材料电化学性能的一种有前途和有效的方法[50]。然而,与常见的高温碳涂层策略不同,PBA 因低热稳定性难以承受高温处理,因此需要温和的反应条件。同时,颗粒尺寸小,难

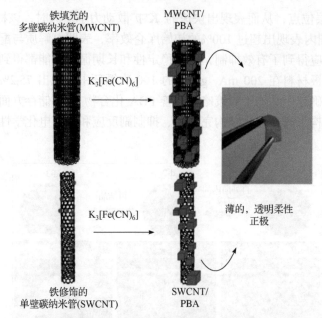

铁填充的
多壁碳纳米管(MWCNT)

$K_3[Fe(CN)_6]$

MWCNT/
PBA

薄的，透明柔性
正极

铁修饰的
单壁碳纳米管(SWCNT)

$K_3[Fe(CN)_6]$

SWCNT/
PBA

图 2-9　特种碳纳米管(CNT)/PBA 纳米复合材料的合成示意图[47]

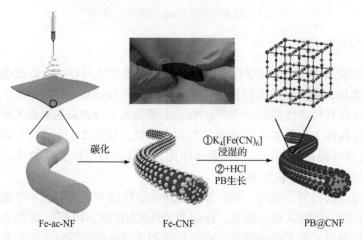

碳化

①$K_4[Fe(CN)_6]$
浸湿的
②+HCl
PB生长

Fe-ac-NF　　　　　Fe-CNF　　　　　PB@CNF

图 2-10　PB@CNF 作为柔性自支撑电极的合成示意图[49]

以获得均匀有效的表面涂层。最近，Xue 等研究了聚吡啶改性 $K_{1.87}Fe[Fe(CN)_6]_{0.97}$(KHCF@PPy)在储钾方面的应用，如图 2-11 所示[51]。高分辨率透射电子显微镜(HRTEM)证实了在 PBA 纳米立方体的粗糙表面生长了一层超薄且均匀的 PPy 涂层。相比于 PBA，导电聚合物 PPy 的辅助作用使正极的电化学性能有所改善。不仅有利于电子导电，在 1000 $mA \cdot g^{-1}$ 的电流密度下表现出 60 $mAh \cdot g^{-1}$ 的倍率性能，而且能够抑制电极材料与电解液之间的副反应，从而保证了长期循环后的结构完整性。得益于独特的 K^+ 储存机制和 PPy 涂层的保护，KHCF@PPy 正极在 $50\ mA\cdot g^{-1}$ 的电流密度下循环 500 次后，表现出了约 86.8%的优异容量保持率。

(a)　　　　　　　　　　(b)

图 2-11　KHCF@PPy 的 SEM(a)和 TEM(b)图[51]

除了表面修饰外，元素取代也有利于改善正极材料的性能。其中，M_A 离子的部分取代或掺杂是改善 PBA 材料电化学性能的有效途径，这在 SIB 中已经得到了广泛的研究[52-54]，同时也推动了该策略在KIB中的应用[56,57]。例如，由于镍基 PBA 具有较高的离子电导率和接近"零应变"的特性，镍取代被认为是提高 PBA 电化学性能的有效途径之一。Huang 等研究了 Ni 掺杂 $K_2Ni_xFe_{1-x}[Fe(CN)_6]$($x=$ 0、0.02、0.05 和 0.08)化合物作为 KIB 的正极材料，如图 2-12 所示[56]。Fe 与 Ni 的部分取代减小了颗粒尺寸，为 K^+ 的插层反应提供了丰富的化学活性位点。事实上，由于反应物铁氰化钾中存在较强的 Fe—C 配位键，Ni 只能取代氮配位的 Fe。由于 Ni^{2+} 的电负性比 Fe^{2+} 高，部分电子云会从 Fe—C 转移到 Ni—N[58]。结果表明，在充放电过程中，碳配位铁离子的反应活性大大提高，Fe^{3+} 的电子更容易从 e_g 轨道转移到 t_{2g} 轨道，从而使低自旋 $Fe^{2+/3+}$ 氧化还原对具有更高的可逆比容量。

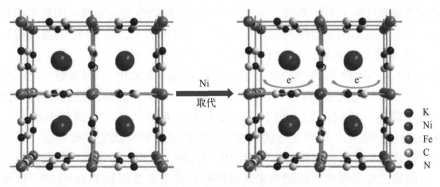

图 2-12　Ni 取代机制示意图[57]

Chong 的团队通过简单的共沉淀法构建了铁锰六氰合铁酸钾，该 Fe-Mn 二元化合物消除了空位缺陷,增加了 N 配位的无序性,这有助于材料生长成具有自由缺陷的对称立方结构[58]。此外,还显著降低了带隙和 K^+ 扩散势垒,以实现优异的电子和 K^+ 传输动力学能力,表现出了 155.3 mAh·g^{-1} 的高可逆比容量。Zhang 等设计了一种自愈策略,通过钴掺杂促进普鲁士蓝类似物电极的形态再生。微量的钴可以减缓结晶过程并恢复裂纹区域,以确保 PBA 正极的完美立方结构。利用电场而不是传统的热力学来控制动力学,从而实现周期性自愈现象"电化学驱动的溶解-再结晶过程"[59]。

因此,适当的掺杂不仅可以提高电极的初始放电比容量,而且在连续插入/提取大尺寸 K^+ 的过程中,掺杂离子可以缓解 3D 开放框架的晶格畸变,提高 PBA 化合物的循环稳定性。到目前为止,此类修饰策略仍处于起步阶段,其作用机制尚不清楚,需要更多的关注和研究来阐明这一领域。

5. 优化结晶水含量

虽然通常可通过优化合成路线进一步降低钾基 PBA 中的结晶水含量[5 wt%~8 wt%(wt%表示质量分数)],但仍然无法完全避免结晶水的出现。结晶水引起的副反应不利于 PBA 作为非水系可充电电池正极材料的稳定性。更重要的是,在高工作电压(>4 V)下,结晶水不可避免地会随 K^+ 以 $K(H_2O)^+$ 的形式脱出,并与电解液发生副反应,这严重危害电池的安全性能[26]。高含水量也导致 $Fe(CN)_6^{4-}$ 空位数量增加。因此,降低结晶水含量有望成为提高 PBA 正极材料循环稳定性的有效方法。Goodenough 等首次通过真空加热过程消除 $Na_2MnFe(CN)_6·zH_2O$ 中大部分间隙水[27]。大部分间隙水去除后(约 12%的间隙水变为 2%的间隙水),纳米颗粒发生了从单斜晶向菱形晶的不可逆相变,脱水后的 Mn-PBA 作为 SIB 的正极材料倍率性能和循环稳定性明显改善。Chou 的团队证实了 270℃的脱水环境可以有效去除 PBA 结构中的结晶水并提升其储钠性能[26]。Xing 的团队还细致讨论了不同类型结晶水对普鲁士蓝储钠性能的影响,明确了痕量配位水对普鲁士蓝结构稳定性的促进机制[60]。到目前为止,由于 K^+ 的强烈空间效应,在钾相关的 PBA 中还没有类似层面的报道。值得注意的是,过量提取 $K_xMnFe(CN)_6·zH_2O$ 晶格中的水分子,可能会破坏大尺寸 K^+ 与间隙水之间的平衡,导致原始晶格严重扭曲,从而破坏三维开放框架。此外,经过处理的 PBA 在空气中暴露一段时间后,很容易恢复到高度水合状态。过高的温度会导致 PBA 的分解和碳化,找寻合适的脱水温度仍然是亟待解决的关键问题。因此,深入剖析结晶水对普鲁士蓝储钾性能的作用机制,对钾离子电池材料研究意义重大,目前虽已开展脱水方法研究来优化钾基普鲁士蓝类似物(PBA)性能,但该策略在研究深度和储钾性能优化上仍有很大提升空间,亟待深入探究与完善。

2.1.3 结论与展望

近年来的研究表明，PBA 化合物具有成本低、制备操作简单、能量密度高等优点，是一种很有前途的储钾正极材料。其化学计量和化学组成的多样性使 PBA 具有不同的结构以适应大尺寸 K^+，表现出具有差异性的电化学性能和反应机理。PBA 正极的高比容量和工作电压使钾离子全电池具有高能量密度，甚至优于 LIB 中的许多最先进的正极材料。虽然研究者们致力于将 PBA 作为 KIB 正极材料的开发和应用，但该领域的研究进展仍处于起步阶段，其电化学反应机理尚不清楚。KIB 的兴起和发展不仅给作为插层型正极材料的 PBA 带来了大量的机遇，也面临着前所未有的挑战。因此，一些技术问题仍然需要解决，具体如下。

(1) 存在 $Fe(CN)_6$ 空位。受晶格中强静电排斥作用的影响，存在大量 $Fe(CN)_6$ 空位以达到电荷平衡。这些惰性空位在晶格中，似乎不可能被完全激活，因此在钾离子嵌入和脱出过程中保持稳定。同时，$Fe(CN)_6$ 空位与配位水的相互作用降低了 PBA 正极材料的电化学活性。较高的 K/TM 占比有利于在很大程度上减少 $Fe(CN)_6$ 的空位数量。然而，K 含量的增加可能会对 PBA 晶体结构的稳定性和对称性产生不利影响，由于库仑引力大于泡利斥力，导致结构扭曲和不稳定，具体如下。

(2) 高含量的结晶水。在共沉淀法的合成条件下，配位水和间隙水的引入是不可避免的。较高比例的水含量(5 wt%～8 wt%)容易引起一系列与结晶水相关的副反应，从而导致严重的安全问题。通过增加材料中的钾含量，结晶水的含量得到了进一步的优化。高温脱水似乎是一种明智的方法，但目前报道的结果并不完全令人满意，有待进一步探究。

(3) 低结晶度。一旦最初的沉淀反应发生，PBA 的成核和生长就会立即发生，但这种反应产生了低结晶度和富空位的纳米颗粒，引入了大量的配位水。低结晶度材料中 K^+ 的插层更容易引起不可逆的晶格畸变。

幸运的是，几种策略已被确定可有效改善这类储钾正极材料的电化学性能，包括粒径控制、导电聚合物或石墨烯改性以及金属离子取代或掺杂。要构建高能量密度、长寿命的 KIB，理想的正极材料不仅要具有高比容量、高工作电压、快动力学等特点，还要具有低成本、无毒性和优良的安全性。鉴于此，提出了许多办法来解决上述问题。一些策略侧重于合成过程的优化。例如，加入螯合剂已被证明可以有效地提高 PBA 的晶体质量，同时保持其纳米级的颗粒大小。此外，具有特定暴露面的分层结构的设计有助于 K^+ 的快速传输和扩散，扩大了电解液与电极之间的接触面积。此外，在富钾的 PBA 中，用高导电性 Ni 或氧化还原活性 Co 取代 Fe 和 Mn 可以很好地提高 PBA 正极材料的结构稳定性。其他有希望的策略是关注后处理。表面涂有高导电性活性材料，提高导电性，防止正极材料受到有害副反应产物的攻击。同时，将 PBA 纳米颗粒与导电二维材料复合可缓冲电化学循环过程中的体积膨胀。未来 PBA 正极材料的发展不仅应关注电化学性能的提高，还应关注材料的体积能量密度、电子和离子电导率以及热稳定性等实用参数的提高。对于未来储钾 PBA 正极材料的发展，在 PBA 的晶体结构和反应机理等方面都有很大的讨论和研究空间。研究人员有必要找出合成过程与最终产品质量之间的相关性，然后再进入商业化研究。考虑到电化学循环过程中复杂且不确定的反应过程，各种原位测试如同步 X 射线衍射、原位透射电镜、原位拉曼光谱等将有助于理解 K^+ 在连续循环过程中的脱嵌行为以及相应的结构演变。因此，对储钾 PBA 正极材料的研究为创新储能技术的发展提供了新的思路。

因此，我们认为有必要从根本上了解 PBA 的结晶机理，以适当的结构设计策略来减少结晶水和晶格缺陷，同时充分利用金属离子取代或掺杂和表面修饰来优化晶格结构，抑制电极材料与电解液发生副反应。近年来，高比能和优异的循环稳定特性正在推动普鲁士蓝类似物成为极具吸引力的储钾正极材料。考虑到材料成本和能量输出，$K_2Fe[Fe(CN)_6]$ 或 $K_2Mn[Fe(CN)_6]$ 等具有双电子氧化还原活性的富钾 PBA 有望成为非水系 KIB 的理想选择。

2.2　层状氧化物

自 1980 年首次报道了层状 $LiCoO_2$ 和 $NaCoO_2$ 在 LIB 和 SIB 中的应用以来，层状 AMO_2 材料(A=碱金属元素，M=3d 过渡金属元素)正极材料得到了广泛的研究[61, 62]。在 KIB 体系中，对 K_xMO_2 的合成和结构分析的早期贡献主要由 Hoppe、Fouassier、Delmas 和 Hagenmuller 等在 20 世纪 60～70 年代之间的研究工作提供[63-65]。尽管早已合成了这种材料，但直到 2016 年，该材料才在水系钾离子电池中被报道，这可能是因为金属钾的高反应性容易引起严重的安全问题。LIB 和 SIB 中使用的层状氧化物被认为是 K 储存材料的潜在候选材料。由于这些材料的致密结构，通常具有较高的理论能量密度，这也促进了研究者们探究该材料在 KIB 中的应用。

使用 Delmas 等开发的字母数字表达式可以方便地对层状化合物进行分类[65]。如图 2-13 所示，在这种晶体结构中，一个字母将碱金属位点描述为边共享八面体(O)或面共享棱柱体(P)位点。过渡金属占据下一层的八面体位置，形成交替的碱金属和过渡金属层。根据两个相邻氧层之间的氧堆积和 AM 离子的环境，层状骨架可以分为几类，包括 P2 型、P3 型和 O3 型。"P" 和 "O" 分别表示 K^+ 的棱形配位环境和八面体配位环境，"2" 和 "3" 表示每个单元格内与不同氧化物堆积配位的 TM 层数。上述字母数字表达式展示了几种不同的层间堆叠方式，其所代表的分层结构示意图见图 2-13。O3 型正极材料通常具有较高的初始 Na^+ 或 K^+ 含量，这表明它比 P2 或 P3 相的正极材料具有更高的容量。而大尺寸的 Na^+ 和 K^+

由于其较大的空间，往往会占据棱柱状的位置，这有利于它们在连续充放电过程中保持结构完整性。同时，P2 型正极材料通常表现出较高的离子电导率，有利于 K⁺的快速扩散动力学，因此相对于 O3 相具有更优异的倍率性能。

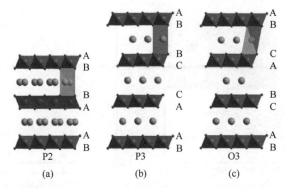

图 2-13　钾基层状氧化物晶体结构图示[65]

　　作为一种典型的层状氧化物，K_xMnO_2 在经历大尺寸 K⁺的插入/提取时，由于邻近氧化物层的库仑排斥和 K⁺的屏蔽作用的竞争，会引起较大的体积变化[66]。因此，在充放电过程中，当结构中 K⁺含量不同时，层状结构会发生沿 c 轴方向为主的持续收缩/膨胀，导致晶格结构产生破坏性的机械应力，其 TM 层发生不可逆的滑动。因此，即使完全复制 LIB 或 SIB 系统的化学成分、加工工艺、电化学评价标准等参数，大尺寸 K⁺的层状基体仍然经历复杂的相变，容易发生不可逆的结构变形和容量快速衰落。在这方面，亟须通过元素取代或掺杂、包覆、形态控制等有效策略优化层状结构，以提高其储钾性能。

2.2.1　P2 层状氧化物

　　P2 型 K_xTMO_2 结构具有沿 c 轴方向的 ABBA 氧堆积，其 TMO_2 结构具有 $P6_3/mmc$ 空间群的六边形对称性。所有的 K⁺都位于棱柱体的位置，分为两个 Wyckoff 位点：$2b(K_f)$ 和 $2d(K_e)$[67]。P2 型材料作为一种出色的碱金属(AM)离子宿主，由于其稳定的结构，对 SIB 起着至关重要的作用[68]。此外，P′2 的符号"′"表示具有正交晶格的面内畸变(空间群：$Cmcm$)。然而，在连续插入/提取大尺寸的 K⁺时，P2 相由于剧烈的板块滑动而发生相变，容易引起不可逆的结构变形和快速的容量衰减。如图 2-14 所示，2016 年，Vaalma 等首次报道了层状 K_xMnO_2 在钾离子电池中的电化学特性，合成出具有正交晶格(空间群：$Cmcm$)的无水 P′2 型 $K_{0.3}MnO_2$，并检测了其电化学性能[69]。在 1.5～3.5 V 的电压范围内提供了约为 70 mAh·g⁻¹ 的可逆比容量，在 1.5～4.5 V 的电压范围内提供了约 130 mAh·g⁻¹ 的可逆比容量。然而，较高的截止电压导致了较低的容量保持率。以 P′2-K_xMnO_2 为正极，以预钾化硬碳/炭黑复合材料为负极的钾离子全电池，在 0.5～3.4 V 电压范围内进行测试，第二个循环时获得了高达 99%的库仑效率和 82 mAh · g^{-1} 的可逆比容量。

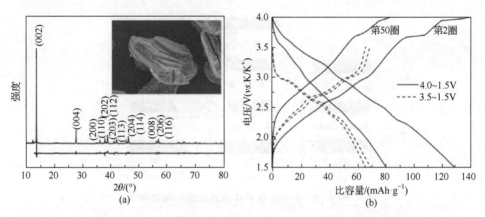

图 2-14　P′2 型 K$_{0.3}$MnO$_2$ 的 XRD 图谱 (内嵌 SEM 图)(a)和 0.1C 时的充放电曲线(b)[69]

最近，Gao 等制备了 P2 型的 K$_{0.27}$Mn$_{0.98}$O$_2$ · 0.53H$_2$O(晶体结构示意图见图 2-15)，并测试其储钾性能[70]。在电流密度为 16 mA · g^{-1} 时其初始比容量可达 125 mAh · g^{-1}，工作电压窗口为 1.5～4.0 V。即使在如此低的截止电压下测试，原位 XRD 测试也观察到该电极材料存在复杂的 P2-P3 和 P2-O3 相变，这表明其复杂的结构变化是导致循环性能下降的原因。事实上，这种用于储钾的层状结构的复杂相变严重限制了 KIB 正极材料的进一步优化，包括其可逆比容量和循环寿命。因此，采用有效的策略优化这类层状氧化物的晶格结构以增强其结构容限是一个关键的研究重点。

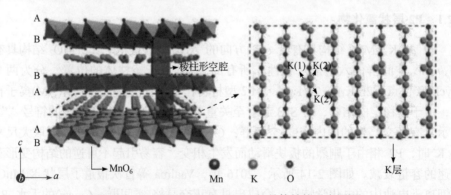

图 2-15　K$_{0.27}$Mn$_{0.98}$O$_2$ · 0.53H$_2$O 的晶体结构示意图[70]

1. 元素掺杂/取代

采用金属离子掺杂或取代的方法可以优化层状氧化物的晶格结构，从而提高其结构稳定性，进而提高电化学性能。对于 K_xTMO_2 正极，金属离子的取代在 K^+ 的连续插入/提取过程中对结构稳定性有很大的帮助。

例如，Ni 取代 P2-$K_{0.44}Ni_{0.22}Mn_{0.78}O_2$ 在 1.5～4.0 V 的电压窗口内表现出 125.5 mAh·g^{-1} 的初始容量，其中 Ni^{2+} 和 Mn^{4+} 在充放电过程中均表现出电化学活性[67]。在 200 mA·g^{-1} 电流密度下 500 次循环后，容量保持率约 67%。在充放电过程中，Ni—O 峰保持不变，表明其在循环过程中是不具有电化学活性的。如图 2-16 所示，随着 K^+ 提取过程的进行，相邻氧层之间的静电斥力增加，以及 $Ni^{2+} \longrightarrow Ni^{4+}$ 引起的离子半径变小，导致 c 轴的扩张和 ab 面的收缩，从而有效抑制了 Mn^{3+} 的姜-泰勒(Jahn-Teller)效应。

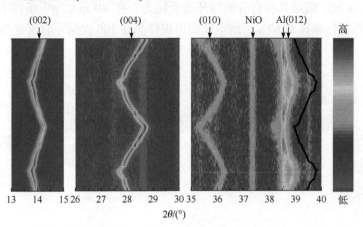

图 2-16　$K_{0.44}Ni_{0.22}Mn_{0.78}O_2$ 在 10 mA·g^{-1} 的前两圈原位 XRD 图谱[67]

由于 Na^+(1.02 Å)和 K^+(1.37 Å)具有相似的离子半径，且交换过程中晶体结构不发生变化。因此，碱金属离子交换也是一种有效的策略。据报道，Nathan 等以 P2-$Na_{0.64}Ni_{1/3}Mn_{2/3}O_2$ 为牺牲模板，采用电化学离子交换法合成了 P2-$K_{0.64}Na_{0.04}Ni_{1/3}Mn_{2/3}O_2$[71]。较大的 K^+ 优先占据棱柱体的趋势导致反应电位较高(4.65 V)，引起 P2-O2 跃迁。将截止电压设置在 P2-O2 相转换区，可以实现更高的循环稳定性。由于 K^+ 提取过程中 P2-O2 相变的延迟和较高的扩散速率，在 1.5～4.5 V 电压范围内，获得了 75 mAh·g^{-1} 的可逆比容量。而且该电极在 520 mA·g^{-1} 的电流密度下循环 500 次后保持 77%的容量，具有良好的循环稳定性。

2. 结构设计

实际上，通过降低截止电压来维持循环性能的稳定性，往往以牺牲可逆比容量和能量密度为代价，这种方法并不理想。因此，一种合适的晶格结构设计策略是提高其在高压区结构稳定性的关键。传统的样品制备方法，如固态法，通常会产生形状不规则的颗粒，表面结构容易破坏，并逐渐渗透到其体相中，导致库仑效率低，容量衰减快。因此，通过控制合成制备形貌良好的层状氧化物材料，不仅可以提高结构稳定性，而且能够抑制副反应，从而充分发挥正极的 K^+ 储存潜力。

例如，Deng 等采用溶剂热-自模板法报道了一种平均尺寸为 8～10 μm 的 P2-$K_{0.6}CoO_2$ 微球正极材料(图 2-17)[22]。与传统固态法合成的形态不规则的微球相比，均匀分层的微球可以有效地减少电活性材料与电解质的接触面积，从而防止意外的副反应。初级亚微米级的正极薄片缩短了 K^+ 的迁移距离，增加了 K^+ 的承载活性位点，提高了 K^+ 的快速扩散动力学，同时其二级微球结构有效地缓冲了 K^+ 插入/提取引起的机械应力，确保了对长循环试验的良好耐受能力。结果表明，P2-$K_{0.6}CoO_2$ 微球具有良好的循环耐受能力，在 40 mA·g^{-1} 条件下循环 300 次后，容量保持率高达 87%，而不规则形貌样品在 100 次循环后仅有 50% 的容量保留率。

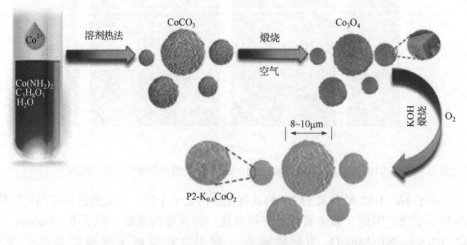

图 2-17 均匀的 P2 型 $K_{0.6}CoO_2$ 微球的合成示意图[22]

为了进一步降低正极成本，适应大尺寸 K^+ 的迁移，必要的结构设计协同低成本金属(如 Fe 和 Mg)掺杂策略通常被采用。在 K^+ 脱嵌过程中，层状材料的巨大结构变化、变形以及与电解液的严重副反应进一步降低了容量和循环稳定性。如图 2-18 所示，Wang 等首次合成了 $K_{0.7}Fe_{0.5}Mn_{0.5}O_2$ 相互连接的纳米线骨架结构，其表现出 178 mAh·g^{-1} 的超高初始放电能力[72]。这种特殊的三维网络结构为 K^+ 扩散和电子传输提供了通道。此外，以软碳为负极组装的全电池在 250 次循环后，其容量保持率可达 76%。

Deng 等采用改进的溶剂热法制备了一次粒子自组装形成的 P2-$K_{0.65}Fe_{0.5}Mn_{0.5}O_2$(P2-KFMO)微球，如图 2-19[19]所示。P2-KFMO 由于其独特的微球结构和

K⁺迁移过程中形成的稳定电解质中间相，在 20 mA · g⁻¹ 时具有 151 mAh · g⁻¹ 的高可逆比容量，在 350 次循环后可以保持 78%的容量。此外，以硬碳为负极构建的全电池系统，其循环稳定性良好(100 次循环后容量保持在 80%以上)。

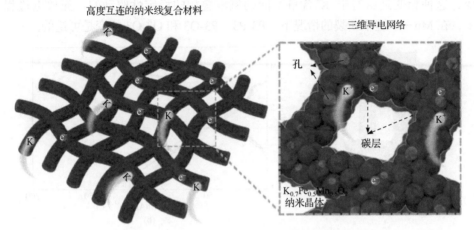

图 2-18　$K_{0.7}Fe_{0.5}Mn_{0.5}O_2$ 纳米线示意图[72]

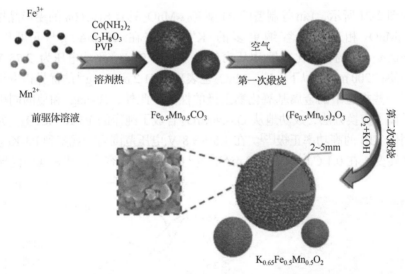

图 2-19　具有分级结构的 P2 型 $K_{0.65}Fe_{0.5}Mn_{0.5}O_2$ 微球的合成示意图[19]

2.2.2　P3 层状氧化物

对于典型的 P3 结构，其氧的堆积沿 c 轴遵循 ABBCCA 序列，而 AM 离子插入 TMO_2 层之间的棱柱状位置，与 TMO_6 八面体共用两个面。它们的 TMO_2 平面呈六边形对称，表现为 $R3m$ 或 $R\bar{3}m$ 空间群。Kim 等报道了 P3-$K_{0.5}MnO_2$(图 2-20)

作为一种典型的插层基质，对其 K⁺储存性能进行了研究[73]。该材料在1.5~3.9 V时表现出约 110 mAh · g⁻¹ 的高初始容量，作为 KIB 正极材料具有很大的实际应用潜力。所测试的原位 XRD 分析表明，该材料在 K⁺提取和插入时发生可逆相变，这种相变是由对于 K⁺含量不同的氧堆叠相的稳定性驱动的。充放电过程中，在 Mn—O 键不断裂的情况下，P3-P3、P3-O3 和 O3-O3 相变是可逆的。

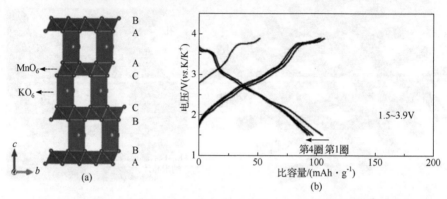

图 2-20　P3-$K_{0.5}MnO_2$ 的晶体结构(a)和在 5 mA · g⁻¹ 时的充放电曲线(b)[73]

如图 2-21 所示，Liu 等制备的 P3 型 $K_{0.45}MnO_2$ 具有 SG-*R3m* 的菱形晶格，与 $P'2-K_{0.3}MnO_2$ 相比可以容纳更多的 K⁺[74]。它在 20 mA · g⁻¹ 下可以提供 128.6 mAh · g⁻¹ 的可逆比容量(电压窗口为 1.5~3.9 V)，平均电压为 2.75 V。此外，即使在 200 mA · g⁻¹ 下，$K_{0.45}MnO_2$ 也表现出 51.2 mAh · g⁻¹ 的优异倍率性能，超过了一些报道中的金属基氧化物正极的性能。此外，Hwang 和他的同事利用电化学离子交换方法，成功地从 O3-NaCrO₂ 合成了纯净的 P3-$K_{0.69}CrO_2$，并将该材料用作 KIB 的高功率正极[75]。在 1.5~3.8 V 电压范围内，观察到 P3-$K_{0.69}CrO_2$ 的可逆转变，在 0.1 C 时具有 100 mAh · g⁻¹ 的高可逆比容量，并表现出优异的循

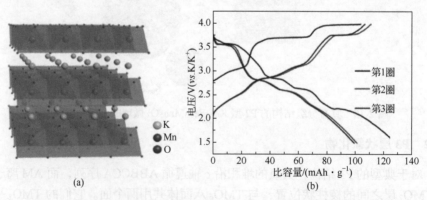

图 2-21　P3-$K_{0.45}MnO_2$ 的晶体结构(a)和 20 mA · g⁻¹ 时的充放电曲线(b)[74]

环稳定性，在 1 C 下 1000 次循环后具有 65%的容量保持率。在常规固相烧结条件下合成纯 P3-K_xCrO_2 是非常困难的。然而，在离子交换过程中，Na^+/K^+的交换过程经过几次循环后，逐渐转化为 P3-K_xCrO_2，离子交换过程完成后，所有 XRD 衍射峰都转变为 P3 型层状结构。

1. 元素掺杂

研究发现，P3 相的金属离子掺杂或取代，如 Fe、Ni 等，与 K^+脱嵌过程中层状骨架的稳定性增强有关，从而提高循环稳定性。例如，Liu 等研究了 Fe 对该类正极材料电化学性能的影响[76]。如图 2-22 所示，当 Fe 含量增加到 0.2 以上时，P3-$K_{0.45}Mn_{1-x}Fe_xO_2$ 电极的充放电曲线呈现出倾斜的特征，而不是平台区，且在

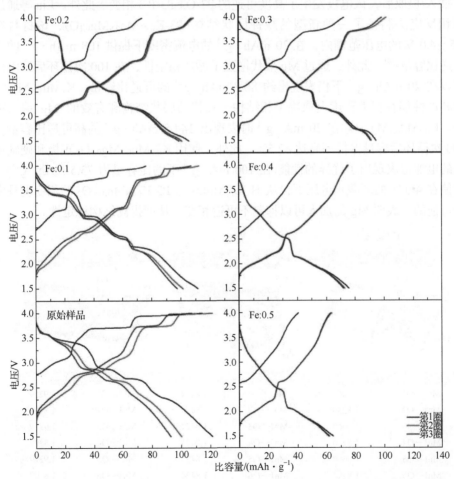

图 2-22　$K_{0.45}Mn_{1-x}Fe_xO_2$ (x=0、0.1、0.2、0.3、0.4 和 0.5) 在 20 mA·g^{-1} 时的充放电曲线[76]

1.5～4.0 V 电压范围内，曲线几乎重合，表明在连续充放电过程中电化学极化较小。P3-$K_{0.45}Mn_{0.8}Fe_{0.2}O_2$ 电极具有 82.1 mAh·g^{-1} 的高可逆比容量，在 20 mA·g^{-1} 下循环 100 次后的容量保持率为 83.4%，与无 Fe 的 $K_{0.45}MnO_2$(66%)相比有了明显的提高。

Ni^{2+}(0.69 Å)的离子半径与 Mn^{3+}(0.645 Å)相近[77]。对于 P3-$K_{0.5}MnO_2$，可以考虑引入 Ni 作为掺杂剂缓解体积应变，Mn^{3+}引起 MnO_6 八面体中 z 轴的延伸导致八面体中 Mn 与 O 的距离不同。Cho 等制备了 P3-$K_{0.5}Ni_{0.1}Mn_{0.9}O_2$，通过降低 Mn^{3+} 的相对含量来抑制 Jahn-Teller 效应[78]。存在的 Ni 可以通过与 Mn 共用氧来保持整体结构的稳定性，抑制晶格的收缩和膨胀。如图 2-23 所示，P3-$K_{0.5}Ni_{0.1}Mn_{0.9}O_2$具有 121 mAh·$g^{-1}$ 的高初始容量，且在 1.5～3.9 V 电压范围内，K^+插入/提取后，该电极发生了高度可逆的 P3-O3-P3-P′3 相变。此外。Liu 等通过固相反应法制备了一种新型的缺钾层状结构 P3-$K_{0.45}Mn_{0.9}Mg_{0.1}O_2$，该材料在 1.5～4.0 V 的电压范围内，在 20 mAh·g^{-1} 的电流密度下提供 108 mAh·g^{-1} 的高可逆比容量[79]。此外，通过 Mg 取代增强了循环稳定性，在 100 次循环后该电极可以在 20 mAh·g^{-1} 下仍表现出约 80.8 mAh·g^{-1} 的可逆比容量。$K_xMn_{1-y}Mg_yO_2$ 材料的性能在很大程度上取决于相结构、独特的层状结构和有效的 Mg 掺杂策略。$K_{0.7}Mn_{0.7}Mg_{0.3}O_2$ 在 20 mA·g^{-1} 时表现出 144.5 mAh·g^{-1} 的高可逆比容量，400 次循环后容量保持率高达 82.5%。此外，使用 $K_{0.7}Mn_{0.7}Mg_{0.3}O_2$ 正极和硬碳负极的电池也表现出了优异的性能(在 100 mA·g^{-1} 下的比容量为 73.5 mAh·g^{-1})。即使在 4.0 V 的高截止电压下，从 H-$K_{0.7}MnO_2$ 到 P3-$K_{0.48}Mn_{0.94}O_2$ 的相变也是完全可逆的，表明 Mg 的加入可以抑制不可逆相变，从而提高结构稳定性。

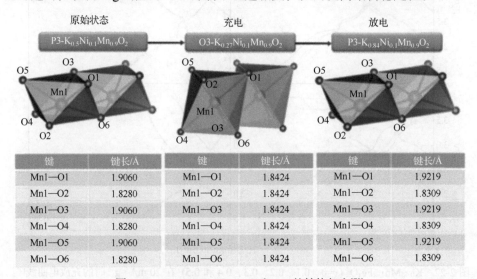

键	键长/Å	键	键长/Å	键	键长/Å
Mn1—O1	1.9060	Mn1—O1	1.8424	Mn1—O1	1.9219
Mn1—O2	1.8280	Mn1—O2	1.8424	Mn1—O2	1.8309
Mn1—O3	1.9060	Mn1—O3	1.8424	Mn1—O3	1.9219
Mn1—O4	1.8280	Mn1—O4	1.8424	Mn1—O4	1.8309
Mn1—O5	1.9060	Mn1—O5	1.8424	Mn1—O5	1.9219
Mn1—O6	1.8280	Mn1—O6	1.8424	Mn1—O6	1.8309

图 2-23　$K_{0.5}Ni_xMn_{1-x}O_2$(x=0 和 0.1)的结构相变[78]

2. 结构设计

结构工程，特别是空心微球的构建，已经在 LIB 和 SIB 上设计正极材料方面得到了很好的研究。因为空心微球具有优异的结构稳定性，可以抵抗碱金属离子连续插入/提取引起的机械应力[80, 81]。对于 K^+ 的储存，得益于空心结构、稳定的形貌和高结晶度的协同作用，具有内腔球形貌的材料在 KIB 中显示出了良好的应用前景。例如，Chong 等通过可扩展的两步自模板策略(图 2-24)，所获得的电极具有良好的循环稳定性、优异的倍率性能和尺寸协同性的综合优势[82]。由于其具有高结晶度、球形形态和内部中空的特征，与块状材料相比，层状 P3-$K_{0.5}MnO_2$ 空心亚微球的中空特性对充放电过程中的体积变化具有很大的容错性，从而结构非常坚固，保证了其电化学稳定性。得益于此，在电流密度为 $200 \, mA \cdot g^{-1}$ 的情况下，该电极在 400 次循环后保持了 89.1%的高容量保持能力。此外，使用空心亚微球正极//石墨负极组装的钾离子全电池可以实现 $100.7 \, Wh \cdot kg^{-1}$ 的高能量密度。

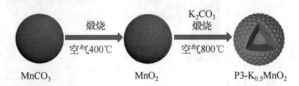

图 2-24　两步自模板策略形成 P3-$K_{0.5}MnO_2$ 中空亚微球的过程示意图[82]

2.2.3　O3 层状氧化物

尽管 P2 和 P3 相在 KIB 上的应用已经有很多报道，但含 K 的 O3 相层状氧化物的研究还相对较少。事实上，O3 型 $KScO_2$ 在 1965 年由 Hoppe 等首次报道[63]。由于 Sc^{3+} 的电子构型为$[Ar]4s^03d^0$，而且 O3-$NaScO_2$ 在钠离子电池中提供的容量极低，因此推测 O3 型 $KScO_2$ 应该是无电化学活性的[83]。此后，1975 年的研究工作证实了 O3-$KCrO_2$ 在化学计量组成中的存在[84-86]。虽然 Cr^{3+} 的离子尺寸相对较小(0.615 Å)，理论上在化学计量结构 O3 型中应该有较强的 K^+-K^+排斥作用，但实际上 O3-$KCrO_2$ 是可以结晶的且表现出非常高的八面体配体场稳定性。其中一个原因是 Cr^{3+} 强烈倾向于占据八面体的位置。这可以解释为 Cr^{3+} 与配体场的相互作用，Cr^{3+} 具有 $3d^3$ 电子构型，在八面体环境中，3d 轨道被分离为两个高能 e_g 轨道和三个低能 t_{2g} 轨道[87]。由于 O3-$KCrO_2$ 对氧气和水分极其敏感，暴露在空气中会立即引起放热分解，需要特定的合成条件才能获得化学计量的 O3-$KCrO_2$。此外，钾盐在高温下易挥发，即使 K_2CrO_4 在 H_2/He(3.5 vol%，vol%为体积分数)气体流下进行高温处理，也会生成非化学计量的 P′3-$K_{0.8}CrO_2$[88]。由于 K^+ 的大离子半径(1.38 Å)，其比八面体具有更大的空间，更容易占据棱柱形位点，因此，制备具有结构稳定性的 O3 相储钾材料成为不可避免的挑战。

Kim 等用电子结构机理研究了层状 KTMO$_2$ 相(M=Sc、Ti、V、Cr、Mn、Fe、Co 和 Ni)的稳定性趋势,首次将 O3-NaCrO$_2$ 通过 K$^+$/Na$^+$ 交换法制备 K$_x$CrO$_2$,确定了 O3-KCrO$_2$ 作为 KIB 正极材料的可行性,如图 2-25 所示[87]。由于 K$^+$ 之间的强排斥作用,TM 层中的大尺寸阳离子(如 Sc、In、Er、Tl、Y、Pr、La 等)有利于容纳 K$^+$,从而稳定 O3 型层状结构[89]。这可以有效地弥补 Cr^{3+} 小离子半径引起的短 K$^+$-K$^+$ 距离的能量损失。对于 K$^+$ 储存,该电极在 1.5~4.0 V 内表现出 92 mAh·g^{-1} 的初始容量,对应于每单元可逆插入/提取 0.43 个 K$^+$。O3-KCrO$_2$ 在充电过程中经历了复杂的相变机制(O3-O′3-P′3-P3-P′3-P3-O3),导致容量快速下降。然而,当充电截止电压设置为 4.5 V 时,电池表现出高的充电容量,且在随后的充放电循环中,可以观察到无明显平台的电压曲线。因此,需要合理地限制截止电压,避免出现 O3-KCrO$_2$ 的不可逆结构变化。

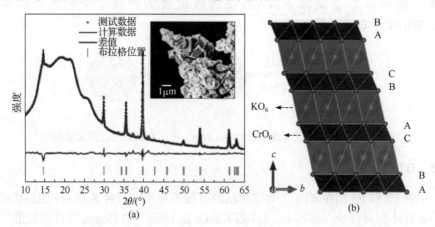

图 2-25 O3-KCrO$_2$ 的 XRD 图(a)和晶体结构(b)[87]

2.2.4 其他层状氧化物

钒基氧化物不能形成类似于 Co 基或 Mn 基层状氧化物的稳定的 P 型结构,往往形成无序的层状结构。而且结晶水会激发钒-氧八面体的结构重排,并增加高度无序的钾插层的钒氧化物纳米片的稳定性。

如图 2-26 所示,Deng 等介绍了一种层状钒酸钾 K$_{0.5}$V$_2$O$_5$ 正极材料[90]。该材料在 1.5~3.8 V 电压范围内,在 10 mA·g^{-1} 时提供了约 90 mAh·g^{-1} 的可逆比容量,在充放电过程中表现出较高的可逆性。K$^+$ 在材料中的插入和提取伴随着 V^{4+} 和 V^{5+} 化学态的转变。

对于结构稳定的 K$_2$V$_3$O$_8$,具有一个四边形结构的 $P4bm$ 空间群。Jo 等进一步证明了该材料中 KO$_{11}$、VO$_5$ 和 VO$_4$ 的四个十面体配位,其中一个 VO$_5$ 与四个

VO_4 四面体共享四个氧，产生四个五边形空洞，有利于 K^+ 的插入和提取，如图 2-27 所示[91]。用碳改性的 $K_2V_3O_8$ 表现出 75 mAh·g^{-1} 的可逆比容量。他们证明了放电反应是通过 K^+ 插入到双十面体协调的钾位点进行的。

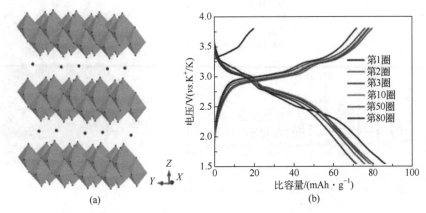

(a)　　　　　　　　　(b)

图 2-26　$K_{0.5}V_2O_5$ 的结构示意图(a)和充放电曲线(b)[90]

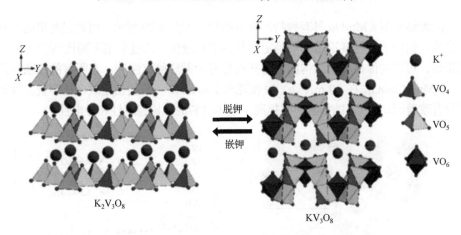

图 2-27　$K_2V_3O_8$ 和 KV_3O_8 之间的相变示意图[91]

在之前对 $K_xV_2O_5$ 的研究中，包括 $K_{0.42}V_2O_5$[92] 和 $K_{0.51}V_2O_5$[93]，它们的初始 K^+ 含量不足，限制了整个电池的能量密度。如图 2-28 所示，为了进一步提高 $K_xV_2O_5$ 中 K^+ 的初始含量，制备了 $K_{0.83}V_2O_5$[94]。循环稳定性测试表明，循环 200 次后，容量保持率在 80% 以上，库仑效率超过 99.2%。通过实验研究和理论模拟计算可知，该材料可以通过改变层与层之间的距离来调控 V_2O_5 层的折叠程度。这一变化提供了额外的灵活性，以减少结构畸变，并保持 K^+ 插入/提取过程的结构完整性，从而提高稳定循环性能。此外，将这种 $K_{0.83}V_2O_5$ 与商业石墨负极材料配对，得到的全电池可以实现 136 Wh·kg^{-1} 的能量密度。其平均工作电压约为

2.4 V，证明了 $K_xV_2O_5$ 的商业化潜力，并为进一步设计具有高初始 K^+ 含量的新型层状氧化物材料奠定了基础。

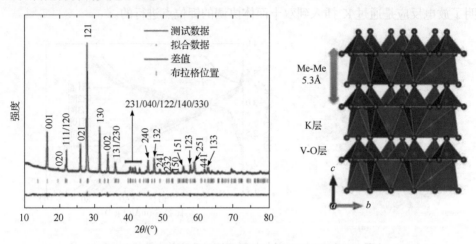

图 2-28　$K_{0.83}V_2O_5$ 的 XRD 图谱(a)和晶体结构示意图(b)[94]

隐钾锰矿型 KMn_8O_{16} 具有独特的隧道结构，如图 2-29 所示，可通过简单的水热法合成。但由于这种隧道结构不稳定，其容量衰减快。通过采用不同比例的 Co 掺杂策略，可以在保持独特结构的同时获得更好的循环稳定性[95]。在所有的掺杂样品中，$KMn_{7.6}Co_{0.4}O_{16}$ 在 10 mA · g^{-1} 时表现出 246 mAh · g^{-1} 的初始放电比容量，性能的显著改善归功于 Co 的加入，它提高了整体材料的结构稳定性和导电性。

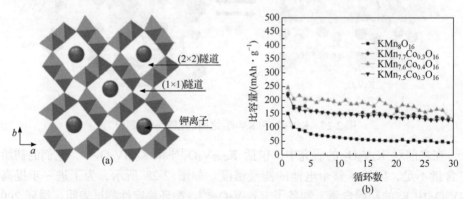

图 2-29　(a) 隐钾锰矿型 KMn_8O_{16} 的结构，K^+ 和 MnO_6 单元分别显示为粉红色球和绿色多面体；(b) 不同掺杂样品在 10 mA · g^{-1} 下的循环数据[95]

2.2.5　结论与展望

层状氧化物由于其高比容量和高结构稳定性，被认为是最具潜力的 KIB 正极材料之一。然而，KIB 电极的发展仍然面临着巨大的挑战，这与其复杂的电化学行为密切相关，主要有以下两点：

(1) 能量密度有限。虽然 KIB 的工作电压与锂电池相似，但由于 K^+ 半径较大，材料中的钾含量越高，会降低其质量和体积能量密度，而且材料在高压下充电结构的不稳定会导致容量衰减。

(2) 长循环稳定性差。氧化物的层状结构为 K^+ 提供了往复迁移的空间，可以有效缓解 K^+ 引起的体积变化。而相邻氧层的滑移机制则表现为低 K 含量时势能剖面的高库仑斥力。这些过程伴随着较大的体积变化，因此是部分不可逆的，从而导致在电位范围内观察到容量衰减。此外，层状结构增强了电极与电解液的接触面积，使得电解液中的溶剂容易在电极表面还原，从而造成严重的副反应并进一步消耗电解液。总的来说，现有的层状氧化物储钾正极材料仍然不能满足人们在实际电池应用中的需求。

因此，在保证安全性的前提下，注重结构稳定性和快速动力学是 KIB 高性能层状氧化物正极材料开发的关键，采用合理的设计策略优化结构稳定性具有重要意义。

(1) 有效的形貌控制在克服 K^+ 的脱嵌过程中体积变化引起的机械应力方面显示了巨大的潜力，有望保护正极材料免受结构退化的影响。在结构设计上，除了采用最流行、最有效的微/纳米复合材料与其他体系，并在表面涂覆保护层外，还应构建一/二级层次结构，以稳定表面结构。同时，还可以对微孔进行进一步加工，以适应体积变化，确保长循环期间的稳定性。

(2) 阳离子掺杂也是一种增强结构稳定性的有效策略，可以抑制电化学反应过程中的不可逆相变，从而提高电池性能。例如，Mg、Cu、Zn 和 Te 等元素，引入它们可以在 MO_2 平面上进行调节，从而改变 K_xMO_2 的电化学储钾性能。然而，非活性元素的引入通常会不可避免地导致可用容量的下降，特别是考虑到 KIB 的理论比容量低于 LIB，这成为该领域的一个关键问题。在这种背景下，有必要开发更适合的改性策略，专注于结构，如电化学活性元素的阳离子取代、阴离子掺杂以及富钾正极材料的设计。例如，F^- 掺杂在富锂正极材料中成功地稳定了晶体结构，增加了活性氧化还原位点，从而在保持结构完整性的同时，获得了源自 TM 氧化还原的更高容量[62,96]。可以预见的是，将这种新颖的结构设计策略应用于 KIB 正极材料，有望追求更高的能量密度和长循环能力。

此外，对 KIB 而言，优异的电化学性能是实现应用的基本前提，而生产成本则是决定其市场竞争力的关键因素。如何在提升电化学性能的同时有效控制成本进而实现两者之间的平衡，不仅是当前面临的一大挑战，更是 KIB 迈向商业化进程中无法回避的关键环节。在这方面，可以采用廉价的金属和简单的合成方法来降低成本。迄今锰基正极材料因其成本低、电化学性能适宜而成为首选正极材料。结合对低成本、化学/热稳定性和电化学性能的需求，有必要设计更合适的元素组成和比例，以生产适合大规模储能应用的环境友好的 KIB 正极材料。

2.3　聚阴离子类正极材料

对于钾基聚阴离子化合物 $K_xM_y[(XO_m)_n]_z$(M 为过渡金属元素，X 为 P、S、As、Si、Mo 或 W 等元素)，X 多面体和 M 多面体通过共边或公共点连接，形成一个多面体 3D 框架结构，K^+ 位于间隙中。该类材料作为 KIB 正极材料有以下优势[97]：

(1) 聚阴离子材料具有开放的框架结构，有利于 K^+ 的快速传输；

(2) 聚阴离子框架可以有效地屏蔽 K^+-K^+ 的排斥作用，从而降低钾离子的插层能量和扩散能量，具有更高的热力学和电压氧化稳定性；

(3) 具有对氧损失的高稳定性和通过感应效应调节氧化还原电压的能力，是很有前途的正极材料。

然而，与氧化物体系相比，聚阴离子材料普遍表现出较低的导电性，可以通过在表面涂覆碳来促进其导电性，从而提高电化学性能。这类材料已经在 LIB 和 SIB 中进行了广泛的研究，预计将成为 KIB 的优异正极材料。目前在钾离子电池中，已经报道的聚阴离子化合物有 $KFePO_4$、$K_3V_2(PO)_4$、$KVOPO_4$、$KFeSO_4F$、$KVPO_4F$ 等。

2.3.1　异质 $FePO_4$ 和非晶 $FePO_4$

在锂离子电池体系中，最常见的聚阴离子化合物是橄榄石型 $LiFePO_4$[2]。脱锂过程如图 2-30 所示，在 Li^+ 嵌入/脱出的过程中，存在一个氧化还原反应平台，表现为两相反应。Li^+ 脱出后变为异质 $FePO_4$，橄榄石结构和异质结构都具有由 FeO_6 八面体和 PO_4 四面体组成的三维骨架。之前的研究发现，在钠离子电池系统中，橄榄石型 $NaFePO_4$ 在 Na^+ 嵌入/脱出时出现两个平台，不是单一的两相反应，存在一个中间相 $Na_{2/3}FePO_4$。

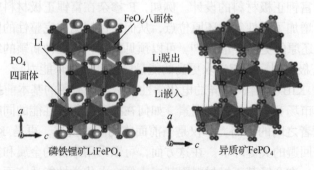

图 2-30　橄榄石型 $LiFePO_4$ 脱锂过程[2]

非晶态 $FePO_4$ 电极在插入/提取 K^+ 过程中的电化学性能和结构变化被 Mathew 等[2]报道。他们认为，非晶 $FePO_4$ 材料由含有 Fe—O 和 PO_4 的玻璃网络组成，这种具有短程有序的非晶态结构可以促进客体离子的插入。K^+ 在非晶 $FePO_4$ 可逆地嵌入/脱出，比容量高达 150 $mAh·g^{-1}$，平均电压约为 2.5 V(图 2-31)。有趣的是，它们的非原位 XRD 结果揭示了电化学诱导的非晶体到晶体的转变。K^+ 插入后，出现了新的晶相，对应于 $KFe_2(PO_4)_2$；后续 K^+ 脱出后，XRD 峰全部消失，形成了非晶态相。$KFe_2(PO_4)_2$ 结晶的形成是可逆的，因为两个循环中峰消失又出现。然而，在连续的电化学循环过程中，放电过程中形成的结晶相可能会限制 K^+ 嵌入的数量，从而导致电池容量更快地衰减。

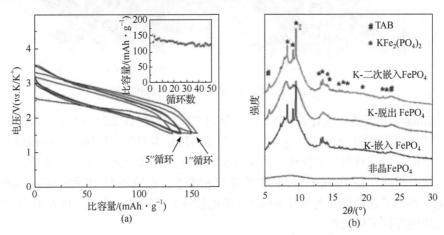

图 2-31　非晶 $FePO_4$ 的充放电曲线(a)和非原位 XRD 图谱(b)[2]

综上所述，异质 $FePO_4$ 不适合容纳 K^+，而非晶态 $FePO_4$ 和低结晶度的异质 $FePO_4$ 则可以可逆地容纳 K^+。然而，一个致命的缺点值得关注，即非晶态 $FePO_4$ 具有较低的工作电压，作为高压 KIB 的正极材料不太有吸引力。

2.3.2　$KMPO_4$(M 为 Fe 或 Mn)和 $K_xN_y(PO_4)_3$(N 为 V 或 Ti)

考虑到 $FePO_4$ 直接作为储钾正极材料的局限性，$KFePO_4$ 与 $LiFePO_4$ 具有类似的晶格结构，$KFePO_4$ 被探索作为 K^+ 插层的主体，它呈现出一个由边共享 PO_4 四面体和角共享 FeO_6 八面体组成的三维开放框架结构，在晶体中形成沿 b 轴的开放通道，使 K^+ 快速扩散。

Tomooki Hosaka 等曾采用固态法合成了 $KFePO_4$ 和 $KMnPO_4$，并进行碳复合用于研究它们的电化学性能。晶体结构示意图如图 2-32 所示。$KFePO_4$ 结构(空间群：$P21/n$)由 FeO_4 四面体、FeO_5 多面体和 PO_4 四面体组成。另一方面，$KMnPO_4$ 结构(空间群：$P\bar{1}$)由 MnO_4 四面体和 PO_4 四面体组成。$KFePO_4/C$ 和 $KMnPO_4/C$

的可逆比容量分别为 25 mAh · g^{-1} 和 30 mAh · g^{-1}，这可能是电双层电容造成的。虽然 KFePO$_4$ 和 KMnPO$_4$ 的电化学活性还有进一步提升的可能，但他们认为 KFePO$_4$ 和 KMnPO$_4$ 的结构对 K$^+$ 的迁移是不利的。

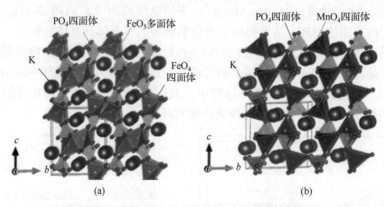

图 2-32　KFePO$_4$(a)和 KMnPO$_4$(b)的晶体结构

Sultana 等报道了复合 KFePO$_4$/C 正极材料，该材料在 1.5～4.1 V 电位范围内的可逆比容量约为 99 mAh · g^{-1}[98]。由于 KFePO$_4$ 本身具有碳层的保护和强大的晶格结构，复合材料的初始库仑效率为 94%，表明充放电过程中的电化学反应可逆。得益于此，在 10 mA · g^{-1} 的微小电流密度下，在循环 50 次后可保持 90% 的容量，表明了这种聚阴离子基 KFePO$_4$ 结构较好的稳定性，为该正极在 KIB 中的实际应用提供了可能性。

具有 NASICON 结构的 Na$_3$V$_2$(PO$_4$)$_3$ 在钠离子电池中表现出高倍率和长循环寿命的特点，其优越的电化学性能加速了 K$_3$V$_2$(PO$_4$)$_3$ 作为 KIB 正极材料的发展[99]。K$_3$V$_2$(PO$_4$)$_3$ 的理论储钾比容量为 106 mAh · g^{-1}，对应于 V^{4+} 还原为 V^{3+}，表现出在 KIB 中的应用潜力。最近 Han 等提出使用 K$_3$V$_2$(PO$_4$)$_3$/C 作为 KIB 的正极，表现出与 KFePO$_4$ 和 KMnPO$_4$ 不同的电化学活性[100]。K$_3$V$_2$(PO$_4$)$_3$ 正极的可逆比容量约为 54 mAh · g^{-1}，平均电压约为 3.7 V，循环 100 次后可保留约 80% 的初始容量。Zhang 等采用冷冻干燥法制备了碳包覆的 K$_3$V$_2$(PO$_4$)$_3$ 样品(XRD 图谱见图 2-33)，并研究了其储钾性能[101]。包覆碳层有效地提高了电子导电性，促进了稳定的电极电解质界面(CEI)层的形成，以保护正极免受电解液的攻击。因此，K$_3$V$_2$(PO$_4$)$_3$/C 表现出约 80 mAh · g^{-1} 的高可逆比容量和 88% 的初始库仑效率，而纯 K$_3$V$_2$(PO$_4$)$_3$ 的初始库仑效率为 56%。有趣的是，使用更大的阳离子部分取代碱离子，在扩大碱离子运输通道方面具有很大的优势，导致离子扩散系数显著提高。最近，Zheng 等研究了 Rb$^+$ 部分取代 K$^+$ 后 K$_3$V$_2$(PO$_4$)$_3$ 化合物的电化学性能[102]。与 K$^+$(0.138 nm)相比，Rb$^+$ 的半径更大，为 0.152 nm，这不仅有效扩展了化合物的 K$^+$ 运输通道，而且在长期循环过程中促进了化合物的结构稳定性。结果表明，优化

后的 $K_{2.95}Rb_{0.05}V_2(PO_4)_3/C$ 正极在 200 mA·g^{-1} 时的放电比容量为 34.5 mAh·g^{-1}，100 次循环后的容量保持率为 95.4%。

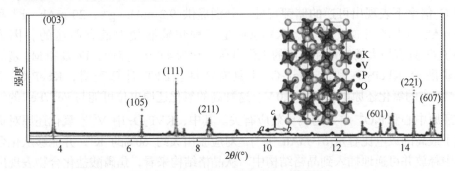

图 2-33　$K_3V_2(PO_4)_3/C$ 的 XRD 图谱[101]

与 $K_3V_2(PO_4)_3/C$ 类似，纳米立方 $KTi_2(PO_4)_3$ 材料可由水热反应制备，并在退火后对其进行碳包覆[103]。由于 $Ti^{4+/3+}$ 对氧化还原具有较高的费米能量，Ti 基聚阴离子化合物通常被用作工作电压较低的电极材料。$KTi_2(PO_4)_3$ 和 $KTi_2(PO_4)_3/C$ 在钾离子半电池中的 CV 曲线中，只有一对明显的氧化还原峰，对应于 Ti^{3+}/Ti^{4+} 氧化还原反应。$KTi_2(PO_4)_3$ 的首次放电比容量达到 74.5 mAh·g^{-1}，而 $KTi_2(PO_4)_3/C$ 在首次循环中放电比容量为 75.6 mAh·g^{-1}。值得注意的是，由于涂层碳层的作用，$KTi_2(PO_4)_3/C$ 在第 100 次循环时表现出良好的容量保持率。结果表明，在活性材料表面包覆碳是提高聚阴离子化合物电化学性能的一种简单有效的方法，为钾离子电池电极的开发提供了新的思路。此外，引入电负性强的 F$^-$ 可以使 $Ti^{4+/3+}$ 的反应电位明显提高。例如，Fedotov 等合成了 $KTiPO_4F$，在充放电过程中平均电压为 3.6 V，对应于 $Ti^{4+/3+}$ 的氧化还原[11]。事实上，利用 $Ti^{4+/3+}$ 活性氧化还原对的高工作电压，在 2.0~4.2 V 电压范围内，正极在 6.65 mA·g^{-1} 的电流密度下提供了 94 mAh·g^{-1} 的高可逆比容量，表明该材料可能成为 KIB 有希望的正极材料，并为提高聚阴离子化合物的电化学性能提供了一种新的结构设计策略。然而，$K_xN_y(PO_4)_3$(N 为 V 或 Ti)体系在反应过程中的结构变化尚不清楚，解决这一问题是提高其电化学性能的关键。

2.3.3 焦磷酸盐结构 KMP_2O_7(M=Ti、V、Mn、Fe 和 Mo)

焦磷酸盐也是一种常见的聚阴离子化合物，已被研究作为 LIB 和 SIB 的正极材料。由于 M 位点的元素多样性，衍生出多种类型的焦磷酸盐材料。焦磷酸盐是磷酸盐类化合物结构中缺氧的聚阴离子类化合物，高温处理后可发生结构分解，使氧从 PO_4 中释放，形成能量稳定的 P_2O_7 基团。

如图 2-34 所示，Park 等通过循环伏安法和化学氧化后的颜色变化研究了 10 种焦磷酸盐材料的氧化还原反应性质[104]。有趣的是，$KTiP_2O_7$、$KMoP_2O_7$、

KVP_2O_7 三种焦磷酸盐在化学氧化后均表现出合理的可逆氧化还原峰和颜色变化。三种焦磷酸盐的空间群均为 $P21/c$。此外，$KTiP_2O_7$、$KMoP_2O_7$、KVP_2O_7 在 20 C 倍率下表现出可逆的储钾特性，分别提供 $9.2\ mAh \cdot g^{-1}$、$20\ mAh \cdot g^{-1}$ 和 $40\ mAh \cdot g^{-1}$ 的可逆比容量。KVP_2O_7 是三种焦磷酸盐中最有前途的，因为 KVP_2O_7 具有最大的容量和最高的工作电压，约为 4.0 V。然而，Fe 基和 Mn 基的焦磷酸盐 $KFeP_2O_7$ 和 $K_2MnP_2O_7$ 不具有活性。DFT 计算表明，$KFeP_2O_7$ 中 Fe^{3+}/Fe^{4+} 的氧化还原电位高于 5.0 V。这种高的氧化还原电位可能与 Fe^{3+}/Fe^{4+} 的氧化还原中心和 $P_2O_7^{4-}$ 单元的诱导效应有关。其中，KVP_2O_7 中 $V^{4+/3+}$ 氧化还原对贡献了最高的放电比容量($61\ mAh \cdot g^{-1}$)，对应脱出大约 60% 的 K^+，并能够从化合物中释放并可逆地插入到晶格结构中。从晶格结构来看，焦磷酸盐化合物表现出结构多样性和更优异的 K^+ 调节能力。然而，P_2O_7 基团的单电子反应和较大的分子量决定了其固有的较低的理论比容量，这很难与正极材料中的层状氧化物和 PBA 竞争。因此，对这些化合物的研究应更多地关注在电化学反应过程中如何激活快速双电子扩散机制，从而形成具有突出容量或能量密度的 KIB 正极材料。

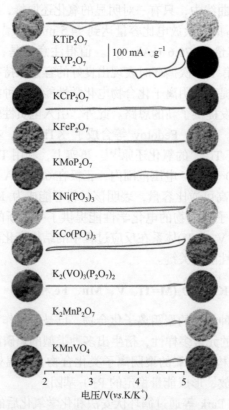

图 2-34　不同材料在 KIB 中的循环伏安曲线[104]

如图 2-35 所示，$K_2FeP_2O_7$ 的空间群为 $P\overline{4}2_1/m$，形成二维结构，由共有角的 FeO_4 四面体和 PO_4 四面体构成。相应的充放电曲线表明可提供 58 mAh·g^{-1} 的合理可逆比容量，相当于 Fe^{2+}/Fe^{3+} 单电子氧化还原理论比容量的 67%[10]。虽然 $K_2FeP_2O_7/C$ 电极具有可逆的储钾特性，但其平均工作电压低于 3.0 V，导致能量密度低。较低的工作电压不仅与 Fe^{2+}/Fe^{3+} 的氧化还原中心有关，而且与 FeO_4 的四面体环境导致的弱的感应效应有关。

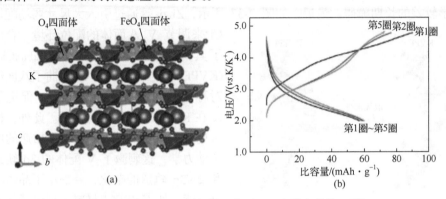

图 2-35　$K_2FeP_2O_7$ 的结构示意图(a)和充放电曲线(b)[10]

2.3.4　钒基氟磷酸盐和氧磷酸盐

除了前面提到的钒基焦磷酸盐(KVP_2O_7)具有良好的电化学性能外，$K_3V_2(PO_4)_2F_3$、$KVPO_4F$ 和 $KVOPO_4$ 等钒基氟磷酸盐和氧磷酸盐化合物已被开发用于 KIB。在磷酸盐骨架中引入 F^- 形成的氟磷酸盐，由于 F^- 具有较强的电负性，会增加 M-PO_4-F 体系中 M—O 键的离子度，通常比初始的聚阴离子电极表现出更高的电位，即"感应效应"[105]。

根据 Lin 等的研究，如图 2-36 所示，$Na_3V_2(PO_4)_2F_3$ 在钾离子半电池中通过电化学离子交换合成了正交相态的 $K_3V_2(PO_4)_2F_3$，该电极材料表现出令人印象深刻的电化学性能，其可逆比容量超过 100 mAh·g^{-1}，工作电压约为 3.7 V($vs.$ K/K^+)[105]。

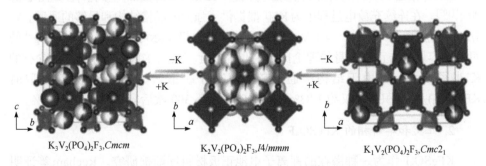

图 2-36　$K_3V_2(PO_4)_2F_3$ 的电化学结构演变过程[105]

整个电化学过程可逆，伴随 6.2%的小体积变化。$K_3V_2(PO_4)_2F_3$(空间群：$Cmcm$)充电至 4.2 V 时转化为 $K_2V_2(PO_4)_2F_3$(空间群：$I4/mmm$)，再充电至 4.6 V 形成 $K_1V_2(PO_4)_2F_3$ 相(空间群：$Cmc2_1$)，表明该材料是优异的 K^+宿主，但是它目前还不能被直接合成。

钒基氟磷酸盐聚阴离子化合物是 KIB 正极材料中最具竞争力的候选者。然而，由于其共价键合结构中独特的电子转移模式，一直面临着尚未克服的内在动力学较差的长期障碍。最近，如图 2-37 所示，Zhai 等通过引入大尺寸弱场配体 Cl^-来调节 V 八面体的配位环境，合成了具有快速动力学的 $KVPO_4F_{0.9}Cl_{0.1}$ (KVPFCl)[106]。较大的 Cl^-扭曲了八面体对称性从而扩展了晶格结构，促进了 K^+在 KVPFCl 材料中的扩散。此外，通过更强的电子供体 Cl^-实现了加速的电子动力学，这刺激了 V 配体的 3d 轨道和 2p/3p 轨道的杂化，并缩小了晶体场分裂能，使 KVPFCl 材料表现出了优异的储钾性能。

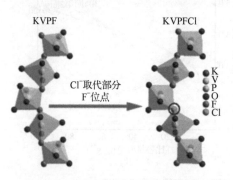

图 2-37　Cl^-配体对 KVPF 的作用机制 [106]

2.3.5　硫酸盐

1. $KM(SO_4)_2$

硫酸盐基化合物与磷酸盐基化合物具有相似的结构，为碱金属离子的快速扩散提供了开放的框架，因此也被大量研究用作 KIB 的潜在正极材料。在该类材料的晶体结构中，沿 ab 面由 FeO_6 八面体和 SO_4 四面体组成的结构提供了大量的空位来容纳大尺寸的 K^+，这表明理论上可以在 $Fe^{3+/2+}$氧化还原对电化学反应中插入额外的 K^+。

Ko 等报道了一种具有开放框架的硫酸盐 $KFe(SO_4)_2$($C2/m$ 空间群)，如图 2-38 所示[107]。在连续充放电过程中为 K^+扩散提供了强大的晶格结构和足够的通道。在 1/20 C 充放电倍率、2.2～4.1 V 电压范围内，该电极实际可提供约 94 mAh·g^{-1} 的可逆比容量，与正极本身的理论比容量非常接近。虽然 $KFe(SO_4)_2$ 结构中含有的 K^+半径较大，但由于结构中通道较大且离子扩散效率高，K^+插入/提取时 $KFe(SO_4)_2$ 的体积变化仅约 1.83%，在 2 C 时循环 300 次后容量保持率为 80%。

2. 正交和单斜相的 $KFeSO_4F$

$KFeSO_4F$ 作为一种潜在的钾离子电池正极材料逐渐被研究。Recham 等证明

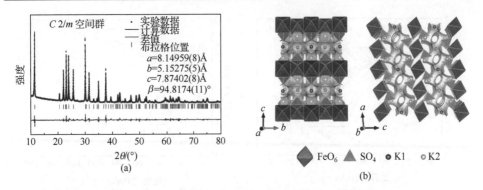

图 2-38 KFe(SO$_4$)$_2$ 的精修 XRD 图谱(a)和晶体结构中可能的 K$^+$位点(b)[107]

氟硫酸盐能够可逆地实现 Li$^+$、Na$^+$和 K$^+$的插层[108]。他们使用 Li/KFeSO$_4$F 半电池从 KFeSO$_4$F 中提取 K$^+$，制备了由 FeO$_4$F$_2$ 八面体链组成的 FeSO$_4$F，并评估了每种碱金属离子的储存性能。结果表明，FeSO$_4$F 可以容纳约 0.9 个 Li$^+$、0.85 个 Na$^+$和 0.8 个 K$^+$。有趣的是，钾离子电池中的电压平台是最明显的，这意味着存在多个稳定的中间相。

Lander 等报道 KFeSO$_4$F 有两种晶型，分别为正交晶型和单斜晶型(图 2-39)[109]。他们认为，与 m-KFeSO$_4$F(单斜晶型)相比，o-KFeSO$_4$F(正交晶型)由于具有较小的致密结构和大通道，能够实现 K$^+$的快速扩散。经计算，o-KFeSO$_4$F 的电导率为 8.5×10^{-8} S·cm^{-1}，m-KFeSO$_4$F 的电导率为 8×10^{-14} S·cm^{-1}，o-KFeSO$_4$F 和 m-KFeSO$_4$F 的 K$^+$扩散活化能分别为 0.60 eV 和 0.94 eV。因此，o-KFeSO$_4$F 比 m-KFeSO$_4$F 具有更高的离子电导率和更低的活化能，从而得到了一个无限连接的 K$^+$传导网络，有望成为优异的 K$^+$宿主材料。

o-KFeSO$_4$F 和 m-KFeSO$_4$F 在钾离子半电池中的详细电化学性能被 Hosaka 等研究[10]。o-KFeSO$_4$F 在第一次循环时具有 110 mAh·g^{-1} 的高可逆比容量，20 次循环后容量保持率为 78%。在钾离子半电池中，o-KFeSO$_4$F 的平均电压为 3.6 V，

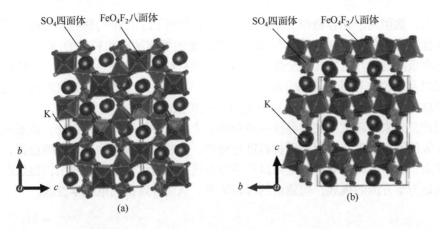

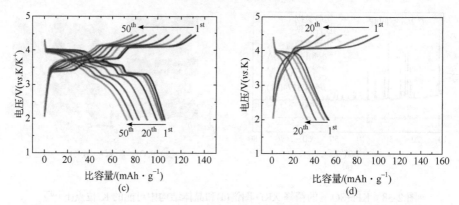

图 2-39　(a) *o*-KFeSO₄F 和(b) *m*-KFeSO₄F 的晶体结构；(c)、(d) 电化学性能[109]

1ˢᵗ为第 1 圈；20ᵗʰ为第 20 圈；50ᵗʰ为第 50 圈

这是由于 SO_4^{2-} 和 F^- 对 $Fe^{2+/3+}$ 电对的强感应效应，导致 Fe^{2+}/Fe^{3+} 的高氧化还原电位。另外，*m*-KFeSO₄F 在平均电压为 3.4 V 的第一个循环中提供了 53 mAh·g⁻¹ 的可逆比容量，在 20 个循环后容量保持率为 60%。对比可知，*o*-KFeSO₄F 在可逆比容量、工作电压和容量保留等电化学性能方面都比 *m*-KFeSO₄F 表现更好。此外，通过使用 5.5 mol·kg⁻¹ KFSA/G2 的高浓度电解质，*o*-KFeSO₄F 的循环稳定性得到了显著改善，100 次循环后，容量保持率可达 86%。由于较宽的电压窗口，在高浓度电解质中优异的循环性归因于可忽略的电解液分解。

缺陷工程可以通过调节电子结构来促进电子/离子转移，从而提供良好的电化学性能。因此，Wu 的团队利用还原氧化石墨烯(rGO)表面缺陷工程的调控，KFeSO₄F 和 rGO 之间形成了 Fe—C 键[110]。形成的 Fe—C 键不仅可以调节 Fe 3d 轨道，还能促进 K⁺ 的迁移能力，提高 KFeSO₄F 的电子电导率，表现出 119.6 mAh·g⁻¹ 的高容量。

2.3.6　结论与展望

总之，聚阴离子化合物作为储钾正极材料已经得到了广泛的研究，表现出多种潜在优势点。例如，结构多样性高，具有稳定的框架结构和较大的 K⁺ 传输间隙，具有极高的工作电压和安全性。然而，这类材料需要解决导电性差、反应动力学慢以及理论比容量低等固有缺点。大尺寸 K⁺ 的嵌入会显著降低聚阴离子化合物的结晶度，从而进一步限制 K⁺ 在电极中的扩散转移。

因此，未来该领域应关注寻找一些新的大比容含钾聚阴离子化合物，或通过一些有效的策略对现有聚阴离子材料进行修饰，如减小材料尺寸、表面碳包覆、元素掺杂、选择不同的阴离子基团以及进行合适的结构设计等以应对结构稳定性和运输动力学方面的挑战，构建新的材料体系，从而有效提高电化学性能。

2.4 有机正极材料

在过去的几十年里，有机化合物由于其丰富的储量、环境友好性和结构设计的灵活性而被广泛研究作为可充电电池的电极材料[110, 111]。一般来说，碱离子对有机化合物的调节性能主要取决于其结构中的活性官能团，如 C=O、C=N 和 N=N 基团。有机分子的电化学反应通常发生在碱金属离子与其共轭框架内的电活性基团之间。近年来，由于有机化合物的电活性官能团通常不局限于反应离子，如 Li+、Na+、K+、Zn2+ 和 Mg2+ 等离子，因此有机化合物在储钾方面的应用备受关注。

2.4.1 醌类和氧碳衍生物

醌类化合物，特别是 1,4-醌类化合物，是目前研究最多的用于 KIB 的有机氧化还原活性正极材料家族[112]。醌单元进行双电子可逆还原，如图 2-40 所示，可视为氧碳衍生物克酮酸($H_2C_5O_5$)和玫棕酸($H_2C_6O_6$)的盐，分别具有多达两个和四个氧化还原活性羰基。

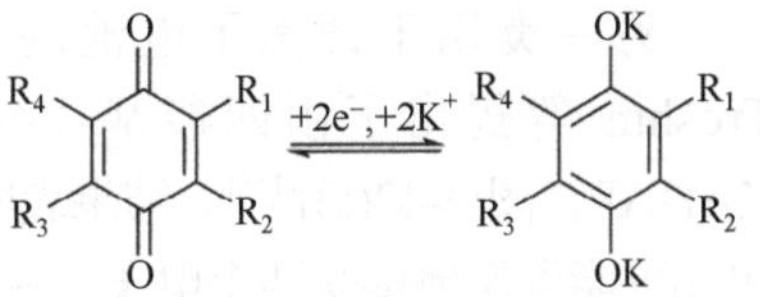

图 2-40 1,4-醌的充放电机制[112]

1. 小分子

苯醌、萘醌或蒽醌等小分子、简单、低分子量的醌类化合物因理论比容量大、成本低而具有很大的吸引力[112]。但是，它们在电解质中的高溶解度，导致容量迅速下降。抑制其溶解的方法之一是引入离子取代基，如—SO_3Na。

蒽醌-1,5-二磺酸二钠盐[1,5-AQDS，图 2-41(a)]是由 Xu 等首次提出用于钾离子电池的正极材料[113]。在碳酸盐基电解质中，在 0.1 C($13\,mA \cdot g^{-1}$)条件下，可逆比容量达到 $95\,mAh \cdot g^{-1}$，100 次循环后比容量达到 $78\,mAh \cdot g^{-1}$。之后，Xu 等研究了电解质对该电极性能的影响。结果表明，KFSI(DME)电解液可以形成稳定的固体电解质界面(SEI)相，使 1,5-AQDS 具有更好的倍率性能和循环稳定性。在 3 C($390\,mA \cdot g^{-1}$)时比容量为 $84\,mAh \cdot g^{-1}$，循环 1000 次后的容量保持率为 80%。为了进一步提高电极的容量和倍率性能，Fan 等将 2,6-AQDS 与碳纳米管(CNT)和二甲醚基电解质结合使用，反应机理如图 2-41(b)[114]所示。其比容量高达 $174\,mAh \cdot g^{-1}$，高于理论值，其中一部分比容量($23\,mAh \cdot g^{-1}$)归因于碳纳米管的贡献。与预钾化的石墨组装全电池，可逆比容量约为 $87\,mAh \cdot g^{-1}$，平均放电电压为 1.1 V。在 $500\,mA \cdot g^{-1}$ 时，在 2500 次循环后的容量保持率为 33%。

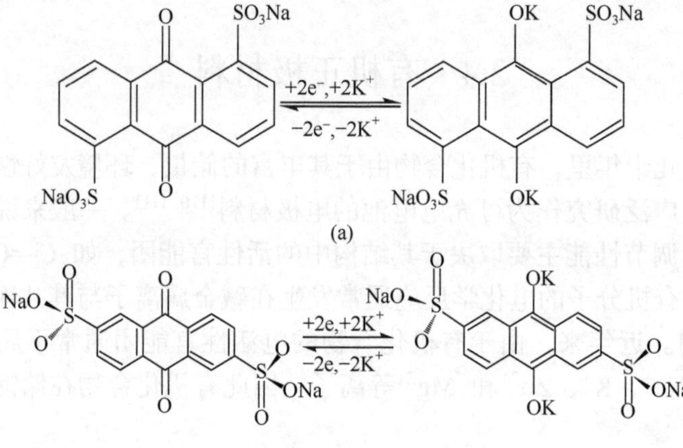

(a)

(b)

图 2-41   1,5-AQDS(a)和 2,6-AQDS(b)的氧化还原反应机制[113, 114]

另一类用于钾离子电池的小分子量醌是以四氮五苯衍生物为代表的。Troshin 等提出了由四羟基-1,4-苯醌和 1,2,4,5-苯四胺合成的四水合化合物[OHTAP，图 2-42(a)][115]。结果表明，所有的—OH 基团都能被氧化为羰基，而吡嗪单元可能可逆地接受两个电子，从而产生了 556 mAh·g^{-1} 的理论比容量。在 1.1～2.8 V 的电压范围内，电流密度为 44 mA·g^{-1} 时，可逆比容量接近 330 mAh·g^{-1}，循环 50 次后容量下降到 162 mAh·g^{-1}，这可能是因为材料在电解液中的溶解。Fu 等研究了另一种具有两个羰基的四氮五烯衍生物[TAPQ，图 2-42(b)][116]。在第一个循环中，在 1.2～3.3 V 电压范围内，在 1 C 倍率下的可逆比容量接近 253 mAh·g^{-1}。

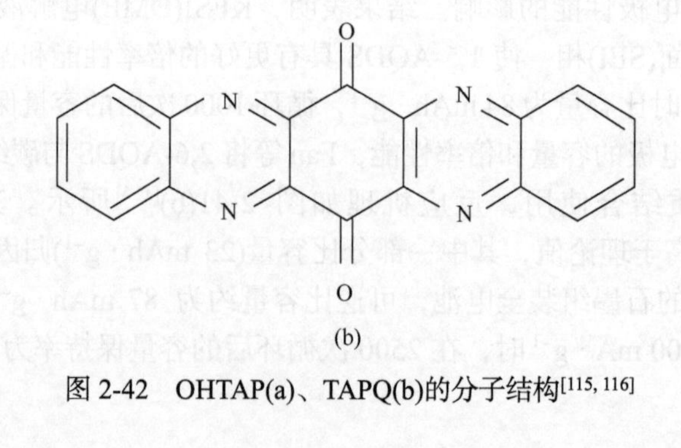

(a)

(b)

图 2-42   OHTAP(a)、TAPQ(b)的分子结构[115, 116]

氧碳盐[$M_2(CO)_n$]是一种骨架中含有大量羰基的小型有机化合物，可作为碱金属离子插入/提取时的氧化还原中心，表明氧碳盐具有较高的理论比容量[117]。Zhao 等将玫瑰红酸二钾($K_2C_6O_6$)在二甲醚(DME)为基础的电解液中进行电化学测试，在 1.0~3.2 V 电压范围内，比容量接近 138 mAh·g^{-1}[118]，且表现出了较高的离子电导率，进一步提升了 K^+ 的扩散速率。结果表明，由于氧碳盐的固有结构特征和电解质体系的高离子电导率的协同作用，在 2 A·g^{-1} 的大电流密度下，仍然可以保持 113 mAh·g^{-1} 的比容量。在选择氧碳衍生物的最佳电压范围时，需要特别注意的是，高电位发生的反应可逆性较差。例如，铑酸盐的氧化产物会溶解在电解液中，导致容量迅速衰减。对于方酸钾($K_2C_4O_4$)，随着环尺寸的缩小，放电电位和容量都明显下降。值得注意的是，与 LIB 和 SIB 相比，KIB 的倍率性能更好，这是由于 K^+ 扩散动力学更快。

2. 聚合物

有机小分子在有机电解液中往往存在溶解问题，这将导致正极材料的库仑效率降低和结构不断变形，从而在长循环过程中导致容量快速下降。相反，具有高分子量的聚合物在普通有机电解液中仅表现出轻微的溶解甚至不溶解，在电化学反应中增强了骨架的完整性。此外，聚合物优异的结构灵活性确保了其对抗碱离子插入/提取引起的机械应力的能力，因此聚合物被广泛用作可充电电池的正极材料。

如图 2-43 所示，第一个用于钾离子电池的聚合物正极材料是聚蒽醌基硫化物(PAQS)，使用醚基电解液(0.5 mol·L^{-1} KTFSI 溶解在 DME：DOL 中)，在 20 mA·g^{-1} 时可逆比容量为 200 mAh·g^{-1}[119]。在 50 次循环后，容量保持率约为 75%，但使用碳酸盐基电解质时的循环稳定性则表现较差。这项工作揭示了聚合物作为钾储存设备正极材料的应用潜力。

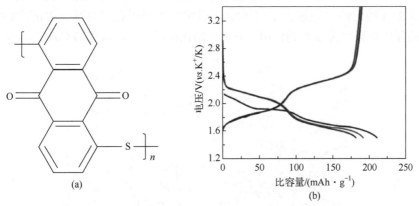

图 2-43　PAQS 的结构式(a)和充放电曲线(b)[119]

Wang 等的研究表明聚五苯四酮硫化物(PPTS)可用于快速稳定的钾离子电

池，其具有高度的结晶性，层间距为 3.2 Å[120]。该材料在 0.1 A · g^{-1} 时表现出约 260 mAh · g^{-1} 的高可逆比容量，平均放电电位为 1.65 V。PPTS 的高度结构规整性与 π-共轭五戊四酮(PT)主链和极性羰基密切相关，促进了分子间 π-π 的自发堆积，导致了 PPTS 的层层排列和大量 K$^+$扩散通道，电化学反应机理如图 2-44 所示。

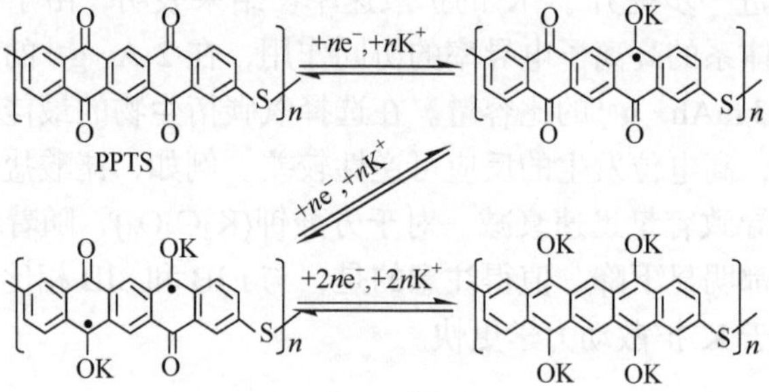

图 2-44　PPTS 理论电化学反应机制[120]

2.4.2　其他醌基结构

醌类化合物在钾离子电池应用中的不足是工作电压较低(通常为 1.6～2.0 V)。可以通过对醌类化合物进行分子结构修饰，添加一些特定的官能团来改变其电子结构，从而提高其工作电位。其中掺杂(形成有机阳离子或自由基阳离子)是一种常用的方法，p 掺杂的官能团可以改变醌类化合物分子的电子云分布，使得其氧化还原电位升高。

例如，Li 等提出了一种具有 p 掺杂能力的化合物 CuTCNQ(图 2-45)[121]。Cu$^+$和 TCNQ$^-$分别被氧化为 Cu^{2+}和 TCNQ^0；另外，TCNQ 还可以还原为 TCNQ^{2-}。所制备的 CuTCNQ 电极在 20 mA · g^{-1} 时的比容量为 244 mAh · g^{-1}，平均电位为 2.75 V。值得注意的是，在充放电过程中形成的 TCNQ$^-$是可溶性的，这可能不利于长循环稳定性。在钠离子电池中，添加额外的碳夹层对减少可溶性物种到负极的穿梭具有至关重要的作用。通过采用该策略，外加碳层的 CuTCNQ 电极在

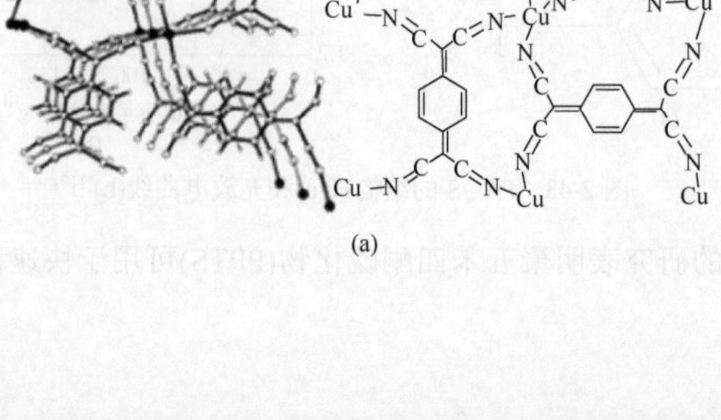

(a)

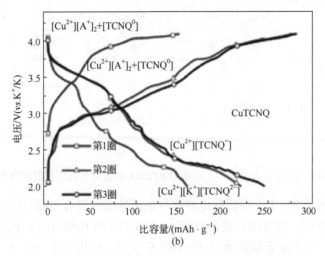

图 2-45 (a) CuTCNQ 的结构式；(b) 相应的充放电曲线[121]

$50\,mA \cdot g^{-1}$ 下循环 50 次后，保持 $170\,mAh \cdot g^{-1}$ 的比容量几乎没有衰减[122]。因此，解决有机分子的溶出问题，可以考虑外加包覆层。

2.4.3 芳香酸酐和酰亚胺

作为正极材料，四羧基芳香酸的酸酐和酰亚胺可以发生双电子可逆还原，如图 2-46 所示。

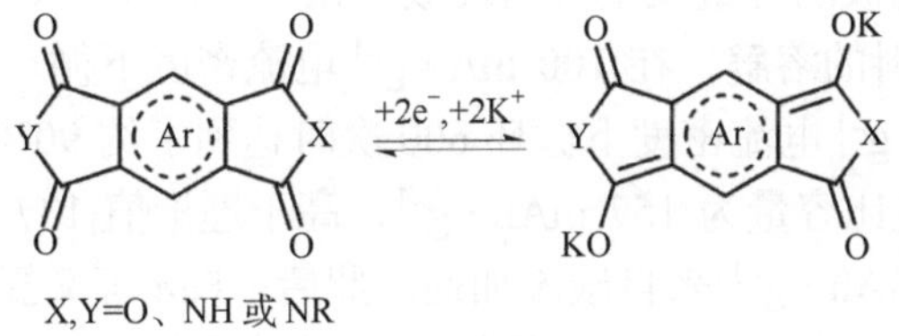

图 2-46 芳香酸酐和酰亚胺的充放电机制

1. 小分子

苝四羧基二氢化物(PTCDA)在 KIB 中得到了较为广泛的研究。Hu 等首次提出将该材料用于 KIB，电解质为碳酸盐，氧化还原反应机制如图 2-47 所示[15]。在 $10\,mA \cdot g^{-1}$ 时，材料的比容量为 $130\,mAh \cdot g^{-1}$，平均放电电压为 2.4 V，200 次循环后容量保持率为 66%。Xing 等采用 3,4,9,10-苝四羧基二氢化物作为 K^+ 储存主体，在 1.2～3.2 V 电压范围内，使用 $0.8\,mol \cdot L^{-1}$ KPF_6[EC：DEC(体积比)=1：1]电解液，比容量为 $129\,mAh \cdot g^{-1}$[123]。

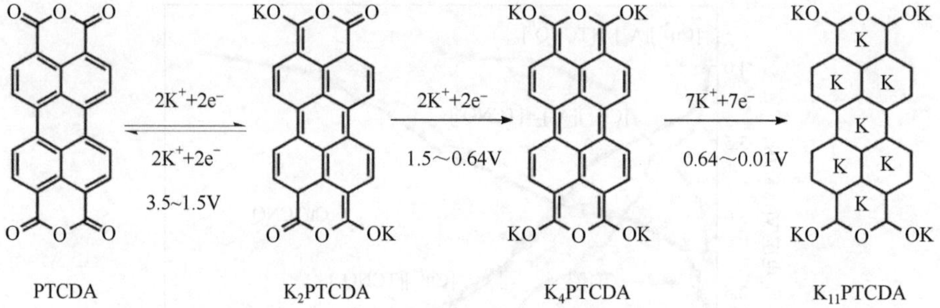

图 2-47　放电/充电过程中，KIB 中 PTCDA 的电化学反应机制示意图[123]

Lu 等使用了 PTCDA 的优化电解液和高温处理的组合策略，以实现优越的倍率和循环能力[124]。经 450℃退火处理后，PTCDA 由 β-构型向 α-构型转变，电导率由 $<10^{-10}$ S · m^{-1} 显著提高至 5.32×10^{-6} S · m^{-1}。使用 0.8 mol · L^{-1} KPF$_6$(EC：DMC)电解液和 1.5 mol · L^{-1} KPF$_6$(DME)电解液时，PTCDA 的容量迅速衰减。有趣的是，该电极在 3 mol · L^{-1} KFSI(DME)电解液中可获得优异的稳定性，即在 1 A · g^{-1} 电流密度下，循环 1000 次后容量保持率为 86.7%，这归因于在浓缩电解质中可以降低物质的溶解度。

Fan 等最近提出了亚胺功能化的小分子 3,4,9,10-苝四羧基二酰亚胺(PTCDI)[125]。与 PTCDA 相比，它的溶解度更低，这是因为它的分子量更大，从而在长期循环中改善了结构完整性。然而，在 1 mol · L^{-1} 和 3 mol · L^{-1} KFSI(EC：DMC)电解液中，电极的容量发生快速衰减。在 5 mol · L^{-1} KFSI(EC：DMC)电解液中可以抑制该材料的溶解，在 100 mA · g^{-1} 电流密度下循环 100 次后几乎没有容量衰减，在 4 A · g^{-1} 电流密度下循环 600 次时达到了约 90% 的容量保持率，在 100 mA · g^{-1} 的可逆比容量为 157 mAh · g^{-1}，高于理论值 137 mAh · g^{-1}。其中，附加比容量(约 27 mAh · g^{-1})来自碳添加剂。此后，Fan 等又提出了一种带有蒽醌基团的 PTCDI 衍生物(PTCDI-DAQ)[126]。由于该化合物具有较高的分子量，其溶解度比 PTCDI 低，理论比容量为 200 mAh · g^{-1}。使用 1 mol · L^{-1} KPF$_6$(DME)的电解液时，容量保持率为 73%。此外，在 20 A · g^{-1} 电流密度下获得了 137 mAh · g^{-1} 的优异倍率性能。

2. 聚合物

由于有机分子固有的有机骨架，较差的倍率性能是该类材料一个明显劣势，与其他正极类别(如层状氧化物、PBA 和聚阴离子化合物)相比，有机分子通常表现出较低的 K$^+$ 扩散动力学[5]。许多研究表明，它们的电化学性能与骨架链的结构密切相关，并表现出易于控制合成条件的特点。对于典型的有机电极化合物 PTCDA 基材料，不同长度的短烷基链可以可控地插入到 PTCDA 单体之间，从而导致其电子结构重排。Lee 等研究了一系列基于 PTCDA 的聚酰亚胺(反应式见图 2-48)，由肼或脂肪族二胺衍生而来[127]。以 5 mol·L^{-1}KTFSI(DME)为电解液时，所有材料的循环性能都优于原始 PTCDA，这是由于它们较低的溶解度。具有最短连接链的聚合物(PTCDA-kC，k=0、2 时)在 7.35 C 时循环 1000 次后，几乎没有容量衰减的迹象，而且倍率能力也有提高。特别是，当以 147 C 倍率放电时(<10 s)，PTCDA-2C 的能量密度可达 113 Wh·kg^{-1}，这与其优化的电子结构和降低的能垒有关。

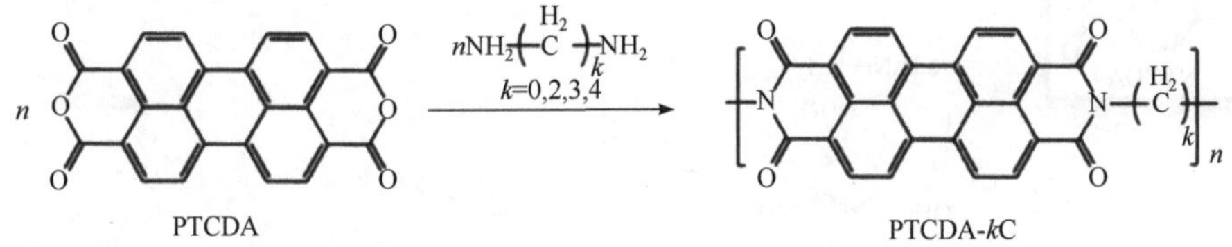

图 2-48　PTCDA-kC 的合成路线[127]

与小有机分子类似，提高离子导电性也是聚合物的关键挑战。在聚合物正极上涂覆导电化合物是一种提高聚合物离子电导率的有效策略。Lu 等测试了聚酰亚胺及其与石墨烯的复合材料(PI@G)的电化学性能[128]。一方面，石墨纳米片有效地增强了聚酰亚胺基正极的导电性，提高了倍率性能；另一方面，石墨抑制了聚酰亚胺的聚集，在石墨表面形成均匀的聚酰亚胺层，避免了在连续充放电过程中表现为脆弱结构的聚酰亚胺团簇。使用石墨烯时，聚酰亚胺的可逆比容量达到了稳定的 140 mAh·g^{-1}。与预钾软碳组装的全电池在 50 mA·g^{-1} 时的可逆比容量为 70 mAh·g^{-1}，80 次循环后的可逆比容量为 51 mAh·g^{-1}。

Tian 等通过筛选萘-N,N'-双(咪胺)、对苯二胺和 2,6-二氨基蒽醌等不同的有机黏结剂合成了一系列基于 NTCDA 的聚酰亚胺，如图 2-49 所示[129]。这些聚合物根据其氧化还原中心和不同的骨架结构，表现出不同的电化学性能，这对防止碱离子插入/提取过程中的结构变形起着重要作用。具有额外活性蒽醌单元的线状聚合物 PQI 在 10 mA·g^{-1} 时表现出最高的初始可逆比容量，约 240 mAh·g^{-1}，但在 10 次循环后，其可逆比容量已经下降到约 150 mAh·g^{-1}。另一种具有苯基的线状聚合物 PI-CMP，其可循环性稍好，但比容量较低(最高可达 150 mAh·g^{-1})。PI-CMP 具有二维骨架，其循环稳定性略有改善，在 1 A·g^{-1} 循环 1000 次后，容量衰减了 26%。它还具有最好的倍率性能，在 2 A·g^{-1} 时提供 72 mAh·g^{-1} 的可逆比容量。这主要是由于 PI-CMP 电极扩展了 π-共轭和增加了孔隙度，具有较快的 K$^+$ 传输动力学以及应对电化学机械应力时优异的结构容差。

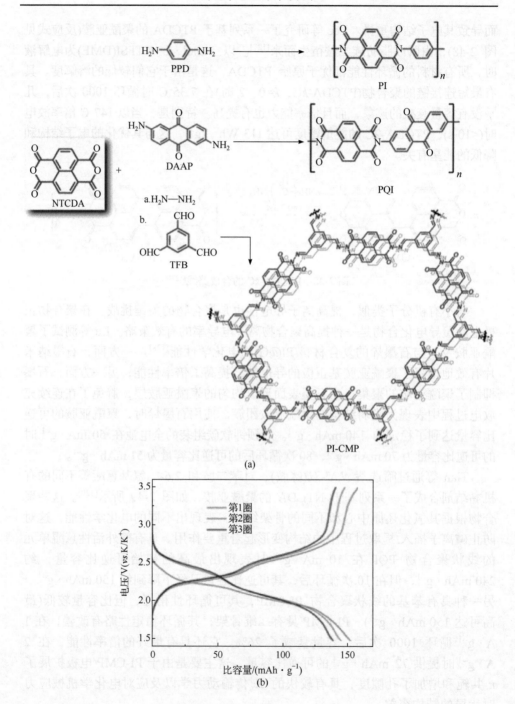

(a)

(b)

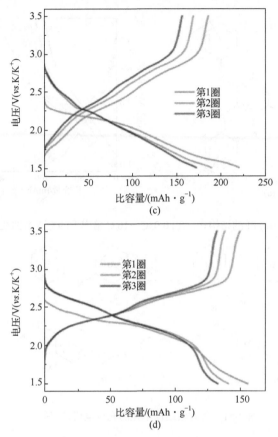

图 2-49　(a) PI、PQI 和 PI-CMP 的合成路线；(b～d) 充放电曲线[129]

2.4.4　六氮唑苯基聚合物

六氮唑苯基聚合物(HAT)是一种以六氮唑和苯基为主要结构单元通过聚合反应形成的聚合物。每个单元最多可以可逆的接受 6 个电子，并具有良好的结构稳定性。该材料作为电极时，在连续循环 1～5 万次后表现出微弱的容量衰退[130]。Kapaev 等的研究表明，在 0.9～3.4 V 的电位范围内，基于 HAT 的聚合物 PI 在 50 mA·g^{-1} 时提供了高达 245 mAh·g^{-1} 的容量(图 2-50)[130, 131]。有趣的是，在循环 4600 次后，可逆比容量在 10 A·g^{-1} 下从 150 mAh·g^{-1} 到 169 mAh·g^{-1} 不断增加。截至目前，这种缓慢的极化活化机制尚未被明确阐明。在 4600 次循环后，电池发生短路现象，这应该是由于在负极侧金属钾表面形成了枝晶。

2.4.5　芳香胺类

芳香胺类聚合物可以按照图 2-51 发生可逆的氧化还原反应。在这种情况下，

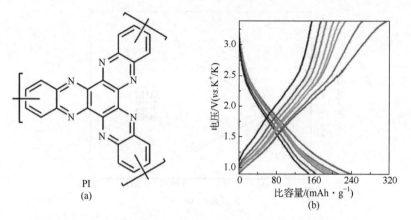

图 2-50　(a) PI 的结构式；(b) 0.05C～10 C 倍率下的充放电曲线[131]

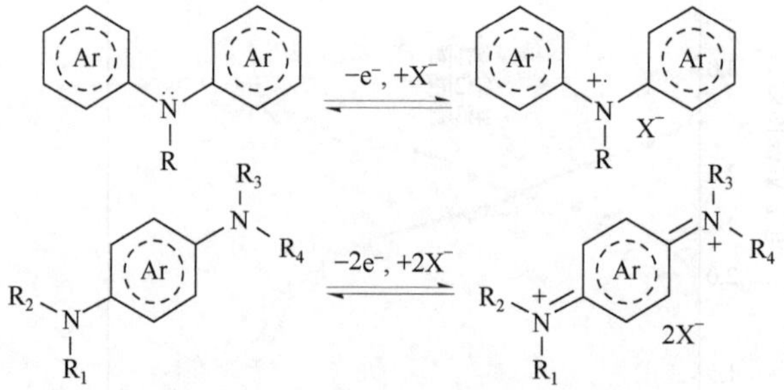

图 2-51　芳香胺结构单元的充放电机理[132]

电解液中的阴离子(通常是 PF_6^-)平衡了主链上的正电荷。采用 p 掺杂机制的电池被称为双离子电池，这与传统的摇椅电池系统不同，后者只使用金属离子作为电荷载体。与 n 型有机基正极材料相比，芳香胺的主要优点是具有较高的放电电位，通常>3 V[132]。

其中最常用的芳多胺是聚苯胺(PANI)，它易于合成，理论比容量为 294 mAh·g^{-1}[133]。Goodenough 等使用聚苯胺与聚甲基丙烯酸甲酯基凝胶电解质来抑制枝晶的形成，得到更好的倍率和循环性能[134]。特别是，在 2.0～4.0 V 范围内，在 10 mA·g^{-1} 时具有 138 mAh·g^{-1} 的容量。如图 2-52 所示，聚三苯胺(PTPA)是另一种容易获得的聚合物。它的理论比容量(111 mAh·g^{-1})比 PANI 低得多。Lu 等报道，在 2.0～4.0 V 电压范围内，PTPA 在 KIB 中的实际比容量接近 100 mAh·g^{-1}，60 次循环后保持 71 mAh·g^{-1}[135]。

与一些含金属化合物相比，有机化合物，包括小分子有机化合物和高分子化合物，都表现出相对较低的工作电压，这将导致较低的能量密度，尽管有些有机正极材料可以实现高容量。因此，提高能量密度成为有机正极材料亟待解决的问题。为了进一步提高可逆比容量，Obrezkov 等提出了聚 N,N'-二苯基对苯二胺(p-DPPD，图 2-53)，它与 PTPA 类似，但具有更高的理论比容量(209 mAh·g^{-1})[136]。然而，在 2.5～4.2 V 电压范围内，实验比容量仅有 63 mAh·g^{-1}。同时，LIB 和 SIB 中 p-DPPD 的可逆比容量在 100 mAh·g^{-1} 左右，这表明该体系的性能可能会进一步提高。

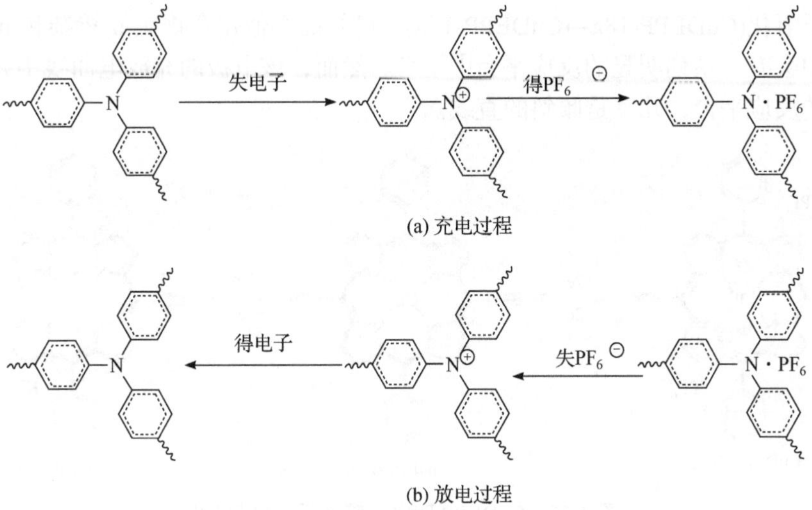

(a) 充电过程

(b) 放电过程

图 2-52　聚三苯胺 (PTPA) 的氧化还原反应机理[135]

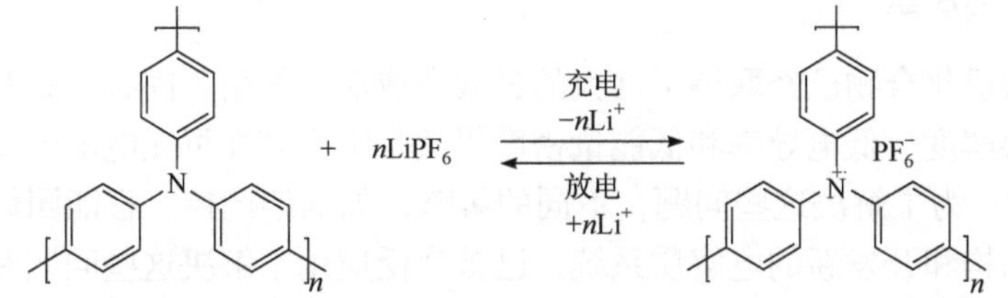

图 2-53　聚 N,N'-二苯基对苯二胺(p-DPPD) 的氧化还原反应机理[136]

与本节讨论的其他结构不同，聚 N-乙烯基咔唑(PVK)是一种具有脂肪族主链的吊坠型聚合物，如图 2-54 所示。Li 等报道，在 2.0～4.7 V 范围内，PVK 在 20 mA·g^{-1} 时的比容量高达 117 mAh·g^{-1}，接近其理论值 138 mAh·g^{-1}[137]。在 2 A·g^{-1} 的大电流密度时，比容量达到 68 mAh·g^{-1}，500 次循环后，容量保持率为 55%。

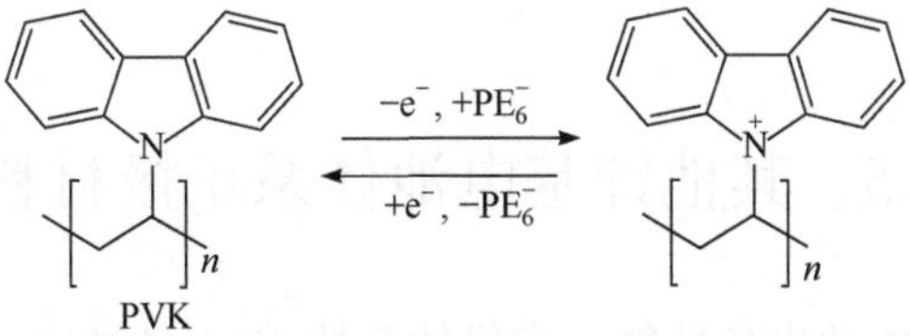

图 2-54　聚 N-乙烯基咔唑(PVK) 的氧化还原反应机理[137]

2.4.6 其他结构

Gao 等最近提出了一种铜(Ⅱ)卟啉配合物的衍生物 CuDEPP，作为钾离子电池的正极材料[138]。如图 2-55 所示，将 CuDEPP 的电化学反应过程划分为两个阶段：在低电位下发生双电子还原(CuDEPP-18π→CuDEPP-20π)，在高电位下发生双电子氧化(CuDEPP-18π→CuDEPP-16π)。已知的类似化合物在 p 掺杂和 n 掺杂过程中会有一系列明显的反应平台[139, 140]。然而，该电极的充放电曲线中并没有明显的反应平台，几乎是倾斜的直线。

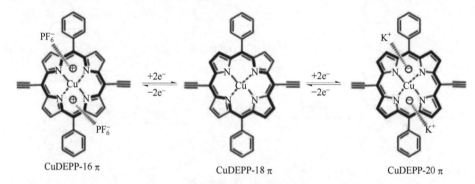

图 2-55　CuDEPP 四电子转移反应机制[138]

2.4.7 结论与展望

尽管有机化合物已经取得了巨大的进展和成功，但由于固有的碳基有机骨架性质，高溶解度、低电导率和低能量密度仍然是阻碍其在可充电电池系统应用的严峻挑战[5]。为了解决这些问题，不同的策略，如框架调控、官能团修饰、设计新的有机结构和开发新的电解质系统，已被广泛应用于解决这些问题和改善钾的储存性能。在这方面，有望发展结构工程，以确保结构完整性，以及具有不同主干和官能团的有机化合物在连续电化学反应过程中的快速 K+ 扩散动力学。同时，迫切需要具有更高氧化还原电位的新型官能团来提高其能量密度，这将使该类电极材料与其他类别如层状氧化物、PBA 和聚阴离子化合物相比更具竞争力。此外，与有机分子正极类别的快速发展相匹配的新型电解液设计成为一种效应策略，有望通过促进稳定 SEI 膜的形成和抑制钾枝晶的形成来提高电极材料的长期循环寿命。

2.5　其他钾基电池体系正极材料

基于 LIB 或 SIB 的出色性能，有机体系的 KIB 已被广泛研究。对于正极材料，层状氧化物、聚阴离子化合物、普鲁士蓝及其类似物以及有机化合物已被深入研究。根据前面的讨论，当前基于钾正极部分的能量密度仍然小于 500 Wh · kg^{-1}[4]。对于全电池，KIB 的能量密度小于 400 Wh · kg^{-1}(基于正负极材料的总质量)。因此，为了满足对储能系统日益增长的需求，迫切需要新的钾基电池，以实现更高的能量密度、更长的寿命、更好的安全性和更低的成本。

高能量密度对电池非常重要，因为它决定了电池的能量储存效率。为了实现这一目标，钾硫族(S/Se/Te)电池是 KIB 有希望的替代品。S 正极具有约 1672 mAh · g^{-1} 的高比容量和低成本，引起了人们的广泛关注[141, 142]。此外，Se 正极具有约 675 mAh · g^{-1} 的比容量，但电导率约为 1.0×10^{-3} S · cm^{-1}，也是一种较好的正极材料[143]。此外，Te 具有高密度(6.24g · cm^{-3})，能实现与 Se(3275 mAh · cm^{-3}) 和 S(3467 mAh · cm^{-3})相当的理论体积比容量(2621 mAh · cm^{-3}，指反应产物为 K_2Te 时的形成)[144]。以金属 K 为负极，S/Se/Te 为正极，使用适当的电解液，可以组装成 K-S/Se/Te 电池，其能量密度比 KIB 电池更高。同时，在电化学过程中，S 族正极会发生较大的体积变化，中间产物多硫族化物可溶，可在正负极区域之间穿梭，导致库仑效率低、活性物质损失大和容量衰减迅速等问题[145, 146]。在充放电过程中，多硫族化物的溶解和迁移是硫族正极转换反应的中介，对 K-S 族电池性能的影响是一把双刃剑。多硫族化物在有机电解质中的溶解度高，具有较高的反应活性和迁移率。在正极区，多硫族化物的灵活迁移有利于活性多硫族化物的均匀分布和防止块状硫族化物的形成。此外，多硫族化物的高电化学活性可以促进不完全反应硫族单质在正极中的反应[147, 148]。多硫族化物的这些优势可以有效加快S/Se/Te 的利用，有助于提高 K-S/Se/Te 电池的容量和倍率能力。然而，多硫族化物可以迁移到负极区域。以 K-S 电池为例，最终产物被还原为硫化钾。硫化钾是不溶性的，沉积在负极表面，引起不可逆反应和负极钝化。同时，在充电过程中，一些多硫化物会穿梭回正极部分。多硫化物的不断溶解、迁移和再沉积导致活性物质的大量消耗[145, 149]。这些现象会导致 K-S 电池的容量快速衰减和低库仑效率[150]。

鉴于钾硫族电池面临的难题，要实现高能量、高稳定性以及安全性俱佳的电池性能，对正极材料进行深入地设计与研究工作，是破局的关键所在。因此，提高硫族正极的电导率并限制体积变化、解决多硫族化合物的"穿梭效应"是至关重要的。

2.5.1　硫族正极的多孔碳宿主

多孔碳是锂/钠-硫电池中极为常见的硫载体材料，科研人员对其广泛开展研究，设计了多种具有相似目标的不同碳基体。目的在于提升体系的电子导电性，并有效抑制多硫族化物的扩散，以此提升钾-硫族电池的电化学性能。

　　多孔碳宿主具有高导电性和大比表面积，有助于 S 族正极中电子和 K⁺的运输，促进 S 族单质的转化反应。此外，碳宿主可以通过物理或化学作用将硫族单质和多硫族化物限制或吸附到内部多孔结构或表面的位点上，以抑制"穿梭效应"。熔融浸渍法是一种简单、可控的方法，可将 S 族单质封装到碳基体中。在各种碳宿主中，孔结构丰富、孔体积大的介孔碳是较为合适的选择。例如，Chen 等首先以硫填充的高有序介孔碳材料 CMK-3/S 为正极研究了 K-S 电池(图 2-56)[151]。CMK-3 不仅缓解了硫的体积波动，而且提高了体系的电导率。此外，还在 CMK-3/S 复合材料表面涂覆了一层聚苯胺(PANI)保护层，以阻止多硫化物的溶解和穿梭作用，正极放电最终产物为 K₂S₃。不完全反应可能是由于硫在有机电解质中的活度低。然而，K₂S₃在充电过程中能够可逆地转变为硫。含 39.2 wt%硫的最佳 PANI@CMK-3/S 正极在电流密度约为 50 mA·g⁻¹的情况下，经过 50 次循环后可获得约 329.3 mAh·g⁻¹的可逆比容量。还有研究表明，小分子硫可以直接还原为不溶性的短链多硫化物，避免了可溶性长链多硫化物的形成[152, 153]，这种有效的策略可以充分消除可溶性长链多硫化物的"穿梭效应"，从而提升电池性能。

$$\text{放电：}\quad 3S+2K^++2e^-\longrightarrow K_2S_3$$
$$\text{充电：}\quad K_2S_3-2e^-\longrightarrow 3S+2K^+$$
$$\text{总体：}\quad 3S+2K \rightleftharpoons K_2S_3$$

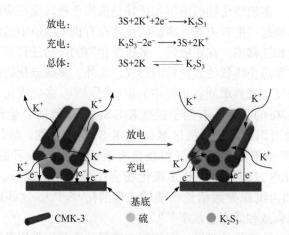

图 2-56　可充电 K-S 电池的电极反应示意图以及相关反应式[151]

　　因此，制备孔径小于 2 nm 的微孔碳宿主可以用来限制小分子硫物种。如图 2-57 所示，Xiong 等利用低成本蔗糖限制小分子硫物种，合成了粒径约 500 nm 的微孔碳材料[154]。该微孔碳材料的大部分孔径小于 1 nm，比表面积约为 308 m²·g⁻¹，孔体积约为 0.11 cm³·g⁻¹。C/S 复合材料的主要 S 物种为 S³⁻和 S²⁻。该微孔 C/S 复合材料作为正极表现出了约 1198.3 mAh·g⁻¹的高初始充电能力，具有约 97%的优异库仑效率以及出色的电化学稳定性(以 20 mA·g⁻¹循环 150 次后，比容量约为 869.9 mAh·g⁻¹)。

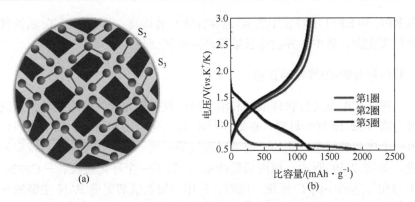

图 2-57　(a) 多孔碳基质中硫的存在形式示意图：S_2 (紫色) 和 S_3 (绿色)；(b) C/S 复合材料在
20 mA · g^{-1} 的充放电曲线[154]

　　类似地，Zhou 等构建了一种 Se@C 杂化的硒纳米粒子，将单质 Se 封装到一
个封闭的碳骨架中[155]。如图 2-58 所示，不仅通过内部开放的空心碳胶囊提供了
足够的空间来缓解活性 Se 物种的体积膨胀，还利用强大的 Se-O-C 结合作用，将
Se 物种牢牢锚定在碳基体上，从而抑制了在充放电过程中多硒化物的穿梭效
应。最终，Se-O-PCS 表现出了优异的电化学性能。

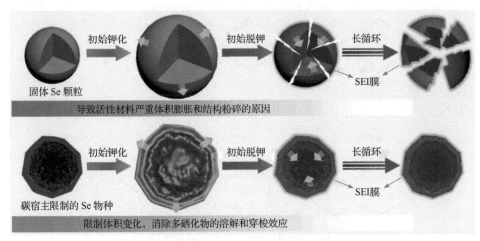

图 2-58　固体 Se 颗粒和 Se-O-PCS 电极的电化学过程示意图[155]

　　此外，Huang 等还制备了空心多孔碳(HPC)基体[156]、MOF 衍生的多孔碳基
体[157]和 N 掺杂多孔碳海绵[158]等多种多孔碳载体来限制 Se 物种。他们的研究结
果充分证明了碳宿主丰富的多孔结构有利于解决体积膨胀问题，加速反应动力
学，并通过将多硒化物锁定在碳宿主体内来缓解活性物质的消耗。Zhang 等设计
了一种微孔碳/Te 结构(Te/C)应用于 K-Te 电池[159]。与体积较大的 Te 相比，Te/C

正极在 KPF$_6$ 和 KFSI 电解质中的 K$^+$储存性能显著提高，这归因于 Te 活性材料被有效地约束在微孔碳中，并适应长期循环的体积变化。

2.5.2 共价聚合物-硫族物种正极

除了对硫族单质进行物理限域和消除可溶性硫族化合物的形成外，形成共价键合聚合物-S/Se/Te 复合材料，在硫族单质/硫族化合物和宿主之间引入强相互作用是另一个成功的策略。例如，硫可以通过简单的一锅固态反应法与特定的聚合物反应。如图 2-59 所示，聚丙烯腈(PAN)经历了一个环化过程，—C≡N 被裂解，N 与相邻基团中的 C 成键。同时，S 作为加氢试剂促进 PAN 主链的环化反应，生成副产物 H$_2$S。在这种结构中，分子级的硫与聚合物主链均匀键合，可以避免长链多硫化物的形成[160]。

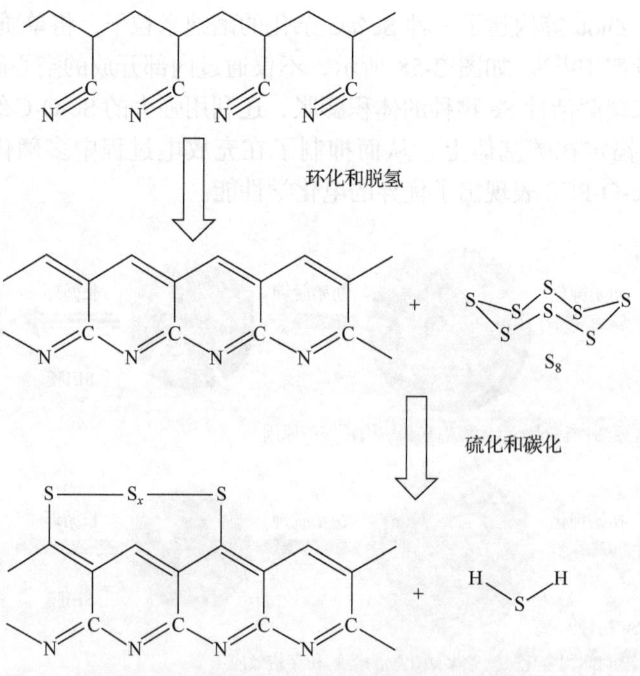

图 2-59 SPAN (0≤x≤6) 合成过程示意图[160]

此外，碳化聚合物主链也可以提高正极系统的导电性[161]。因此，共价聚合物-硫族材料可作为 K-S 电池的正极。Liu 等报道了热解聚丙烯腈/硫纳米复合材料(SPAN)作为正极材料，作用机理如图 2-60 所示。该电极在碳酸盐电解质中表现出 270 mAh·g^{-1} 的可逆比容量，最终放电产物中钾与硫的物质的量比为 0.85：1，高于 CMK-3/S 复合放电产物，体现出了活性物质 S 的深度还原和高利用率[160]。

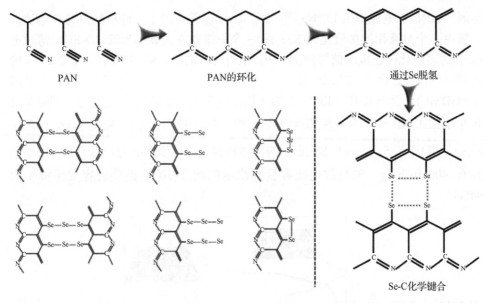

图 2-60　PAN 碳化和 Se 与 c-PAN 硒化过程中的反应机理以及所制备的化学键合硒/碳复合材料的可能分子结构[160]

众所周知，杂原子掺杂可以改变体系的电子状态，提高电子导电性[162]。因此，Ma 等报道了一种碘掺杂硫化聚丙烯腈(I-S@pPAN)。I 原子的存在显著提高了 I-S@pPAN 的电子导电率(5.90×10^{-10} S·cm^{-1})，几乎是 S@pPAN(3.07×10^{-10} S·cm^{-1})的两倍[163]。可能的氧化还原反应机制如图 2-61 所示，I-S@pPAN 复合材料也是一种很有前途的 K-S 电池正极，其初始容量为 1448 mAh·g^{-1}，在 0.1 C 下循环 100 次后的可逆比容量约为 722 mAh·g^{-1}。

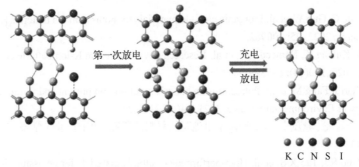

K　C　N　S　I

图 2-61　I-S@pPAN 在 RT-K/S 电池中可能的电化学反应机制[163]

2.5.3　活性硫族化合物正极

有报道称，Li/Na 多硫化物可以作为正极电解质，为建立安全的"无 Li/Na

金属"Li/Na-S 电池提供 Li⁺/Na⁺[142, 164]。Hwang 等提出了一种新型的 K-S 电池，正极由一个溶液相的多硫化钾(K_2S_x)和一个三维独立式碳纳米管(3D-FCN)薄膜电极(作为多硫化钾正极的储层)组成[165]。值得注意的是，K 和 S 以 2：1 至 2：4 的物质的量比混合生成短链 K_2S_x，这种情况下 K_2S_x 不溶于二甘醇二甲醚(DEGDME)。而当 K 和 S 以 2：5 的比例反应生成 $x \geqslant 5$ 的长链 K_2S_x 时，则完全溶解在 DEGDME 中，形成深棕色溶液。如图 2-62 所示，基于 $K_2S_x(5 \leqslant x \leqslant 6)$ ——→ K_2S_3(放电)和 K_2S_3 ——→ K_2S_5(充电)的可逆转换反应，该 K-S 电池在 0.1 C 倍率下具有 400 mAh · g⁻¹ 的高放电比容量和稳定的循环(20 次循环后容量保持率为 94%)。

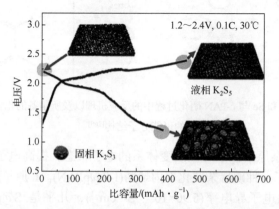

图 2-62　K|K_2S_x (5⩽x⩽6) 半电池的初始充放电曲线[165]

参 考 文 献

[1] Meng Y, Nie C, Guo W, et al. Inorganic cathode materials for potassium ion batteries [J]. Materials Today Energy, 2022, 25: 100982.

[2] Hosaka T, Kubota K, Hameed A S, et al. Research development on K-ion batteries [J]. Chemical Reviews, 2020, 120(14): 6358-6466.

[3] Min X, Xiao J, Fang M, et al. Potassium-ion batteries: outlook on present and future technologies [J]. Energy & Environmental Science, 2021, 14(4): 2186-2243.

[4] 张志波, 彭琨尧, 耿茂宁, 等. 钾离子电池正极材料的研究进展[J]. 化工学报, 2020, 71(10): 4429-4444.

[5] Xu Y S, Guo S J, Tao X S, et al. High-performance cathode materials for potassium-ion batteries: structural design and electrochemical properties [J]. Advanced Materials, 2021, 33(36): e2100409.

[6] Xu Y, Du Y, Chen H, et al. Recent advances in rational design for high-performance potassium-ion batteries [J]. Chemical Society Reviews, 2024, 53(13): 7202-7298.

[7] Li W, Bi Z, Zhang W, et al. Advanced cathodes for potassium-ion batteries with layered transition

metal oxides: a review [J]. Journal of Materials Chemistry A, 2021, 9(13): 8221-8247.

[8] Masese T, Yoshii K, Yamaguchi Y, et al. Rechargeable potassium-ion batteries with honeycomb-layered tellurates as high voltage cathodes and fast potassium-ion conductors [J]. Nature Communications, 2018, 9(1): 3823.

[9] Cong J, Luo S H, Li K, et al. Research progress of manganese-based layered oxides as cathode materials for potassium-ion batteries [J]. Journal of Electroanalytical Chemistry, 2022, 927: 116971.

[10] Hosaka T, Shimamura T, Kubota K, et al. Polyanionic compounds for potassium-ion batteries [J]. The Chemical Record, 2019, 19(4): 735-745.

[11] Fedotov S S, Luchinin N D, Aksyonov D A, et al. Titanium-based potassium-ion battery positive electrode with extraordinarily high redox potential [J]. Nature Communications, 2020, 11(1): 1484.

[12] 沈牧原, 邵奕嘉, 黄斌, 等. 普鲁士蓝类正极材料在钾离子电池中的应用研究进展[J]. 化工进展, 2021, 40(S2): 279-289.

[13] Bai Y, Yuchi K E, Liu X, et al. Progress of prussian blue and its analogues as cathode materials for potassium ion batteries [J]. European Journal of Inorganic Chemistry, 2023, 25(25): e202300246.

[14] Kapaev R R, Troshin P A. Organic-based active electrode materials for potassium batteries: status and perspectives [J]. Journal of Materials Chemistry A, 2020, 8(34): 17296-17325.

[15] Chen Y, Luo W, Carter M, et al. Organic electrode for non-aqueous potassium-ion batteries [J]. Nano Energy, 2015, 18: 205-211.

[16] Ramezankhani V, Yakuschenko I K, Vasilyev S, et al. High-capacity polymer electrodes for potassium batteries [J]. Journal of Materials Chemistry A, 2022, 10(6): 3044-3050.

[17] Yao Q, Zhu C. Advanced post-potassium-ion batteries as emerging potassium-based alternatives for energy storage [J]. Advanced Functional Materials, 2020, 30(49): 2005209.

[18] Sha M, Liu L, Zhao H, et al. Review on recent advances of cathode materials for potassium-ion batteries [J]. Energy & Environmental Materials, 2020, 3(1): 56-66.

[19] Deng T, Fan X, Chen J, et al. Layered P2-type $K_{0.65}Fe_{0.5}Mn_{0.5}O_2$ microspheres as superior cathode for high-energy potassium-ion batteries [J]. Advanced Functional Materials, 2018, 28(28): 1800219.

[20] Xu Y S, Zhang Q H, Wang D, et al. Enabling reversible phase transition on $K_{5/9}Mn_{7/9}Ti_{2/9}O_2$ for high-performance potassium-ion batteries cathodes [J]. Energy Storage Materials, 2020, 31: 20-26.

[21] Lei K, Zhu Z, Yin Z, et al. Dual interphase layers *in situ* formed on a manganese-based oxide cathode enable stable potassium storage [J]. Chem, 2019, 5(12): 3220-3231.

[22] Deng T, Fan X, Luo C, et al. Self-templated formation of P2-type $K_{0.6}CoO_2$ microspheres for high reversible potassium-ion batteries [J]. Nano Letters, 2018, 18(2): 1522-1529.

[23] Qian J, Wu C, Cao Y, et al. Prussian blue cathode materials for sodium-ion batteries and other ion batteries [J]. Advanced Energy Materials, 2018, 8(17): 1702619.

[24] Eftekhari A, Jian Z, Ji X. Potassium secondary batteries [J]. ACS Applied Materials & Interfaces,

2017, 9(5): 4404-4419.

[25] Li Y, Lam K H, Hou X. Reactant concentration and aging-time-regulated potassium manganese hexacyanoferrate as a superior cathode for sodium-ion batteries [J]. ACS Applied Energy Materials, 2021, 4(11): 13098-13109.

[26] Wang W, Gang Y, Peng J, et al. Effect of eliminating water in Prussian blue cathode for sodium-ion batteries [J]. Advanced Functional Materials, 2022, 32(25): 2111727.

[27] Song J, Wang L, Lu Y, et al. Removal of interstitial H_2O in hexacyanometallates for a superior cathode of a sodium-ion battery [J]. Journal of The American Chemical Society, 2015, 137(7): 2658-2664.

[28] Xiao P, Song J, Wang L, et al. Theoretical study of the structural evolution of a $Na_2FeMn(CN)_6$ cathode upon Na intercalation [J]. Chemistry of Materials, 2015, 27(10): 3763-3768.

[29] Bie X, Kubota K, Hosaka T, et al. A novel K-ion battery: hexacyanoferrate(ii) / graphite cell [J]. Journal of Materials Chemistry A, 2017, 5(9): 4325-4330.

[30] 陈强, 李敏 ,李敬发. 普鲁士蓝类似物及其衍生物在钾离子电池中的应用[J].储能科学与技术, 2021, 10(3): 1002-1015.

[31] Eftekhari A. Potassium secondary cell based on Prussian blue cathode [J]. Journal of Power Sources, 2004, 126(1-2): 221-228.

[32] Xue L, Li Y, Gao H, et al. Low-cost high-energy potassium cathode [J]. Journal of the American Chemical Society, 2017, 139(6): 2164-2167.

[33] Xie B, Zuo P, Wang L, et al. Achieving long-life prussian blue analogue cathode for Na-ion batteries via triple-cation lattice substitution and coordinated water capture [J]. Nano Energy, 2019, 61: 201-210.

[34] Peng J, Zhang W, Liu Q, et al. Prussian blue analogues for sodium-ion batteries: past, present, and future [J]. Advanced Materials, 2021, 34(15): e2108384.

[35] Zhang C, Xu Y, Zhou M, et al. Potassium prussian blue nanoparticles: a low-cost cathode material for potassium-ion batteries [J]. Advanced Functional Materials, 2017, 27(4): 1604307.

[36] Chong S, Wu Y, Guo S, et al. Potassium nickel hexacyanoferrate as cathode for high voltage and ultralong life potassium-ion batteries [J]. Energy Storage Materials, 2019, 22: 120-127.

[37] Li L, Hu Z, Lu Y, et al. A low-strain potassium-rich prussian blue analogue cathode for high power potassium-ion batteries [J]. Angewandte Chemie International Edition, 2021, 60(23): 13050-13056.

[38] Yuan Y, Xu J, Li X, et al. High-quality prussian blue analogues $K_2Zn_3[Fe(CN)_6]_2$ crystals as a stable and high rate cathode material for potassium-ion batteries [J]. Journal of Alloys and Compounds, 2022, 923: 166457.

[39] Shadike Z, Shi D R, Tian-Wang T W, et al. Long life and high-rate berlin green $FeFe(CN)_6$ cathode material for a non-aqueous potassium-ion battery [J]. Journal of Materials Chemistry A, 2017, 5(14): 6393-6398.

[40] Shen L, Uchaker E, Zhang X, et al. Hydrogenated $Li_4Ti_5O_{12}$ nanowire arrays for high rate lithium ion batteries [J]. Advanced Materials, 2012, 24(48): 6502-6506.

[41] Li C, Wang X, Deng W, et al. Size engineering and crystallinity control enable high-capacity

aqueous potassium-ion storage of prussian white analogues [J]. ChemElectroChem, 2018, 5(24): 3887-3892.

[42] Qian J, Zhou M, Cao Y, et al. Nanosized Na4Fe(CN)6/C composite as a low-cost and high-rate cathode material for sodium-ion batteries [J]. Advanced Energy Materials, 2012, 2(4): 410-414.

[43] 亢丽斌. 普鲁士蓝类似物及其衍生材料的制备与储锂性能研究[D]. 徐州: 中国矿业大学, 2021.

[44] He G, Nazar L F. Crystallite size control of prussian white analogues for nonaqueous potassium-ion batteries [J]. ACS Energy Letters, 2017, 2(5): 1122-1127.

[45] Qin M, Ren W, Meng J, et al. Realizing superior prussian blue positive electrode for potassium storage via ultrathin nanosheet assembly [J]. ACS Sustainable Chemistry & Engineering, 2019, 7(13): 11564-11570.

[46] Pintado S, Goberna-Ferron S, Escudero-Adan E C, et al. Fast and persistent electrocatalytic water oxidation by Co-Fe prussian blue coordination polymers [J]. Journal of the American Chemical Society, 2013, 135(36): 13270-13273.

[47] Nossol E, Souza V H, Zarbin A J. Carbon nanotube/prussian blue thin films as cathodes for flexible, transparent and ITO-free potassium secondary battery [J]. Journal of Colloid and Interface Science, 2016, 478: 107-116.

[48] Xu Y, Yuan Z, Song L, et al. Ultrathin cobalt-based Prussian blue analogue nanosheet-assembled nanoboxes interpenetrated with carbon nanotubes as a fast electron/potassium-ion conductor for superior potassium storage [J]. Nano Letters, 2023, 23(20): 9594-9601.

[49] Shi W, Nie P, Zhu G, et al. Self-supporting prussian blue@CNF based battery-capacitor with superhigh adsorption capacity and selectivity for potassium recovery [J]. Chemical Engineering Journal, 2020, 388(15): 124162.

[50] Zhao S, Sun B, Yan K, et al. Aegis of lithium-rich cathode materials via heterostructured LiAlF4 coating for high-performance lithium-ion batteries [J]. ACS Applied Materials & Interfaces, 2018, 10(39): 33260-33268.

[51] Xue Q, Li L, Huang Y, et al. Polypyrrole-modified prussian blue cathode material for potassium ion batteries via *in situ* polymerization coating [J]. ACS Applied Materials & Interfaces, 2019, 11(25): 22339-22345.

[52] Zhang H, Peng J, Li L, et al. Low-cost zinc substitution of iron-based prussian blue analogs as long lifespan cathode materials for fast charging sodium-ion batteries [J]. Advanced Functional Materials, 2023, 33(2): 2210725.

[53] Chen Z Y, Fu X Y, Zhang L L, et al. High-performance Fe-based Prussian blue cathode material for enhancing the activity of low-spin Fe by Cu doping [J]. ACS Applied Materials & Interfaces, 2022, 14(4): 5506-5513.

[54] Sun Y, Xu Y, Xu Z, et al. Long-life Na-rich nickel hexacyanoferrate capable of working under stringent conditions [J]. Journal of Materials Chemistry A, 2021, 9(37): 21228-21240.

[55] Ji Z, Han B, Liang H, et al. On the mechanism of the improved operation voltage of rhombohedral nickel hexacyanoferrate as cathodes for sodium-ion batteries [J]. ACS Applied Materials & Interfaces, 2016, 8(49): 33619-33625.

[56] Huang B, Liu Y, Lu Z, et al. Prussian blue [$K_2FeFe(CN)_6$] doped with nickel as a superior cathode: an efficient strategy to enhance potassium storage performance [J]. ACS Sustainable Chemistry & Engineering, 2019, 7(19): 16659-16667.

[57] Pasta M, Wang R Y, Ruffo R, et al. Manganese-cobalt hexacyanoferrate cathodes for sodium-ion batteries [J]. Journal of Materials Chemistry A, 2016, 4(11): 4211-4223.

[58] Zhou Q, Liu H K, Dou S X, et al. Defect-free Prussian blue analogue as zero-strain cathode material for high-energy-density potassium-ion batteries [J]. ACS Nano, 2024, 18(9): 7287-7297.

[59] Xie J, Ma L, Li J, et al. Self-healing of Prussian blue analogues with electrochemically driven morphological rejuvenation [J]. Advanced Materials, 2022, 34(44): 2205625.

[60] Ge L N, Song Y J, Niu P, et al. Elaborating the crystal water of prussian blue for outstanding performance of sodium ion batteries [J]. ACS Nano, 2024, 18(4): 3542-3552.

[61] Sarkar A, Wang Q, Schiele A, et al. High-entropy oxides: fundamental aspects and electrochemical properties [J]. Advanced Materials, 2019, 31(26): e1806236.

[62] 杨淑洁, 闵鑫, 米瑞宇, 等. 层状 K_xMnO_2 基钾离子电池正极材料的研究现状及发展趋势 [J]. 中国科学: 化学, 2022, 52(12): 2156-2167.

[63] Hoppe R, Sabrowsky H. Oxoscandate der Alkalimetalle: $KScO_2$ und $RbScO_2$ [J]. Zeitschrift fur Anorganische und Allgemeine Chemie, 1965, 339: 144-154.

[64] Fouassier C D C, Hagenmuller P. Evolution structurale et proprietes physiques des phases A_xMO_2 (A=Na, K; M=Cr, Mn, Co) [J]. Materials Research Bulletin, 1975, 10(6): 443-449.

[65] Delmas C, Fouassier C, Hagenmuller P. Crystallochemical evolution and physical-properties of some lamellar oxides [J]. Materials Science and Engineering, 1977, 31: 297-301.

[66] Xu Y S, Gao J C, Tao X S, et al. High-performance cathode of sodium-ion batteries enabled by a potassium-containing framework of $K_{0.5}Mn_{0.7}Fe_{0.2}Ti_{0.1}O_2$ [J]. ACS Applied Materials & Interfaces, 2020, 12(13): 15313-15319.

[67] Zhang X, Yang Y, Qu X, et al. Layered P2-type $K_{0.44}Ni_{0.22}Mn_{0.78}O_2$ as a high-performance cathode for potassium-ion batteries [J]. Advanced Functional Materials, 2019, 29(49): 1905679.

[68] Zhao C, Yao Z, Wang J, et al. Ti substitution facilitating oxygen oxidation in $Na_{2/3}Mg_{1/3}Ti_{1/6}Mn_{1/2}O_2$ Cathode [J]. Chem, 2019, 5(11): 2913-2925.

[69] Vaalma C, Giffin G A, Buchholz D, et al. Non-aqueous K-ion battery based on layered $K_{0.3}MnO_2$ and hard carbon/carbon black [J]. Journal of the Electrochemical Society, 2016, 163(7): A1295-A1299.

[70] Gao A, Li M, Guo N, et al. K-birnessite electrode obtained by ion exchange for potassium-ion batteries: insight into the concerted ionic diffusion and K storage mechanism [J]. Advanced Energy Materials, 2019, 9(1): 1802739.

[71] Nathan M G T, Naveen N, Park W B, et al. Fast chargeable P2-$K_{\sim2/3}[Ni_{1/3}Mn_{2/3}]O_2$ for potassium ion battery cathodes [J]. Journal of Power Sources, 2019, 438: 226992.

[72] Wang X, Xu X, Niu C, et al. Earth abundant Fe/Mn-Based layered oxide interconnected Nanowires for advanced K-Ion full batteries [J]. Nano Letters, 2017, 17(1): 544-550.

[73] Kim H, Seo D H, Kim J C, et al. Investigation of potassium storage in layered P3-type $K_{0.5}MnO_2$ Cathode [J]. Advanced Materials, 2017, 29(37): 1702480.

[74] Liu C L, Luo S H, Huang H B, et al. Layered potassium-deficient P2- and P3-type cathode materials K_xMnO_2 for K-ion batteries [J]. Chemical Engineering Journal, 2019, 356(15): 53-59.

[75] Hwang J Y, Kim J, Yu T Y, et al. Development of P3-$K_{0.69}CrO_2$ as an ultra-high-performance cathode material for K-ion batteries [J]. Energy & Environmental Science, 2018, 11(10): 2821-2827.

[76] Liu C L, Luo S H, Huang H B, et al. Fe-doped layered P3-type $K_{0.45}Mn_{1-x}Fe_xO_2$ ($x \leqslant 0.5$) as cathode materials for low-cost potassium-ion batteries [J]. Chemical Engineering Journal, 2019, 378(15): 122167.

[77] Konarov A, Choi J U, Bakenov Z, et al. Revisit of layered sodium manganese oxides: achievement of high energy by Ni incorporation [J]. Journal of Materials Chemistry A, 2018, 6(18): 8558-8567.

[78] Cho M K, Jo J H, Choi J U, et al. Cycling stability of layered potassium manganese oxide in nonaqueous potassium cells [J]. ACS Applied Materials & Interfaces, 2019, 11(31): 27770-27779.

[79] Liu C L, Luo S H, Huang H B, et al. Low-cost layered $K_{0.45}Mn_{0.9}Mg_{0.1}O_2$ as a high-performance cathode material for K-ion batteries [J]. ChemElectroChem, 2019, 6(8): 2308-2315.

[80] Sun W, Li Y, Xie K, et al. Constructing hierarchical urchin-like $LiNi_{0.5}Mn_{1.5}O_4$ hollow spheres with exposed {111} facets as advanced cathode material for lithium-ion batteries [J]. Nano Energy, 2018, 54: 175-183.

[81] Fang Y, Yu X Y, Lou X W D. A practical high-energy cathode for sodium-ion batteries based on uniform P2-$Na_{0.7}CoO_2$ microspheres [J]. Angewandte Chemie International Edition, 2017, 56(21): 5801-5805.

[82] Peng B, Li Y, Gao J, et al. High energy K-ion batteries based on P3-type $K_{0.5}MnO_2$ hollow submicrosphere cathode [J]. Journal of Power Sources, 2019, 437: 226913.

[83] Kubota K, Kumakura S, Yoda Y, et al. Electrochemistry and solid-state chemistry of $NaMeO_2$ (Me=3d transition metals) [J]. Advanced Energy Materials, 2018, 8(17): 1703415.

[84] Claude D M D, Claude F, Paul H. Les phases K_xCrO_2 ($x < 1$) [J]. Materials Research Bulletin, 1975, 10(5): 393-398.

[85] Mm C D, Claude F, Paul H. Stabilite relative des environnements octaedrique et prismatique triangulaire dans les oxydes lamellaires alcalins A_xMO_2 ($x \leqslant 1$) [J]. Materials Research Bulletin, 1976, 11(12): 1483-1488.

[86] Rouxel J. Sur un diagramme ionicité-structure pour les composes intercalaires alcalins des sulfures lamellaires [J]. Journal of Solid State Chemistry, 1976, 17(3): 223-229.

[87] Kim H, Seo D H, Urban A, et al. Stoichiometric layered potassium transition metal oxide for rechargeable potassium batteries [J]. Chemistry of Materials, 2018, 30(18): 6532-6539.

[88] Naveen N, Han S C, Singh S P, et al. Highly stable P′3-$K_{0.8}CrO_2$ cathode with limited dimensional changes for potassium ion batteries [J]. Journal of Power Sources, 2019, 430: 137-144.

[89] Shannon R D. Revised effective ionic radii and systematic studies of interatomic distances in halides and chalcogenides [J]. Acta Crystallographica Section A, 1976, 32(5): 751-767.

[90] Deng L, Niu X, Ma G, et al. Layered potassium vanadate $K_{0.5}V_2O_5$ as a cathode material for nonaqueous potassium ion batteries [J]. Advanced Functional Materials, 2018, 28(49): 1800670.

[91] Jo J H, Hwang J Y, Choi J U, et al. Potassium vanadate as a new cathode material for potassium-

ion batteries [J]. Journal of Power Sources, 2019, 432: 24-29.

[92] Clites M, Hart J L, Taheri M L, et al. Chemically preintercalated bilayered $K_xV_2O_5 \cdot nH_2O$ nanobelts as a high-performing cathode material for K-ion batteries [J]. ACS Energy Letters, 2018, 3(3): 562-567.

[93] Zhu Y H, Zhang Q, Yang X, et al. Reconstructed orthorhombic V_2O_5 polyhedra for fast ion diffusion in K-Ion batteries [J]. Chem, 2019, 5(1): 168-179.

[94] Zhang Y, Niu X, Tan L, et al. $K_{0.83}V_2O_5$: a new layered compound as a stable cathode material for potassium-ion batteries [J]. ACS Applied Materials & Interfaces, 2020, 12(8): 9332-9340.

[95] Tai Z, Shi M, Chong S, et al. $KMn_{7.6}Co_{0.4}O_{16}$ nano-rod clusters with a high discharge specific capacity as cathode materials for potassium-ion batteries [J]. Sustainable Energy & Fuels, 2019, 3(3): 736-743.

[96] Lee J, Kitchaev D A, Kwon D H, et al. Reversible Mn^{2+}/Mn^{4+} double redox in lithium-excess cathode materials [J]. Nature, 2018, 556(7700): 185-190.

[97] 李尚倬, 龙禹彤, 刘朝孟, 等. 钾离子电池聚阴离子正极材料的研究进展[J]. 储能科学与技术, 2023, 12(5): 1348-1363.

[98] Sultana I, Rahman M M, Mateti S, et al. Approaching reactive $KFePO_4$ phase for potassium storage by adopting an advanced design strategy [J]. Batteries & Supercaps, 2020, 3(5): 450-455.

[99] Goodenough J B, Hong H Y P, Kafalas J A. Fast Na^+-ion transport in skeleton structures [J]. Materials Research Bulletin, 1976, 11(2): 203-220.

[100] Han J, Li G N, Liu F, et al. Investigation of $K_3V_2(PO_4)_3$/C nanocomposites as high-potential cathode materials for potassium-ion batteries [J]. Chemical Communications, 2017, 53(11): 1805-1808.

[101] Zhang L, Zhang B, Wang C, et al. Constructing the best symmetric full K-ion battery with the NASICON-type $K_3V_2(PO_4)_3$ [J]. Nano Energy, 2019, 60: 432-439.

[102] Zheng S, Cheng S, Xiao S, et al. Partial replacement of K by Rb to improve electrochemical performance of $K_3V_2(PO_4)_3$ cathode material for potassium-ion batteries [J]. Journal of Alloys and Compounds, 2020, 815: 152379.

[103] Han J, Niu Y, Bao S J, et al. Nanocubic $KTi_2(PO_4)_3$ electrodes for potassium-ion batteries [J]. Chemical Communications, 2016, 52(78): 11661-11664.

[104] Park W B, Han S C, Park C, et al. KVP_2O_7 as a robust high-energy cathode for potassium-ion batteries: pinpointed by a full screening of the inorganic registry under specific search conditions [J]. Advanced Energy Materials, 2018, 8(13): 1703099.

[105] Lin X, Huang J, Tan H, et al. $K_3V_2(PO_4)_2F_3$ as a robust cathode for potassium-ion batteries [J]. Energy Storage Materials, 2019, 16: 97-101.

[106] Zhu Y, Ou B, Gao C, et al. Ligand engineering enables fast kinetics of $KVPO_4F$ cathode for potassium-ion batteries [J]. ACS Energy Letters, 2024, 9(7): 3212-3218.

[107] Ko W, Park H, Jo J H, et al. Unveiling yavapaiite-type $K_xFe(SO_4)_2$ as a new Fe-based cathode with outstanding electrochemical performance for potassium-ion batteries [J]. Nano Energy, 2019, 66: 104184.

[108] Recham N, Rousse G, Sougrati M T, et al. Preparation and characterization of a stable $FeSO_4F$-

based framework for alkali ion insertion electrodes [J]. Chemistry of Materials, 2012, 24(22): 4363-4370.

[109] Lander L, Rousse G, Abakumov A M, et al. Structural, electrochemical and magnetic properties of a novel KFeSO₄F polymorph [J]. Journal of Materials Chemistry A, 2015, 3(39): 19754-19764.

[110] Liu Y, Gu Z Y, Heng Y L, et al. Interface defect induced upgrade of K-storage properties in KFeSO₄F cathode: from lowered Fe-3d orbital energy level to advanced potassium-ion batteries [J]. Green Energy & Environment, 2024, 9(11): 1724-1733.

[111] Han C, Li H, Shi R, et al. Organic quinones towards advanced electrochemical energy storage: recent advances and challenges [J]. Journal of Materials Chemistry A, 2019, 7(41): 23378-23415.

[112] Song Z, Zhou H. Towards sustainable and versatile energy storage devices: an overview of organic electrode materials [J]. Energy & Environmental Science, 2013, 6(8): 2280-2301.

[113] Zhao J, Yang J, Sun P, et al. Sodium sulfonate groups substituted anthraquinone as an organic cathode for potassium batteries [J]. Electrochemistry Communications, 2018, 86: 34-37.

[114] Li D, Tang W, Wang C, et al. A polyanionic organic cathode for highly efficient K-ion full batteries [J]. Electrochemistry Communications, 2019, 105: 106509.

[115] Slesarenko A, Yakuschenko I K, Ramezankhani V, et al. New tetraazapentacene-based redox-active material as a promising high-capacity organic cathode for lithium and potassium batteries [J]. Journal of Power Sources, 2019, 435: 226724.

[116] Yang S Y, Chen Y J , Zhou G, et al. Multi-electron fused redox centers in conjugated aromatic organic compound as a cathode for rechargeable batteries [J]. Journal of the Electrochemical Society, 2018, 165(7): A1422-A1429.

[117] Chen H, Armand M, Demailly G, et al. From biomass to a renewable Li$_x$C$_6$O$_6$ organic electrode for sustainable Li-ion batteries [J]. ChemSusChem, 2008, 1(4): 348-355.

[118] Zhao Q, Wang J, Lu Y, et al. Oxocarbon salts for fast rechargeable batteries [J]. Angewandte Chemie International Edition, 2016, 55(40): 12528-12532.

[119] Jian Z, Liang Y, Rodríguez-Pérez I A, et al. Poly(anthraquinonyl sulfide) cathode for potassium-ion batteries [J]. Electrochemistry Communications, 2016, 71: 5-8.

[120] Tang M, Wu Y, Chen Y, et al. An organic cathode with high capacities for fast-charge potassium-ion batteries [J]. Journal of Materials Chemistry A, 2019, 7(2): 486-492.

[121] Ma J, Zhou E, Fan C, et al. Endowing CuTCNQ with a new role: a high-capacity cathode for K-ion batteries [J]. Chemical Communications, 2018, 54(44): 5578-5581.

[122] Fang C, Huang Y, Yuan L, et al. A metal-organic compound as cathode material with superhigh capacity achieved by reversible cationic and anionic redox chemistry for high-energy sodium-ion batteries [J]. Angewandte Chemie International Edition, 2017, 56(24): 6793-6797.

[123] Xing Z, Jian Z, Luo W, et al. A perylene anhydride crystal as a reversible electrode for K-ion batteries [J]. Energy Storage Materials, 2016, 2: 63-68.

[124] Fan L, Ma R, Wang J, et al. An ultrafast and highly stable potassium-organic battery [J]. Advanced Materials, 2018, 30(51): 1805486.

[125] Xiong M, Tang W, Cao B, et al. A small-molecule organic cathode with fast charge-discharge capability for K-ion batteries [J]. Journal of Materials Chemistry A, 2019, 7(35): 20127-20131.

[126] Hu Y, Tang W, Yu Q, et al. Novel insoluble organic cathodes for advanced organic K-ion batteries [J]. Advanced Functional Materials, 2020, 30(17): 2000675.

[127] Tong Z, Tian S, Wang H, et al. Tailored redox kinetics, electronic structures and electrode/electrolyte interfaces for fast and high energy-density potassium-organic battery [J]. Advanced Functional Materials, 2019, 30(5): 1907656.

[128] Hu Y, Ding H, Bai Y, et al. Rational design of a polyimide cathode for a stable and high-rate potassium-ion battery [J]. ACS Applied Materials & Interfaces, 2019, 11(45): 42078-42085.

[129] Tian B, Zheng J, Zhao C, et al. Carbonyl-based polyimide and polyquinoneimide for potassium-ion batteries [J]. Journal of Materials Chemistry A, 2019, 7(16): 9997-10003.

[130] Peng C, Ning G H, Su J, et al. Reversible multi-electron redox chemistry of π-conjugated N-containing heteroaromatic molecule-based organic cathodes [J]. Nature Energy, 2017, 2(7): 17074.

[131] Kapaev R R, Zhidkov I S, Kurmaev E Z, et al. Hexaazatriphenylene-based polymer cathode for fast and stable lithium-, sodium- and potassium-ion batteries [J]. Journal of Materials Chemistry A, 2019, 7(39): 22596-22603.

[132] Schon T B, Mcallister B T, Li P F, et al. The rise of organic electrode materials for energy storage [J]. Chemical Society Reviews, 2016, 45(22): 6345-6404.

[133] Liao G, Li Q, Xu Z. The chemical modification of polyaniline with enhanced properties: a review [J]. Progress in Organic Coatings, 2019, 126: 35-43.

[134] Gao H, Xue L, Xin S, et al. A high-energy-density potassium battery with a polymer-gel electrolyte and a polyaniline cathode [J]. Angewandte Chemie International Edition, 2018, 57(19): 5449-5453.

[135] Fan L, Liu Q, Xu Z, et al. An organic cathode for potassium dual-ion full battery [J]. ACS Energy Letters, 2017, 2(7): 1614-1620.

[136] Obrezkov F A, Shestakov A F, Traven V F, et al. An ultrafast charging polyphenylamine-based cathode material for high rate lithium, sodium and potassium batteries [J]. Journal of Materials Chemistry A, 2019, 7(18): 11430-11437.

[137] Li C, Xue J, Huang A, et al. Poly(N-vinylcarbazole) as an advanced organic cathode for potassium-ion-based dual-ion battery [J]. Electrochimica Acta, 2019, 297(20): 850-855.

[138] Lv S, Yuan J, Chen Z, et al. Copper porphyrin as a stable cathode for high-performance rechargeable potassium organic batteries [J]. ChemSusChem, 2020, 13(9): 2286-2294.

[139] Fang Y, Senge M O, van Caemelbecke E, et al. Impact of substituents and nonplanarity on nickel and copper porphyrin electrochemistry: first observation of a Cu^{II}/Cu^{III} reaction in nonaqueous media [J]. Inorganic Chemistry, 2014, 53(19): 10772-10778.

[140] Abhik Ghosh I H, Henning J, Nilsen, et al. Electrochemistry of nickel and copper β-octahalogeno-meso-tetraarylporphyrins. Evidence for important role played by saddling-induced metal($d_{x^2-y^2}$)-porphyrin("a_{2u}") orbital interactions [J]. The Journal of Physical Chemistry B, 2001, 105(34): 8120-8124.

[141] Salama M, Rosy, Attias R, et al. Metal-sulfur batteries: overview and research methods [J]. ACS Energy Letters, 2019, 4(2): 436-446.

[142] Hu Y, Chen W, Lei T, et al. Strategies toward high-loading lithium-sulfur battery [J]. Advanced Energy Materials, 2020, 10(17): 2000082.

[143] Zhao X, Yin L, Yang Z, et al. An alkali metal-selenium battery with a wide temperature range and low self-discharge [J]. Journal of Materials Chemistry A, 2019, 7(38): 21774-21782.

[144] Liu Q, Deng W, Sun C F. A potassium-tellurium battery [J]. Energy Storage Materials, 2020, 28: 10-16.

[145] Medenbach L, Adelhelm P. Cell concepts of metal-sulfur batteries (metal=Li, Na, K, Mg): strategies for using sulfur in energy storage applications [J]. Topics in Current Chemistry, 2017, 375(5): 81.

[146] Chung S H, Manthiram A. Current status and future prospects of metal-sulfur batteries [J]. Advanced Materials, 2019, 31(27): 1901125.

[147] Ding J, Zhang H, Fan W, et al. Review of emerging potassium-sulfur batteries [J]. Advanced Materials, 2020, 32(23): e1908007.

[148] Huang X L, Guo Z, Dou S X, et al. Rechargeable potassium-selenium batteries [J]. Advanced Functional Materials, 2021, 31(29): 2102326.

[149] Ye C, Chao D, Shan J, et al. Unveiling the advances of 2D materials for Li/Na-S batteries experimentally and theoretically [J]. Matter, 2020, 2(2): 323-344.

[150] Xue W, Shi Z, Suo L, et al. Intercalation-conversion hybrid cathodes enabling Li-S full-cell architectures with jointly superior gravimetric and volumetric energy densities [J]. Nature Energy, 2019, 4(5): 374-382.

[151] Zhao Q, Hu Y, Zhang K, et al. Potassium-sulfur batteries: a new member of room-temperature rechargeable metal-sulfur batteries [J]. Inorganic Chemistry, 2014, 53(17): 9000-9005.

[152] Carter R, Oakes L, Douglas A, et al. A sugar-derived room-temperature sodium sulfur battery with long term cycling stability [J]. Nano Letters, 2017, 17(3): 1863-1869.

[153] Xin S, Gu L, Zhao N H, et al. Smaller sulfur molecules promise better lithium-sulfur batteries [J]. Journal of the American Chemical Society, 2012, 134(45): 18510-18513.

[154] Xiong P, Han X, Zhao X, et al. Room-temperature potassium-sulfur batteries enabled by microporous carbon stabilized small-molecule sulfur cathodes [J]. ACS Nano, 2019, 13(2): 2536-2543.

[155] Zhou L, Cui Y P, Kong D Q, et al. Amorphous Se species anchored into enclosed carbon skeleton bridged by chemical bonding toward advanced K-Se batteries [J]. Journal of Energy Chemistry, 2021, 61: 319-326.

[156] Huang X, Wang W, Deng J, et al. A Se-hollow porous carbon composite for high-performance rechargeable K-Se batteries [J]. Inorganic Chemistry Frontiers, 2019, 6(8): 2118-2125.

[157] Huang X, Xu Q, Gao W, et al. Rechargeable K-Se batteries based on metal-organic-frameworks-derived porous carbon matrix confined selenium as cathode materials [J]. Journal of Colloid and Interface Science, 2019, 539: 326-331.

[158] Huang X, Deng J, Qi Y, et al. A highly-effective nitrogen-doped porous carbon sponge electrode

for advanced K-Se batteries [J]. Inorganic Chemistry Frontiers, 2020, 7(5): 1182-1189.

[159] Zhang Y, Liu C, Wu Z, et al. Enhanced potassium storage performance for K-Te batteries via electrode design and electrolyte salt chemistry [J]. ACS Applied Materials & Interfaces, 2021, 13(14): 16345-16354.

[160] Liu Y, Wang W, Wang J, et al. Sulfur nanocomposite as a positive electrode material for rechargeable potassium-sulfur batteries [J]. Chemical Communications, 2018, 54(18): 2288-2291.

[161] Wei S, Ma L, Hendrickson K E, et al. Metal-sulfur battery cathodes based on PAN-sulfur composites [J]. Journal of the American Chemical Society, 2015, 137(37): 12143-12152.

[162] Ruan J, Mo F, Chen Z, et al. Rational construction of nitrogen-doped hierarchical dual-carbon for advanced potassium-ion hybrid capacitors [J]. Advanced Energy Materials, 2020, 10(15): 1904045.

[163] Ma S, Zuo P, Zhang H, et al. Iodine-doped sulfurized polyacrylonitrile with enhanced electrochemical performance for room-temperature sodium/potassium sulfur batteries [J]. Chemical Communications, 2019, 55(36): 5267-5270.

[164] Hao H, Wang Y, Katyal N, et al. Molybdenum carbide electrocatalyst *in situ* embedded in porous nitrogen-rich carbon nanotubes promotes rapid kinetics in sodium-metal-sulfur batteries [J]. Advanced Materials, 2022, 34(26): 2106572.

[165] Hwang J Y, Kim H M, Yoon C S, et al. Toward high-safety potassium-sulfur batteries using a potassium polysulfide catholyte and metal-free anode [J]. ACS Energy Letters, 2018, 3(3): 540-541.

第 3 章 负 极 材 料

除第 2 章介绍的正极材料外, 负极材料的选择对于优化钾离子电池的性能也起着至关重要的作用, 包括提升电池的容量以及倍率性能、确保电池具有更长的使用寿命, 以及降低电池的生产成本等, 这些都与采取合适的负极材料关系密切。尤其是为了适应二次电池快速发展的现状, 钾离子电池出色的电化学性能表现、高安全属性以及低成本等优势需要进一步扩大, 因此寻找到适合的负极材料显得更加至关重要。

钾元素和锂同属第一主族, 并且有着相近的标准电极电势(K/K$^+$: -2.93 V; Li/Li$^+$: -3.04 V)[1]。因此, 钾离子电池负极体系可以参照锂离子电池较为成熟的负极体系, 对理想负极材料的要求也集中在以下几个方面[2]: ①在钾离子的嵌脱反应中, 其氧化还原电位相对较低, 这为钾离子电池提供了更高的输出电压; ②在钾离子的嵌入/脱出过程中, 电极的电位变动相对较小, 这有助于电池维持一个稳定的操作电压; ③钾离子的可逆比容量要足够大, 也就是说供钾离子反应或插入的位点要多, 赋予电池更高的能量储存密度; ④在钾离子的嵌入与脱嵌过程中, 材料应展现出卓越的结构稳定性, 这是确保电池能够维持长久循环寿命的关键要素; ⑤电池的安全性与循环性至关重要, 而这有赖于材料在充放电后依然保持的化学稳定性, 这种稳定性还能有效降低电池的自放电率; ⑥为了实现电池的高效充放电性能, 特别是在高倍率和低温环境下, 材料需要具备优秀的电子电导率和离子扩散率。除此之外, 钾电负极材料的环境友好特性以及成本问题也正在受到重视。

在钾离子电池负极材料的研究领域中, 目前广泛探讨的材料类别涵盖了碳基材料、合金类负极材料、过渡金属氧化物、过渡金属硫化物以及有机负极材料等, 如图 3-1[3-5]

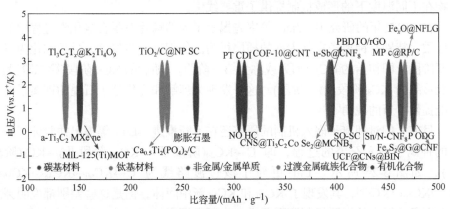

图 3-1 已报道的钾离子电池负极的比容量和电压窗口

所示。这些负极材料各自独特的结构特征和储钾机制赋予了它们在电化学性能上的差异性。因此，在本章中，我们将详细阐述这些不同的钾离子电池负极材料的优势与局限，并进一步探讨它们各自的储钾机制以及潜在的改性策略，简要概括不同材料的发展方向和前景。

3.1　碳基材料

鉴于其丰富的资源基础、卓越的环境兼容性和化学稳定性，碳材料在钾离子电池负极中占据了举足轻重的地位。当前，负极碳材料主要包括石墨、硬碳、软碳以及石墨烯等，它们各自具备独特的微观构造，因此展现出差异化的钾离子储存能力。本部分将深入探讨这些不同种类的碳材料在钾离子电池负极中的具体应用情况。

3.1.1　石墨负极

众所周知，石墨负极材料在锂离子电池中的应用已经非常广泛，因此石墨也顺其自然地成为被优先考虑的钾电负极。对于石墨插层化合物的研究早在 20 世纪 60 年代就已经开始了，Nixon 课题组在 1967 年的报道中提到，通过物理加热技术，钾蒸气可以嵌入到石墨中，从而成功制备插层化合物[6]。他们设计了一个独特的二仓室加热管并通过调控加热温度来实现不同阶钾碳化合物的制备。实验数据表明，当加热温度自 300℃逐步提升至 555℃时，实验人员观察到钾碳化合物的阶数呈现下降趋势，意味着其不饱和程度随之上升。特别地，在加热至555℃的条件下，尽管产物仍为石墨，但钾(K)的插层变得十分困难。相比之下，在 508℃的条件下，可以成功合成四阶钾碳化合物 KC_{48}；而当温度降低至 479℃时，得到的是三阶化合物 KC_{36}；进一步降至 391℃时，产物为二阶化合物 KC_{24}；最终在 318℃的条件下，能够生成一阶化合物 KC_8。这些发现为我们理解钾碳化合物在不同温度下的形成机制提供了重要线索。

在 2015 年的研究中，Jian 等率先揭示了天然鳞片石墨在电化学过程中的独特性质，特别是钾离子在其内部的插层行为。他们进一步将这一过程细化为三个主要阶段，即初始的 KC_{36} 阶段(或称为第三阶段)，随后的 KC_{24} 阶段(第二阶段)，以及最终的 KC_8 阶段(第一阶段)。这一发现为理解和优化基于石墨的钾离子电池性能提供了新的视角[7]。

目前人们对钾离子嵌入机制的研究还在不断推进，Luo 等提出并验证了一种新的钾离子嵌入石墨的过程，即 $C \rightarrow KC_{24}$(阶段Ⅲ)$\rightarrow KC_{16}$(阶段Ⅱ)$\rightarrow KC_8$(阶段Ⅰ)，如图 3-2[8]所示。Liu 更新了该过渡路线为 $C \leftrightarrow KC_{60} \leftrightarrow KC_{48} \leftrightarrow KC_{36} \leftrightarrow KC_{24}/KC_{16} \leftrightarrow KC_8$[9]，其发现了 KC_{60} 和 KC_{16} 新中间体，但是这些差别都说明钾离子在石墨负极中的嵌脱机制还需要进一步研究探索。

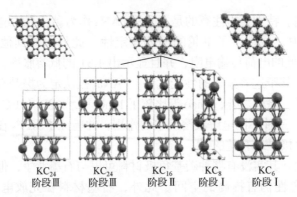

KC$_{24}$	KC$_{24}$	KC$_{16}$	KC$_8$	KC$_6$
阶段Ⅲ	阶段Ⅲ	阶段Ⅱ	阶段Ⅰ	阶段Ⅰ

图 3-2　不同阶段场景下 K$^+$嵌入石墨的计算方案[8]

由于石墨作负极时电池普遍循环性能差，因此需要对石墨进行改性。很多研究人员致力于调整石墨的微观结构。

例如，Feng 等报道了一种具有蠕虫状结构的膨胀石墨(EG)[10]。由于膨胀后含氧官能团的数量增加，层间距扩大到 0.387 nm，因此提供了大的钾离子传输通道，如图 3-3 所示。与原始商业石墨相比，增大的层间距可以很好地容纳大的 K$^+$，倍率性能和循环稳定性都有很大的提高，可以在 10 mA · g^{-1} 的电流密度下提供 263 mAh · g^{-1} 的高比容量，并且在 200 mA · g^{-1} 的大电流密度下进行 500 次循环后，可逆比容量几乎保持不变，库仑效率约为 100%。此外，球磨也可以改变石墨的微观结构。Rahman 等报道了一种通过低能液相球磨改性的合成石墨，所获得的具有高比表面积的石墨薄片大大改善了电极的电化学性能[11]。

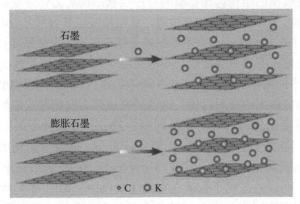

图 3-3　石墨和膨胀石墨中钾离子的储存机制示意图[10]

除了调整微观结构外，优化黏合剂和电解质也是解决石墨负极较差的循环和倍率性能的有效方案。在 Wu 等的研究中，他们详细评估了 CMCNa、PVDF 以及 PANa 这三种黏合剂对电化学特性、溶胀性能、电荷传输障碍(Rct)以及钾离子扩散效率的影响。特别值得注意的是，采用 PANa 作为黏合剂的电池在最初的 50 次充放电循环中，展现出了卓越的循环稳定性。此外，与其他黏合剂相比，PANa 还具备较低的电荷传输电阻，并且显示出 1.31 的低溶胀率，以及较高的钾离子扩散效率。基于这些显著的性能优势，PANa 被认定为提升石墨负极性能的理想黏合剂选择。除此之外，Zhao 等比较了 $1\ mol \cdot L^{-1}KPF_6$ 在 EC：DMC、EC：DEC 和 EC：PC 三种不同电解液溶剂中的作用，并验证了 KPF_6 在 EC：PC 中的电解质对石墨负极是最有益的[12]。

在储能方面，其实没有哪种碳基负极材料可以与石墨竞争，但其 ICE、倍率性能和循环稳定性仍有提高的空间。此外，石墨材料在充放电过程中的体积膨胀也是一个不可避免的挑战。因此石墨材料在钾电负极中的应用还需进一步深入探究。

3.1.2　硬碳

硬碳(HC)，作为一种特殊的高分子热解产物，展现了在极端高温(超过 2500℃)下对石墨化过程的显著抵抗性。其独特的材料构成包括非规律分布的石墨化微区域、具有扭曲特性的石墨烯纳米片以及存在于微观/纳米结构间的空隙[13]。正是这种无序的构造特点导致材料中的(002)峰在图谱上向低角度偏移，这也意味着碳层间距的扩大，而恰恰是这一特性在 K^+ 的嵌入与脱出过程中，对保持材料结构的稳定性起到了关键作用[14]。

HC 因其独特的结构，使得 K^+ 在其内部的储存过程变得相当复杂[15-17]。HC 在分子层面上展现出的结构远比石墨的有序层状结构更为错综复杂，这种特殊性预示着 HC 能够容纳多种 K^+ 的储存位置，从而给确定其容量上限带来了不小的挑战。研究指出，HC 材料具有多个不同的离子储存位点，主要涵盖：①石墨烯层上的缺陷和边缘位置；②石墨烯片层之间的夹层空间；③纳米尺度的孔隙结构[18]。关于 K^+ 在 HC 中的储存机制，已有多项研究提出了不同的理论模型[19-21]，包括基于缺陷、边缘和官能团的吸附过程。这些研究成果为我们深入理解 HC 的离子储存性能提供了重要的参考。针对这一问题，Zhang 等以开心果衍生的硬碳为模型，探索了与不同电压区域相关的 K^+ 储存行为[22]。研究人员利用冷冻透射电子显微镜和电子顺磁共振表明，一旦在 5 mV(vs. K^+/K)下连续放电，就存在准金属钾纳米团簇，明确地证明了孔填充在硬碳负极中，如图 3-4 所示。但是，上述三种储存机制在不同充放电电压的分布仍然存在争议，仍然需要进一步探索发现。

最近，Zhu 等通过甘蔗渣热解制备的硬碳表现出了良好的储钾性能[23]。该团队对比了甘蔗渣与甘蔗两种不同的前驱体制备硬碳的差别，发现甘蔗渣热解硬碳(BC)比甘蔗热解硬碳(SC)具有更大的比表面积和更好的导电性。当作为钾

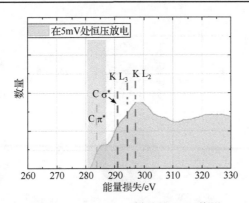

图 3-4　CVDi 5 mV 样品的 EEL 谱[22]

C π*、C σ*均为碳的 π*、σ*电子轨道，K L₃、K L₂为钾 3/2 个失电子(K L₃ 为 K 层电子跃迁到 L₃层，K L₂ 为 K 层
电子跃迁到 L₂层，与电子数无关)

离子电池负极时，BC 在 $100\,mA \cdot g^{-1}$ 下表现出 $235\,mAh \cdot g^{-1}$ 的高可逆比容量，在 $1000\,mA \cdot g^{-1}$ 下表现出 $161\,mAh \cdot g^{-1}$ 的高 K^+储存速率，优于 SC($108\,mAh \cdot g^{-1}$ 和 $49\,mAh \cdot g^{-1}$)。除此之外，该工作还利用原位 X 射线衍射和拉曼光谱结果揭示了"吸附-插层" K^+储存机制，并证明有利的缺陷赋予 BC 更好的电化学性能。该工作也进一步肯定了高性能 HC 电池电极的研究有助于为循环材料经济提供可负担且可持续的资源，为钾离子电池提供更廉价、更绿色、可持续的负极材料。

进一步提高 HC 材料的容量，通过杂原子掺杂可以产生缺陷位点和官能团。Cui 等通过碳化高粱秸秆获得 N/O 双掺杂硬碳(NOHC)，并将其作为 KIB 负极[24]，实验结果显示 NOHC 具有高可逆比容量以及稳定的循环性能。这是因为 NOHC 具有超稳定的多孔结构和 N/O 双掺杂，提供了更多的可供 K^+嵌入/脱出的有效活性位点和低电子/离子转移电阻的通道。同样地，最近 Chen 等提出了一种碳化刻蚀策略，利用热解处理由液晶/环氧单体/硫醇硬化剂系统组成的聚合物微球(PM)，制备一种 S/O 共掺杂的多孔硬碳微球(PCM)材料，作为 KIB 的新型负极，如图 3-5[25]所示。

除了上述纯硬碳材料外，MOF 材料凭借其富碳的有机成分和易断裂的配位键，成为制备纳米多孔碳材料的合适前体。Ju 及其同事通过碳化和酸化 NH_2-MIL-101(Al)前体合成了氮/氧双掺杂分级多孔硬碳(NOHPHC)[26]。应用于 KIB 中的 NOHPHC 负极在 $25\,mA \cdot g^{-1}$ 和 $3000\,mA \cdot g^{-1}$ 下分别产生 $365\,mAh \cdot g^{-1}$ 和 $118\,mAh \cdot g^{-1}$ 的高可逆比容量。当条件改为 $1050\,mA \cdot g^{-1}$ 时，在前 300 次循环中，比容量也仅仅从 $174\,mAh \cdot g^{-1}$ 衰减到 $130\,mAh \cdot g^{-1}$，并且在随后的循环中没有出现明显的容量损失，充分证明了 NOHPHC 负极材料具有优异的循环稳定性。

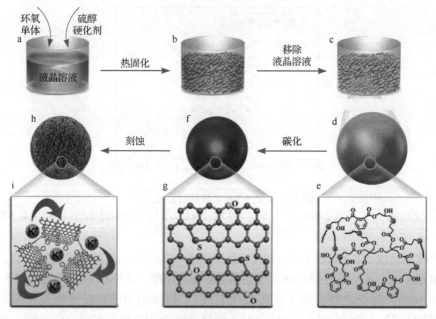

图 3-5　PCM 制备过程的示意图[25]

3.1.3　软碳

　　软碳是一种能在 2500℃或更高温度下实现石墨化的无定形碳形态[27]，显著特征在于其庞大的类石墨结构域，这些结构域以较为疏松的形态堆叠于单一层面之中。相较于硬碳，软碳由于其微观结构的相对规整和显著增大的石墨化区域，展现出卓越的电导率性能。这种特性为电子传输提供了顺畅的通道，进而赋予了软碳优异的倍率性能[28]。然而，当软碳被应用于 KIB 的负极材料时，其较小的层间距离和有限的活性位点往往限制了钾离子的储存能力，从而影响了其性能表现，这也是软碳应用在钾电负极中需要克服的最大障碍。

　　为了提高软碳的储钾性能表现，有必要优化软碳基材料的结构，如增加 SSA[29]、引入杂原子[30]、增大层间距[31]等措施。例如，Shen 等通过简单的球磨处理和热处理协同的方法制备了 S/O 双掺杂的软碳(S/O-SC)作为 KIB 的高性能负极，如图 3-6[32]所示。硫和氧掺杂位点的引入不仅改变了碳表面的电子密度，提供了更多的活性位点，而且扩大了层间距离，加速了钾离子的插入和去除。结果表明，S/O-SC 电极具有较高的充放电比容量和优异的倍率性能。在 0.05 A·g^{-1} 的电流密度下，其可逆放电比容量高达 412.9 mAh·g^{-1}，甚至在 2 A·g^{-1} 的大电流下比容量仍能达到 172.8 mAh·g^{-1}。

　　类似的，Liu 等报道了一种新型掺 N 软碳，以富氮沥青为前体，通过模板法制备了具有良好连接结构的纳米胶囊形状的氮掺杂软碳框架(NSCN)，如图 3-7[33]

所示。碳骨架的三维纳米胶囊结构不仅为离子和电子传输提供了更短的迁移距离，还可以适应体积膨胀，从而获得更好的循环性能，因此应用于钾电负极时表现了优异的电化学性能。

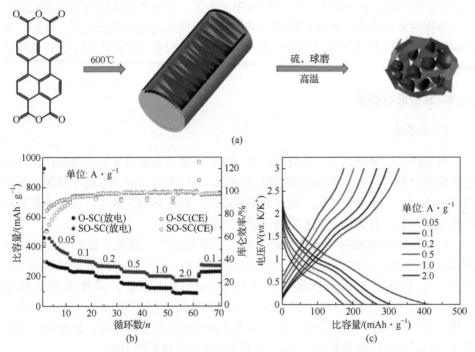

(a)

(b)

(c)

图 3-6　(a) S/O-SC 制备过程示意图；(b)、(c) 电化学性能[32]

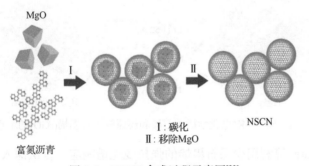

图 3-7　NSCN 合成过程示意图[33]

除上述策略之外，软硬碳复合的方法改善无序碳的性能表现也非常可观[23]。与 SC 和 HC 相比，当在硬碳微球基质相中引入 20wt% 的软碳成分时，软硬碳复合物表现出高的比容量和极佳的快充性能，可在 0.1 C 下显示出 261 mAh·g⁻¹ 的优异初始容量，在 1 C 下循环 200 次后显示出 93% 的容量保持率，具有出色的循环表现。

硬碳和软碳相较于石墨材料，均展现出无序碳的独特特性，其中准石墨纳米畴在非晶态区域内呈随机分布状态，且表现出短程有序的结构。然而，由于这些材料中存在的大量孔隙，无序碳通常拥有较大的比表面积，这一特性会导致不可逆比容量的增加，进而降低首次库仑效率。为了优化整个电池的性能，我们需要进一步探讨和研究无序碳材料的纳米结构与库仑效率之间的复杂关系。此外，无序碳相对较低的振动密度同样值得我们深入研究，以便在实际应用中提升电池的体积能量密度。

3.1.4 其他非石墨碳

1. 石墨烯

石墨烯是一种新兴的二维材料，自 2004 年成功制备以来，一直被认为是理想的储能材料[34]。其优异的性能包括 200000 $cm^2 \cdot V \cdot s^{-1}$ 的高载流子窄带迁移率(硅的 140 倍)、零带隙结构、优异的机械柔性、高的热稳定性等。正因为具有这些优异的性能，石墨烯已在 KIB 中得到广泛研究[35]。

Luo 等创新性地将石墨烯应用于钾离子电池负极，研究了还原氧化石墨烯(rGO)膜在 KIB 中的电化学性能，如图 3-8[36]所示。鉴于 rGO 的表面官能团丰富多样，它相较于石墨负极展现出了更高的可逆比容量，具体表现为高达 222 $mAh \cdot g^{-1}$ 的比容量，而与之对比的石墨负极仅能达到 207 $mAh \cdot g^{-1}$。然而，尽管 rGO 在容量上有所优势，但其作为钾离子电池负极材料时，倍率性能表现并不理想，这很可能是受到了 rGO 电子导电性相对较弱的影响。

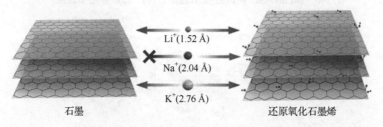

石墨　　　　　　　　　　　　　　还原氧化石墨烯

图 3-8　Li、Na^+和 K^+电化学插入石墨和还原氧化石墨烯(rGO)的示意图[36]

随后，Share 等利用少层石墨烯的强拉曼光谱响应，首次深入了解石墨烯碳中 K^+的电化学分级序列[37]。该工作分析揭示了第一阶段化合物的形成，然后有序地从阶段Ⅵ(KC_{72})过渡到阶段Ⅲ(KC_{24})最后到阶段Ⅰ(KC_8)，并且能够为每个阶段分配电压范围，为后续石墨烯负极材料的发展提供了可靠的理论基础。

不幸的是，石墨烯表层的六元碳环结构形成了一个显著的高能障碍，这一障碍严重阻碍了 K^+在石墨烯基体中的扩散过程。此外，石墨烯与钾之间相对较低的结合能使得钾离子易于在石墨烯表面发生团聚现象。这些技术挑战对石墨材料在 KIB 中的应用与发展构成了显著的限制[38]。最近的相关研究表明，石墨烯的电化学性能可以通过掺杂杂原子(氮、磷、硫和氟化物等)和功能化(如缺陷、边缘、孔隙和应变区中的孔隙和空位)、引入更多活性位点来调节和改善。

例如，Qian 等使用聚二氟乙烯(PVDF)作为单源反应物，在高温固态反应中直接合成了几层掺氟的石墨烯泡沫(FFGF)[39]。F 原子的掺杂不仅为 K$^+$ 提供了额外的活性位点，还显著增强了孔结构与电解质之间的相互作用力，从而增大了层间距，进一步优化了 K$^+$ 的插入和释放过程，如图 3-9 所示。结果表明，它具有良好的储钾性能，在 500 mA·g^{-1} 的大电流密度下循环 200 次仍然显示出 165.9 mAh·g^{-1} 的高比容量。

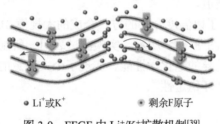

- Li$^+$ 或 K$^+$　　　　　　　剩余F原子

图 3-9　FFGF 中 Li$^+$/K$^+$ 扩散机制[39]

除 F 原子掺杂外，P 掺杂也可以提高碳材料在钾离子电池中的电化学储能表现。最近，以三苯基膦和氧化石墨为原材料，通过热退火方法获得了 P 和 O 双掺杂石墨烯[40]。该方法制备的双掺杂石墨烯具有褶皱结构的类丝折叠超薄膜，在钾化过程中能够适应体积膨胀并保持结构稳定性，而且 P 和 O 双掺杂可以进一步扩大石墨烯层的层间距，更有利于 K$^+$ 在层间的扩散。

此外，石墨烯本身不仅可以作为活性电极材料，还可以作为保护屏蔽，实现优异的钾离子储存能力和循环性能。Hu 等采用超声诱导还原氧化石墨烯(rGO)自封装 S/N 双掺杂碳球，有效阻断活性位点与电解质之间的定向接触，如图 3-10[41] 所示。还原氧化石墨烯薄膜中较大的层间距和大量的缺陷有利于钾离子的脱溶剂

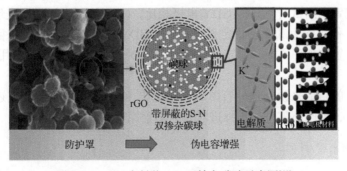

图 3-10　rGO 自封装 S/N 双掺杂碳球示意图[41]

化和在碳结构内的快速扩散。当其作为钾离子电池负极时可提供 596 mAh · g⁻¹ 的高可逆比容量，与没有 rGO 屏蔽的情况相比，容量提高了 52.5%。在应用方面，将得到的高伪电容碳负极结合到钾离子混合电容器中，在 5 A · g⁻¹ 下进行 6500 次循环后，显示出最有利的容量循环能力组合，具有 83 Wh · kg⁻¹ 的高能量密度。

2. 石墨炔

石墨炔(GDY)是一种新兴的碳同素异形体，因其三角形孔道、富含炔烃的结构和大的层间距而具有丰富的活性位点和理想的 K⁺ 扩散路径，因此被认为是一种有吸引力的用于 K⁺ 储存的负极候选者。然而，迄今针对用于 K⁺ 储存的 GDY 架构的合理设计很少被报道。

最近，Liu 等展示了以温度介导的方式合成的大规模 3D GDY 框架，以作为高性能 KIB 负极，如图 3-11[42] 所示。实验测试表明，所制备的 GDY 框架作为 KIB 负极确实获得了优异的电化学性能，实现了令人满意的比容量输出，优异的倍率性能以及良好的循环稳定性。

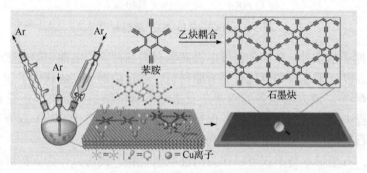

图 3-11　原始 GDY 合成过程的示意图[42]

除此之外，Zhang 和他的同事设计了一种 GDY/石墨烯/GDY(GDY/Gr/GDY) 夹层结构，在整个范德瓦耳斯外延策略中提供了高比表面积和良好的性能[43]。在半电池配置中测试时，与裸 GDY 电极相比，GDY/Gr/GDY 电极表现出更好的容量输出、倍率能力和循环稳定性。而且，GDY/Gr/GDY 负极和普鲁士蓝正极的全电池装置实现了高循环稳定性，证明了 GDY/Gr-GDY 负极材料用于 KIB 的潜在优势。

然而，就目前来说，这种石墨炔材料用作 KIB 负极的相关研究还多处于理论计算阶段，因此还需进一步推进对其的实验探究。

3. 碳纳米管/纤维

碳纳米管因其不同寻常的电化学和机械性能而成为 LIB 的有前途的材料。同样，近几年碳纳米管在钾电负极中的应用潜力也被逐步发掘。

Wang 等报道了一种多壁分级碳纳米管(HCNT)[44]。该 HCNT 负极材料的关键结构是由具有密集堆叠的石墨壁的内部 CNT 和具有更多无序壁的松散堆叠的外部 CNT 组成。出乎意料的是，单个 HCNT 进一步相互连接，构建出了拥有庞大孔体积、卓越导电性和可调整模量的多孔碳质海绵体。深入研究显示，内部紧密排列的 CNT 作为坚固的结构支撑，而外部较为松散的 CNT 则有利于 K+的调控。此外，这种多孔海绵不仅显著提升了反应动力学性能，还为表面电容行为提供了稳定的平台。电化学测量结果表明，HCNT 负极在 100 mA · g^{-1} 的电流密度下贡献出了 232 mAh · g^{-1} 的高可逆比容量，并且在 500 次循环后仍剩余 210 mAh · g^{-1}，体现了该分级碳纳米管优异的循环性能，如图 3-12 所示。同样，该工作也证实了分级碳纳米管结构在开发用于下一代钾离子电池和其他金属离子电池的高性能稳定结构电极方面具有巨大潜力。

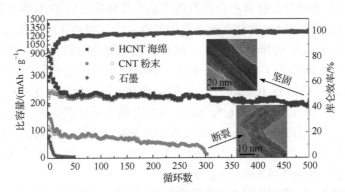

图 3-12　HCNT 海绵电极、市售 CNT 粉末和石墨电极在 100 mA · g^{-1} 的电流密度
下的循环性能[44]

同样地，碳纳米纤维(CNF)也可以改善由于 K+大的半径而造成的循环寿命不足、速率能力差等问题。Lim 等报道了使用静电纺丝和一步热处理方法将超细氧化钒纳米粒子嵌入多孔氮掺杂碳纳米纤维中(VO@PNCNF)[45]。碳纳米纤维的多孔结构有助于氧化钒晶体的均匀生长。众多的孔隙在电子和离子的转移中起着至关重要的作用，并为掺氮碳基质提供了结构稳定性。因此 VO@PNCNF 电极显示出高可逆比容量(在 1.0 A · g^{-1} 下为 205 mAh · g^{-1})，并且具有 3000 次循环的良好循环稳定性，以及优异的速率性能(在 3.0 A · g^{-1} 下为 95 mAh · g^{-1})。

由上可知，除石墨、无序碳外还有许多独特结构的碳负极材料，如石墨烯、石墨炔以及碳纤维等，这些材料凭借其自身的优势结构很好地改良了碳基材料作 KIB 负极时倍率性能差和循环稳定性能差的劣势，是具有发展潜力的 KIB 负极材料。

3.2　钛　基　材　料

3.2.1　TiO_2

锐钛矿 TiO_2 作为锂离子电容器(LIC)和钠离子电容器(SIC)的代表性嵌入型负极材料已被广泛探索，TiO_2 晶体结构的关键特征在于其独特的八面体间隙位点所形成的空 Z 字形通道，这些通道具备作为离子嵌入和扩散途径的潜力。得益于这样的结构设计，锐钛矿型的 TiO_2 展现出了为 K^+ 提供卓越储存和扩散环境的能力。事实证明，TiO_2 作为钾离子电池的负极材料的研究也不断增多。

Li 等报道了以氧化石墨烯(GO)、钛酸丁酯和氢氧化钠为原料，在惰性气氛中通过简单的水热反应和高温烧结方法相结合，合成了 TiO_2/石墨烯复合材料 [46]。TiO_2/石墨烯复合材料由介孔石墨烯纳米片和分散的 TiO_2 纳米颗粒组成，它们附着在石墨烯的表面并存在于石墨烯的夹层中。得益于电活性材料 TiO_2 和石墨烯的特殊微观结构和协同作用，TiO_2/石墨烯复合材料在充电容量、倍率能力和循环表现方面均优于石墨烯和 TiO_2。作为钾离子电池的负极材料，TiO_2/石墨烯、石墨烯和 TiO_2 在 100 mA·g^{-1} 时的初始充电容量分别为 336.8 mAh·g^{-1}、261.9 mAh·g^{-1} 和 30.3 mAh·g^{-1}，但在 100 次循环后分别变为 245 mAh·g^{-1}、135.5 mAh·g^{-1} 和 18.5 mAh·g^{-1}。即使在 600 mA·g^{-1} 的大电流下，TiO_2/石墨烯在 100 次循环后的充电容量也能达到 120 mAh·g^{-1}，显著高于石墨烯(50.7 mAh·g^{-1})和 TiO_2(4.5 mAh·g^{-1})。

然而，块状 TiO_2 表现出缓慢的离子导电性和低的电子迁移率(约 10^{-12} S·cm^{-1})，导致循环稳定性和倍率性能不令人满意。最近，纳米尺寸的 TiO_2 已经被证明具有更短的离子扩散路径长度和更有利的电学性质，确保了 K^+ 更好的嵌入动力学。例如，Li 及其团队报告了一种新的合成策略，即通过热解 MIL-125(Ti)金属-有机骨架(MOF)前驱体，成功制备了具有核壳异质结构的复合材料。这种材料由 TiO_2/碳的复合结构构成，并且该结构被一层富含 N、P 和 S 的掺杂碳层所包裹，记为 TiO_2/C@NPSC，如图 3-13 所示[47]。凭借其独特的结构设计，这种复合负极材料在电化学性能上表现出色，不仅能够有效缓解 TiO_2 纳米颗粒在充放电过程中的体积变化，还显著提高了电荷传输效率，同时提供了丰富的活性位点。这些优势使得该材料展现出优异的动力学行为和循环稳定性。

最近，Lee 等对 TiO_2 作 KIB 负极研究有了新的发现，他们首次介绍了一种锐钛矿 TiO_2 衍生的 Magnéli 相 Ti_6O_{11} 作为 KIB 的新型负极材料[48]。研究表明，锐钛矿 TiO_2 在 K^+ 的嵌入/脱出过程中转化为 Magnéli 相 Ti_6O_{11}，并揭示了 Magnéli 相 Ti_6O_{11} 通过转化反应进行 K^+ 储存过程，如图 3-14 所示。Magnéli 相 Ti_6O_{11} 在

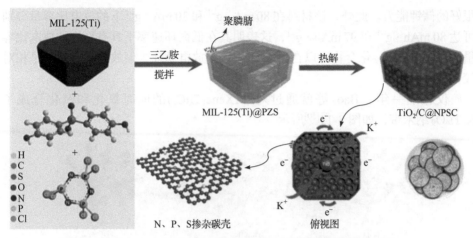

图 3-13 TiO₂/C@NPSC 材料的制备过程和结构特征示意图[47]
PZS：聚膦腈

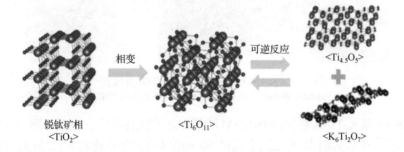

图 3-14 Ti₆O₁₁/CNT 复合电极相变过程及其嵌/脱 K⁺机理

$0.05\ A\cdot g^{-1}$ 下表现出约 $150\ mAh\cdot g^{-1}$ 的可逆充电/放电比容量。与最先进的氧化物基负极相比，Magnéli 相 Ti₆O₁₁/CNT 复合电极表现出更好的比容量、倍率能力和可循环性。该工作提出的这些显著结果为已经被广泛研究的 LIB 和 SIB 氧化物基材料中 K⁺的储存机制提供了新的理解，为开发有前景的下一代电池电极材料提供了线索。

3.2.2 钛酸盐

1. K₂Ti₄O₉

K₂Ti₄O₉ 具有适于容纳 K⁺的层间间隙的层状结构，是用作钾离子电池负极的潜力材料。2016 年，Guo 及其同事首次提出使用固态方法合成四钛酸钾(K₂Ti₄O₉)化合物负极，并研究了其电化学性能[49]。

该工作中所提出的充电机制是，两个 Ti 离子从+4 氧化态还原到+3 氧化态，这种反应机制可以在很大程度上促进每个化学式单元两个 K⁺的嵌入，从而提供很好的储钾能力。此外，该材料在 80 mA · g^{-1} 和 30 mA · g^{-1} 下的放电比容量分别可达 80 mAh · g^{-1} 和 97 mAh · g^{-1}，这表明其在低循环速率下具有稳定的放电比容量。尽管 K$_2$Ti$_4$O$_9$ 化合物可以在 15℃ 下维持充放电循环，但放电比容量还是相对较低。

仅相隔一年，Bao 等就通过对 MXene(Ti$_3$C$_2$) 的同时氧化和碱化合成了 K$_2$Ti$_4$O$_9$ 纳米带，如图 3-15[50]所示。

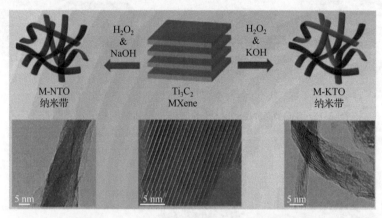

图 3-15　K$_2$Ti$_4$O$_9$(M-KTO)纳米带的制备过程[50]

M-NTO 是 NaTi$_{1.5}$O$_{8.3}$ 的缩写，M-KTO 是 K$_2$Ti$_4$O$_9$ 的缩写

MXene 基 K$_2$Ti$_4$O$_9$ 材料的 HRTEM 图像揭示其独特性质，包括超薄层厚度(小于 11 nm)、狭窄的纳米带宽度(不超过 60 nm)以及显著开放的大孔结构。在电化学性能测试中，MXene 衍生的 K$_2$Ti$_4$O$_9$ 电极在 50 mA · g^{-1} 的电流密度下，初始可逆比容量高达 151 mAh · g^{-1}，并且在与大块 K$_2$Ti$_4$O$_9$ 的对比中，展现出优越的容量保持性能。这种出色的电化学性能很可能源于其纳米尺度的结构特点，为离子扩散和电子传输提供了更高效的路径。除此之外，该 K$_2$Ti$_4$O$_9$ 还表现出了良好的倍率能力，在 300 mA · g^{-1} 大电流密度下仍保持约 75 mAh · g^{-1} 的稳定容量，这优于通过传统固态方法合成的 K$_2$Ti$_4$O$_9$。

2. K$_2$Ti$_8$O$_{17}$

单斜阶梯层结构的 K$_2$Ti$_8$O$_{17}$ 具有由微小纳米棒形成的微球形态，也已被应用为 KIB 的负极材料。

Han 和他的同事通过水热反应和烧结工艺合成了纳米 K$_2$Ti$_8$O$_{17}$，并将其电化学性能与固态合成的大颗粒 K$_2$Ti$_8$O$_{17}$ 进行了比较[51]。水热法合成的 K$_2$Ti$_8$O$_{17}$ 具有直径约为 2 μm 的二次颗粒，而固态法合成的 K$_2$Ti$_8$O$_{17}$ 的颗粒直径较大，集中分布在 10 μm 左右。此外，TEM 测试也证明了，水热合成的 K$_2$Ti$_8$O$_{17}$ 由直径在 10～

20 nm 范围内的纳米棒组成。水热 $K_2Ti_8O_{17}$ 的初始可逆比容量为 181.5 mAh · g^{-1}，并具有良好的容量保持性，可逆比容量和循环性能均优于大块 $K_2Ti_8O_{17}$。此外，XPS 光谱表明，$K_2Ti_8O_{17}$ 中的 Ti^{4+} 在 K^+ 插入后部分还原为 Ti^{3+}，表明 K^+ 插入/提取伴随着 $Ti^{4+/3+}$ 氧化还原反应。

3. $K_2Ti_6O_{13}$

早在 2018 年，$K_2Ti_6O_{13}$ 就被报道为用于 KIB 的负极材料[52]。$K_2Ti_6O_{13}$ 是用 TiO_6 八面体的边缘和角共享以及位于层内的反 K^+ 构建的，其具有阶梯层状结构的单斜晶体结构，也可以为 K^+ 储存提供场所(图 3-16)。Dong 等在碱性条件下通过水热工艺合成了 $K_2Ti_6O_{13}$，该研究使用钛酸四丁酯和氢氧化钾作为起始材料，然后在 700℃ 下退火[53]。与上述 $K_2Ti_8O_{17}$ 类似，所得到的 $K_2Ti_6O_{13}$ 包括由交织的微小纳米棒制成的微米大小的球体，而且 TEM 图像证实了 $K_2Ti_6O_{13}$ 的纳米结构，其中纳米棒的宽度为 20～60 nm。基于 $K_2Ti_6O_{13}$ 活性物质质量，初始放电(钾化)和充电(去钾化)比容量分别为 267 mAh · g^{-1} 和 91 mAh · g^{-1}，仅有 34%的低初始库仑效率，这表明在初始循环时电解质发生分解，以及形成了 SEI 膜。不过该 $K_2Ti_6O_{13}$ 材料具有良好的循环稳定性，在 500 mA · g^{-1} 的电流密度下经过 1000 次循环后仍然可以提供 59 mAh · g^{-1}，而且，该电极在 1000 次循环后没有观察到显著的形貌变化。

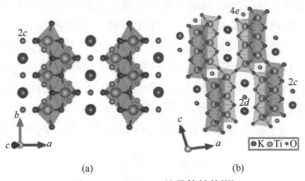

$$(a) \qquad\qquad (b)$$

图 3-16 $K_2Ti_6O_{13}$ 的晶体结构[53]

此外，Xu 等还研究了 $K_2Ti_6O_{13}$ 的粒径对电化学性能的影响[52]。他们以钛酸四丁酯和 TiO_2 为 Ti 前驱体，通过水热法合成了两种不同尺寸的 $K_2Ti_6O_{13}$。根据用钛酸四丁酯合成样品(TBTN)和 TiO_2 合成的样品(TOTN)的 TEM 图像，可以看出 TBTN 和 TOTN 具有平均直径分别为 5 nm 和 38 nm 的纳米线形态。电化学测试结果显示，在 20 mA · g^{-1} 的电流密度下，TBTN 提供了约为 120 mAh · g^{-1} 的初始可逆脱钾比容量，远大于较大直径的 TOT(38 mAh · g^{-1})。令人感兴趣的是，TBTN 电极还表现出比 TOTN 电极更好的循环稳定性。

总体而言，$K_2Ti_4O_9$、$K_2Ti_8O_{17}$ 和 $K_2Ti_6O_{13}$ 三种氧化钛均具有可接受的可逆插

提钾能力和良好的循环性能。然而，这些氧化钛的工作电压<1 V，需要钝化层(SEI 层)保护，电化学性能复杂。虽然较低的负极工作电压有利于较高的能量密度，但开发具有较高工作电压(约 1.6 V *vs.* K/K$^+$)的钛化物负极仍然是实现安全、高功率 KIB 的挑战。

3.2.3　NASICON 型聚阴离子化合物

聚阴离子化合物作为 LIB 和 SIB 的电极材料被广泛研究，因为它们通常显示出非常开放的框架，可以简化离子扩散，而且过渡元素或配体的化学取代能够调节电化学性质，有时甚至增强电化学性质[54]。因此，含 K 的聚阴离子化合物也可能是 KIB 有潜力的电极材料。虽然许多聚阴离子化合物适用于正极侧，但迄今只有 NASICON 型 $KTi_2(PO_4)_3$ 被报道用于负极。为了平衡较差的导电性和获得令人感兴趣的电化学性能，对 $KTi_2(PO_4)_3$ 材料进行表面改性工程似乎是必要的。

2016 年，Han 等评估了通过水热途径获得的纳米立方 $KTi_2(PO_4)_3$ 和通过蔗糖辅助方法制备的碳包覆 $KTi_2(PO_4)_3$[55]。在两种不同条件下，首次循环后均观察到放电电位稳定在 1.7 V，且电荷分布呈现出更为平稳的趋势。在没有碳涂层的对照实验中，$KTi_2(PO_4)_3$ 以 0.5 C 的电流速率实现了初始放电比容量约 75 mAh · g^{-1}，然而其容量随后迅速衰减。与之相对，采用电喷雾法制备的球形 $KTi_2(PO_4)_3$@C 纳米复合材料，则凭借其独特的碳网络结构和丰富的孔隙率，为电解质提供了有效的浸渍环境。这一创新设计显著提升了电化学性能，使得在 20 mA · g^{-1} 的电流密度下，材料展现出了高达 293 mAh · g^{-1} 的可逆比容量，并具备出色的倍率性能。

除此之外，Yang 等报道了一种新的聚阴离子材料，其通过静电纺丝和退火方法制备了 $Ca_{0.5}Ti_2(PO_4)_3$/C 纳米纤维，如图 3-17 所示，而且在过程中将 V 掺杂到基体中以提高离子/电子传输能力[56]。当组装成 KIB 半电池时，它在 5 A · g^{-1}下提供 131 mAh · g^{-1} 的高容量，表现出极佳的倍率性能。此外，在 1 A · g^{-1} 下进

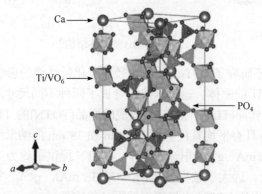

图 3-17　$Ca_{0.5}Ti_2(PO_4)_3$ 的晶体结构[56]

Ti/VO$_6$ 指一个金属原子(钛/钒)周围有六个氧原子，PO$_4$ 指一个磷原子周围 4 个氧原子

行 1000 次循环后，它仍然可提供 112 mAh·g^{-1} 的稳定容量。这一发现表明 V 掺杂的 Ca$_{0.5}$Ti$_2$(PO$_4$)$_3$/C 纳米纤维有可能成为 KIB 的一种有吸引力的负极材料。

最近，还是该团队通过溶剂热法和静电纺丝合成了嵌入碳纳米纤维中的 Ca$_{0.5}$Ti$_2$(PO$_4$)$_3$ 亚微米立方体的纳米片(CTP SC/CNF)[57]。独特的微/纳米结构与完整的导电碳网络相结合，赋予 CTP SC/CNF 出色的电化学性能。当应用于钾离子电池时，CTP SC/CNF 电极表现出优异的电化学性能，特别是在倍率性能方面。在 10 A·g^{-1} 的电流密度下，其电流密度为 78 mAh·g^{-1}，这表明其具有出色的速率性能。令人感到惊喜的是，CTP SC/CNF 还可以用作柔性电极，在柔性器件中具有巨大的应用潜力。

3.2.4 Mxenes

MXenes 是一种源自 MAX 相新颖的二维(2D)材料，因其别具一格的结构和电子特性，在金属离子电池领域展现出巨大的应用潜力。特别是针对 KIB 而言，K$^+$ 在 MXenes 上的扩散势垒异常低，预示着 MXenes 作为负极材料在钾离子电池中将拥有卓越的倍率性能。这一特性为 MXenes 在电池技术中的进一步应用打开了新的大门。Mxenes 是过渡金属 C/N 化物的总称，其中的过渡金属包括 Ti、V、Cr、Mo 和 Nb 等，但是目前研究最多的还是 Ti 基 Mxenes。本小节也专注于介绍 Ti 基 Mxenes 材料在钾离子电池负极中的应用。

MXenes 已在 LIB 中得到广泛研究，但关于 MXenes 在 KIB 中的应用报道较少，其中相当多的报道仍处于理论研究阶段。尽管研究人员普遍认同 MXenes 在二次电池中通过吸附/解吸的机制来储存能量，但根据详尽的能量分析，我们观察到 K$^+$ 似乎并不倾向于进入 MXenes 的内部间隙位点。相反，它们更可能插入层间结构，并被 MXenes 的表面或界面所吸附。这一发现为我们理解 MXenes 在电池中的储能机制提供了新的视角[58]。因此，为了更清楚地了解 MXenes 材料的储钾机制，研究者们从理论计算和实验两个方面都进行了研究。

2014 年，Er 等通过密度函数计算分析了 Ti$_3$C$_2$ MXene 材料的储钾性能。作者借助吸附能计算，深入探究了 K$^+$ 在 MXenes 材料上的潜在吸附位置。这些位置被明确标注为 A、B 和 C 三个位点，其中 A 位点处于碳六边形的中心，B 位点正对碳原子，而 C 位点则对应于过渡金属原子，具体可参考图 3-18。计算结果显示，A 和 B 位点的吸附能非常接近(–1.90 eV)，相较之下，C 位点的吸附能稍高(–1.81 eV)。因此，可以合理推断 A 和 B 位点都是可能的活性吸附点。若以 A 位点作为主要活性中心，并假设双面都能进行吸附，那么 Ti$_3$C$_2$ 单层的理论储能比容量可达 191.8 mAh·g^{-1}。进一步的理论分析揭示，Ti$_3$C$_2$ MXene 的吸附能力与金属离子的半径紧密相关。由于 K$^+$ 的有效离子直径较大(0.181 nm)，Ti$_3$C$_2$ K$_x$ 中的 x 值受到限制，仅能达到约 0.6。相比之下，Li$^+$ 和 Na$^+$ 因具有较小的离子半径，其理论比容量分别高达 447.8 mAh·g^{-1} 和 351.8 mAh·g^{-1}。此外，Er 等采用 NEB 方法计算了钾离子在 Ti$_3$C$_2$ 单层上的扩散难度，发现其扩散势垒仅为 0.103 eV。这一低势垒意味着 Ti$_3$C$_2$ 层作为 KIB 的负极材料，可能展现出卓越的充放电倍率性能。

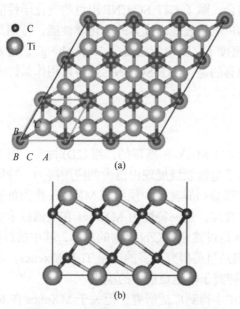

图 3-18　Ti$_3$C$_2$ 单层的俯视图(a)和侧视图(b)

　　除理论研究外，实际探索方面 Naguib 等通过实验研究了 Ti$_3$CNT$_z$ 作为 KIB 负极的电化学性能。结果显示，在 20 mA·g^{-1} 的电流密度下，第一圈的放电比容量达到 710 mAh·g^{-1}，而第一次充电过程的比容量仅为 202 mAh·g^{-1}，相当于每个 Ti$_3$CNOF 吸附 1.5 个 K$^+$。显然，首圈的库仑效率非常令人失望，这可能归因于 SEI 层的形成以及 K$^+$ 被捕获在 MXene 层之间的水分子或刻蚀过程产生的副产物之间的不可逆反应。在第 100 次循环中，比容量仅保持 75 mAh·g^{-1}，相当于每个 Ti$_3$CNOF 只能吸收 0.6 个 K$^+$，快速的容量衰减可能归因于多层 Ti$_3$CNT$_z$ 电极结构的破坏。人们普遍认为，多层 MXenes 的稳定性不如少层或单层 MXenes 好。

　　除此之外，该工作还通过 XRD 分析了 Ti$_3$CNT$_z$ MXene 在循环过程中的结构变化。在第一次钾化过程之后，Ti$_3$CNT$_z$ 的 c 轴参数从大约 2.258 nm 扩展到大约 3.000 nm。然后，在去钾过程之后，它略微降低 2.911 nm。根据 XRD 分析的结果，可以推断在第一次钾化过程中，钾离子插入 Ti$_3$CNT$_z$ 的层间距，增加了层间距。然而，在去钾过程中，部分钾未能提取，并成为 MXene 片之间的支柱，因此 c 轴的值在随后的循环中没有太大变化。值得一提的是，在其他循环的 XRD 图谱中没有观察到新的峰，这表明储钾机制仅涉及嵌入而没有转换反应。

但是由于制备技术不成熟，很难获得裸露的 MXenes 或具有特定表面官能团的 MXenes，因此实际 MXenes 的内部组分对钾吸附的影响非常复杂。目前，MXenes 电极在电池中的反应机理仍不完全清楚。为了更好地了解其的储钾机制，还需要进行更多的实验和更好的实验方案。

1. 纯相 MXene 材料

对于 MXene 材料在钾离子电池中的应用也已经存在很多研究。Lian 等展示了通过在 KOH 水溶液中连续振荡处理原始 Ti_3C_2 MXene，获得了 $Ti_3C_2(a\text{-}Ti_3C_2)$ 纳米带材料，如图 3-19[59]所示。

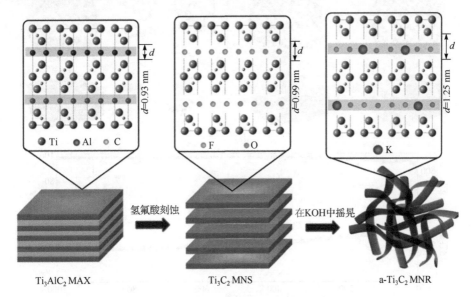

图 3-19　a-Ti_3C_2-MNR 的合成示意图[59]

MNS 是 nanosheet 的缩写，纳米片；MNR 是 nanoribbons 的缩写，纳米带

该 MXene 带状材料以其增大的层间距、纳米带的窄宽度以及三维互连多孔结构为特点，显著提升了离子反应动力学并增强了结构稳定性。在钾离子电池负极的应用中，a-Ti_3C_2 展现出令人瞩目的钾储存性能。具体来说，在 $20\ mA \cdot g^{-1}$ 的电流密度下，其实现了高达 $136\ mAh \cdot g^{-1}$ 的充放电比容量，即便在 $200\ mA \cdot g^{-1}$ 的大电流密度下，也能维持 $78\ mAh \cdot g^{-1}$ 的高可逆比容量。尤为值得关注的是，a-Ti_3C_2 在 $200\ mA \cdot g^{-1}$ 的高电流密度下表现出了出色的长期循环稳定性。在历经 500 次循环后，其比容量仍能保持在约 $42\ mAh \cdot g^{-1}$ 的水平，这一性能显著优于大多数已报道的用于 KIB 的 MXene 基负极材料。

另外，Fang 等提出了一种简单的喷雾冷冻干燥策略来构建具有 3D 结构的耐层叠 $Ti_3C_2T_x$。所制备的 $Ti_3C_2T_x$ 空心球/管具有小堆叠电阻、大的比表面积和短的离子扩散路径。当用作负极材料时也显示出良好的储钾容量和卓越的倍率性能。

2. MXene 复合材料

除上述纯相 MXene 材料外，将其与高容量材料复合是常见有效的改性方法，并且能充分发挥 MXenes 材料高导电性、合适的黏度以及良好的成膜性等优点。例如，Feng 等通过聚合物热解制备了一种新型的由碳量子点衍生得到的碳纳米球封装的 Ti_3C_2 MXene（CNS@Ti_3C_2），如图 3-20[60]所示。

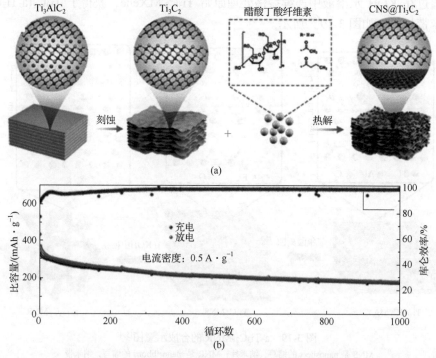

图 3-20　CNS@Ti_3C_2 的结构示意图(a)和循环稳定性(b)[60]

碳量子点衍生的碳纳米球包封 Ti_3C_2 可以有效抑制层间的自沉积和表面氧化，保持 Ti_3C_2 的层状结构，提高其循环稳定性。此外，源自碳量子点的碳纳米球展现出显著的特性，其中包括边缘位点的广泛分布、表面官能团和缺陷的多样性，以及显著的高比表面积特性，这些结构特点保证了 CNS@Ti_3C_2 复合材料可以为吸附离子提供大量的活性位点，提高了其可逆比容量。由碳量子点衍生的碳纳米球嵌入在 Ti_3C_2 层之间，这可以增加层间距，并提供足够大的通道，使离子快速进出，从而实现高倍率性能。Feng 等通过实验结果也证明了该复合材料的优异性能，其表现出优异的协同作用，在 100 mA·g^{-1} 电流密度下经过 200 次循环后，仍保持有 229 mAh·g^{-1} 的高可逆比容量。而在 0.5 A·g^{-1} 条件下重复 1000

次循环后，其仍有 205 mAh·g^{-1} 的长循环寿命。

同样地，该课题组还采用冷冻干燥和退火的方法开发了一种新的碳球涂层，并将其嵌入 Ti$_3$C$_2$ MXene 的表面和中间层，从而制备出一种新的三明治结构的复合材料(CSs@Ti$_3$C$_2$)，如图 3-21[61]所示。其中碳球在退火过程中衍生自聚乙二醇400(PEG400)。Ti$_3$C$_2$ MXene 表面的碳球涂层可以防止 Ti$_3$C$_2$ 的氧化并抑制 Ti$_3$C$_2$ 堆积，从而保持 Ti$_3$C$_2$ 结构的稳定。此外，碳球巧妙地嵌入到 Ti$_3$C$_2$ 的中间层中，这一设计不仅显著地增大了晶格间距，从而优化了 K$^+$ 的插入与提取过程，而且其高比表面积和多样性的活性位点为 K$^+$ 储存提供了理想环境，从而获得高比容量。因此 CSs@Ti$_3$C$_2$ 该复合材料在 100 mA·g^{-1} 下，经过 200 次循环后时仍显示出 195.8 mAh·g^{-1} 的可逆比容量，当电流密度调整到 0.5 A·g^{-1} 时，该材料在 1000 次充放电后仍可以表现出 143.3 mAh·g^{-1} 的长循环性能。

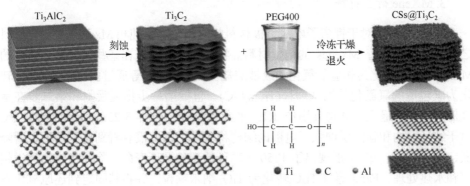

图 3-21　CSs@Ti$_3$C$_2$ 合成过程示意图[61]

PEG400：聚乙二醇的一种

除了与碳材料进行复合以外，MXenes 还可以和其他材料复合来优化性能。Ma 等探索了不同的复合策略，Ma 与同事通过简单的控制氧化和碱化方法制备了 Ti$_3$C$_2$T$_x$@K$_2$Ti$_4$O$_9$ 复合材料(Ti$_3$C$_2$T$_x$@KTO)，如图 3-22[62]所示。该电极材料具有以下结构优势：①在 Ti$_3$C$_2$T$_x$ 表面原位形成的 KTO 呈现出一种独特的多孔、粗糙的纳米骨架形态，该结构显著增大了比表面积，有效减短了离子在材料中的扩散路径，从而提高了活性物质的利用率，增强了电化学反应动力学。②KTO 在上面也被介绍过，也是一种合格的储钾材料，其特征是在离子嵌入/脱嵌入过程中"零应变"。因此 Ti$_3$C$_2$T$_x$@KTO 复合材料不仅在一定程度上避免了材料复合引起的能量损失，还有助于提高 MXene 复合材料的循环稳定性。③在制备过程中，由于 K$^+$ 嵌入的支撑效应，Ti$_3$C$_2$T$_x$ 的层间距进一步扩大，这进一步导致了更好的离子扩散性。不出所料 Ti$_3$C$_2$T$_x$@KTO 电极材料在 100 mA·g^{-1} 下表现出 164.3 mAh·g^{-1} 的高比容量，并且在 200 mA·g^{-1} 的电流密度下经过 2000 次循环后仍保持 120.1 mAh·g^{-1} 的优异循环稳定性。

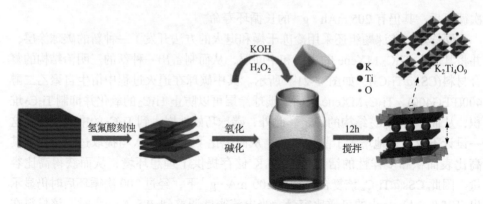

图 3-22　$Ti_3C_2T_x@KTO$ 合成示意图[62]

3. MXene 衍生材料

Mxenes 材料对于钾离子电池负极材料的应用,除了纯相 Mxenes 和复合材料之外,其实还有着 Mxenes 的衍生材料。实验已经表明,在某些条件下,钛基的 MXenes 可以转化为相应的氧化钛或钛酸盐。例如,Tao 等通过两步将 $Ti_3C_2T_x$ 转化为碳包覆的氧氮化钛纳米颗粒(TiO_xN_y/C),包括第一步物理吸附和第二步在氩气保护条件下退火,并将其用作 KIB 的负极材料,如图 3-23[63]所示。TiO_xN_y/C 由于纳米结构和碳涂层增强了电极的结构稳定性,因此没有看到比容量的显著降低,在 $200\ mA\cdot g^{-1}$ 下展现出了 1250 次循环的超长循环寿命。除此之外,通过超声和水热处理,Fang 等将 Ti_2C 转化为 TiO_2 纳米颗粒,并将其固定到还原氧化石墨烯(RGO)上,以构建 TiO_2/RGO 复合材料[64]。从 TEM 图像中可以清楚地看到,TiO_2 纳米颗粒很好地锚定在 RGO 薄片上。RGO 的引入有效抑制 TiO_2 纳米颗粒的聚集,并补充了 MXene 在导电性方面的损失。作为 KIB 的负极,TiO_2/RGO 复合材料表现出优异的倍率性能和循环稳定性,其特征在于 1000 次循环后在 $1\ A\cdot g^{-1}$ 下具有 85%的容量保持率。

图 3-23　TiO_xN_y/C 的合成示意图[63]

由此可见,Mxenes 材料在钾离子电池的应用中蕴含着巨大的潜力,不同种 Mxenes 材料及其衍生材料都具有不同的优异性能,为应对钾离子电池优化电池性能的要求,接下来需要对该材料继续进行深入研究。

3.3 单质类材料

3.3.1 非金属单质

1. Si 基

硅是一种环境友好、地壳含量丰富的材料,已被研究为 LIB 中具有高比容量 $(3579 \text{ mAh} \cdot \text{g}^{-1})$ 的合金型负极。Na 也可以与 Si 合金化形成 NaSi。这些鼓舞人心的结果促使我们对硅基 KIB 负极也进行了一些实验尝试。然而,结晶硅被认为对钾化没有电化学活性[65],这意味着硅和 K^+ 之间没有发生合金化反应。Jung 等根据第一性分子动力学研究证明,与结晶硅不同,非晶硅是一种合金型材料[65]。由于弱的静电 Si-K 吸引、高浓度的载流子离子以及主体结构的变化(形成硅簇),K^+ 在非晶硅中的扩散是自由且快速的,比 Na^+ 和 Li^+ 扩散更快。通过模拟,非晶硅的全钾化态为 $K_{1.1}Si$,相应的高理论比容量为 $1049 \text{ mAh} \cdot \text{g}^{-1}$。而 Seznec 等通过钙从层状 $CaSi_2$ 中间体中的拓扑脱嵌制备了层状硅氧烷,并且研究了硅氧烷作为 KIB 的负极材料,在第二次循环中提供了 $203 \text{ mAh} \cdot \text{g}^{-1}$ 的良好比容量,其附加导电性贡献的比容量约为 $97 \text{ mAh} \cdot \text{g}^{-1}$[66]。

值得注意的是,具有低结晶度的硅氧烷基于嵌入机制而不是合金化/去合金化来储存离子,这解释了其对钠的储存性能更优,并且具有良好容量保持性。因此,典型的硅对钾离子具有惰性,并具有合金化机制,因此用 Si 作钾离子电池负极还需要继续进行研究。

2. P 基

磷因其丰富的储量、相对较大的原子量以及优秀的离子扩散动力学和离子储存能力而被认为是一种极具潜力的合金型材料,在钾离子电池中可以通过形成 KP 来储钾,其理论比容量高达 $843 \text{ mAh} \cdot \text{g}^{-1}$[67]。磷的同素异形体多样,包括红磷、黑磷和白磷。然而,鉴于白磷的潜在毒性,近年来研究者们主要聚焦于红磷和黑磷的研究,以探索其在电池技术中的应用潜力。在 LIB 和 SIB 合金化类型的负极材料中,红磷和黑磷由于其基于三电子合金化机制的超高理论比容量而非常有吸引力。因此,探索 P 负极在 KIB 中的应用潜力具有重要意义。

但是真正实现 P 负极在钾离子电池中的广泛应用,还需要面对很多挑战,如红磷的电子导电性较弱[68]、在储钾过程中会面临较大的体积变化[69]以及不稳定的固体电解质界面(SEI)[70]等。

因此,为了优化 P 作钾离子电池负极的性能,需对 P 负极进行改性调整。P 和碳基材料的杂化已被证明是一种有效的策略,可以利用导电基体带来诸多好处：①通过形成 P/C 复合材料来提高 P 负极的电子导电性，并促进碳网络和 P 组分之间的快速电荷转移；②通过碳基体的高比表面积和丰富的孔隙来增加 P 负极与电解质之间的接触面积，从而缩短 K^+ 扩散距离；③通过适应 P 负极的巨大体积变化来提高结构稳定性并产生稳定的 SEI 层，提高 P/C 复合负极的循环稳定性。

例如，Tuan 等报道了一种磷基材料(DBM/WBM-RP/C)作为 KIB 的负极材料，该材料通过一锅法球磨红磷、羧甲基纤维素钠、Ketjen 黑(科琴黑，一种导电炭黑)和多壁碳纳米管合成，如图 3-24[71]所示。Ketjen 黑和多壁碳纳米管构建了用于电子转移的高导电网络和适应体积变化的坚韧支架。而且 XPS 测试结果证明没有形成 C—P 键，这有利于 K^+ 和磷之间的有效反应。因此，该材料在 1 A·g^{-1} 下表现出 680 次循环的长循环寿命，并且在 1 A·g^{-1} 下表现出约 300 mAh·g^{-1} 的良好倍率性能。相比之下，Zhuang 等仅将石墨作为碳源，通过简单的球磨方法与红磷混合形成黑磷/碳复合材料[72]。然而，与 Tuan 的工作相反，拉曼和 XPS 测试结果表明，P—C 键是在钾化过程中形成的，有利于将磷纳米颗粒锚定在碳骨架中。

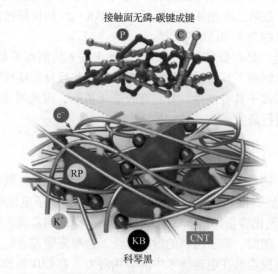

图 3-24　没有形成 P—C 键的复合材料的结构配置的示意图[71]

RP：红磷，CNT：碳纳米管

此外，Xu 等通过蒸发-冷凝方法设计了一种将红磷锚定在 3D 碳纳米片基质中的策略(P@CN)从而来改善电化学性能，如图 3-25 所示。当研究储钾性能时，所制备的复合材料在 0.1 A·g^{-1} 下经过 40 次循环后仍表现出 427.4 mAh·g^{-1} 的相对较高的可逆比容量，而且在 2 A·g^{-1} 的大电流密度下，该复合材料显示了 323.7 mAh·g^{-1} 的良好的倍率性能。

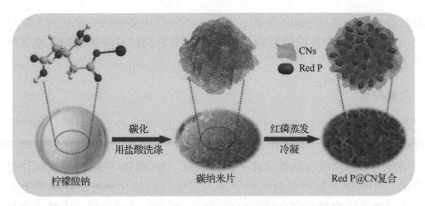

图 3-25 P@CN 合成示意图

除上述制备 P/C 复合材料进行改性外，纳米结构也可以通过量子约束效应增强 P 负极的反应活性和电子导电性。此外，具有高比表面积的纳米 P 颗粒可以促进离子和电子的转移。更为关键的是，P 纳米粒子可以极大地缓解钾化/脱钾过程中因体积变化引起的机械应力，有效地提高了长期循环稳定性。

例如，Xiong 等的研究中提到通过蒸发-冷凝策略制备的纳米尺寸的 P@CN 复合物(红磷颗粒的尺寸范围为 10～20 nm)[73]。当用作 KIB 的负极时，P@CN 复合材料在 100 mA · g^{-1} 下的初始充电容量为 404.5 mAh · g^{-1}，但是在 40 次循环后容量保留率仅为 64%，其原因可能是碳涂层不完整。因此，单单制备纳米级别的 P 颗粒也不够，将 P 完全前嵌入碳基体中是至关重要的。除此之外，直接制备磷碳复合材料通常会导致 P 暴露在碳层的外部，这可能会导致活性材料失活并产生"死磷"。为解决这一问题，Wang 等利用金属酞菁(MPc)的 π-π 键共轭结构和高催化活性的优点来制备 MPc@RP/C 复合材料作为 PIB 的高稳定性负极[74]。结果表明，MPc 的引入大大改善了 RP 上碳层的不均匀分布，从而提高了 PIB 的初始库仑效率(ICE)(FePc@RP/C 为 75.5%，而 RP/C 仅为 62.9%)。MPc 的加入促进了具有高机械强度的固体电解质界面的生长，提高了 PIB 的循环稳定性(在 0.05 A · g^{-1} 下循环 100 次后放电比容量为 411.9 mAh · g^{-1})。此外，密度泛函理论计算表明，MPc 对多种钾化产物表现出均匀的吸附能，从而提高了 RP 的电化学反应性。该工作使用具有高电催化活性的有机分子为 PIB 设计高容量、大体积膨胀的负极提供了一种通用的方法。

总结对 P 负极的研究，P/C 复合材料的应用对钾离子电池来说是至关重要的。在合成方法中，碳材料的球磨和通过蒸发-冷凝在碳材料上负载磷是制备复合材料的最有吸引力的方法，因为它们具有提高电化学性能的可操作性和有效性。值得注意的是，球磨处理通常会导致红磷转化为黑磷，这可归因于球磨过程中的高温和高压。为了优化 P/C 复合材料的循环性能，非常有必要进一步研究复合材料的容量和磷含量之间的平衡。此外，还需要更多的研究来研究 P/C 复合材料中 P—C 键对电化学性能的影响，包括 K^+ 与 P 之间的反应难易程度或 P 与 C 之间的牢固连接程度。

3.3.2　金属单质

近几年金属单质的合金型材料被认为是 KIB 的有效负极，该材料作负极有很多优点：①金属 Sn、Sb 和 Bi 基材料通常具有高理论比容量；②这三种元素在元素周期表上相邻，很容易被放在一起；③Sn、Sb 和 Bi 与 K^+ 的反应电位是合适和安全的；④所述金属基材料的电导率与其他材料相比具有很好的竞争力。因此，基于高理论比容量和安全反应电位，Sn、Sb 和 Bi 基材料可以被认为是 KIB 的有效负极。

然而，循环过程中的比较大的体积膨胀(Sn：420%，Sb：390%和Bi：409%)会导致严重的结构失效[75]，这是 KIB 中金属基负极最棘手的问题之一。目前有两种可行的解决方案：①粒子尺寸约束，超小的金属纳米颗粒可以缩短 K^+ 的扩散距离，并容易分散 K^+ 嵌入产生的体积应力；②纳米结构设计，如中空结构、多孔结构、核壳结构等，可以保留足够的空间来缓冲活性材料的体积变化，从而提高电极的循环稳定性和倍率性能。在本节中将介绍 Sn、Sb 和 Bi 三种金属目前在 KIB 负极材料中的研究进展。

1. Sn 基

Sultana 等首先证明了 Sn 能够以可逆的方式参与钾合金化/去合金化，并提供了 $226\,\mathrm{mAh \cdot g^{-1}}$ 完全加钾后的理论比容量[76]。紧接着，Ramireddy 等[77]通过电子束蒸发在 Cu 衬底表面沉积了一层厚度为 1 μm 的 β-Sn 薄膜。利用原位技术阐明了 Sn 在 KIB 中的反应机理。当电极电位为 0.2 V 时，Sn 与钾合金化形成 K_4Sn_4。然后，在充电至 0.6~0.88 V 后，它变回 Sn。然而，与 Sn 相比，K_4Sn_4 产生约 180%的体积膨胀，这会对原始 Sn 结构造成严重损坏，并在下一次充电过程(在 1.4~1.3 V 下的第 2 次钾化过程)中发生严重的不可逆反应，从而使电极的容量严重衰减。基于上述原理，处理由巨大体积变化引起的电极结构坍塌已成为 Sn 基电极设计的重点。为了解决这个问题，已经在尺寸控制和纳米结构设计等方面探索了各种金属 Sn 基电极。

将 Sn 纳米颗粒与碳骨架相结合是缓冲体积膨胀和防止锡纳米颗粒团聚的有效方法。例如，Ju 等采用聚丙烯酸钠作为起始材料，构建了一种三维(3D)分级多孔碳基体，以负载 Sn 纳米颗粒[78]。所获得的复合材料在 $0.5\,\mathrm{A \cdot g^{-1}}$ 的电流密度下经过 100 次循环后贡献了 $150\,\mathrm{mAh \cdot g^{-1}}$，并且在 $0.05\,\mathrm{A \cdot g^{-1}}$ 时显示了 $276.4\,\mathrm{mAh \cdot g^{-1}}$ 的高比容量。除此之外，Ju 的团队还合成了一种嵌入还原氧化石墨烯网络的 Sn 纳米颗粒复合物[79]。

此外，大量研究表明，纳米结构设计也可以提高负极材料的电化学性能。Li 等报道了一种通过静电纺丝法和随后的碳化工艺合成的多孔 Sn 和 N 掺杂碳纳米纤维(Sn/N-CNF)的独特混合物，该混合物结合了多孔 Sn 纳米球和交错的 N-CNF 骨架的优点，如图 3-26 [80]所示。正如预期的那样，Sn/N-CNF-5 电极(在 500℃下退火 5min 的 Sn/N-CNF)在 0.1 A·g^{-1} 下经过 100 次循环后的比容量高达 316.1 mAh·g^{-1}。同样，Sn/N-CNF-5 负极表现出良好的倍率性能，在 2 A·g^{-1} 的大电流密度下比容量为 168.7 mAh·g^{-1}，也表现出了在 1 A·g^{-1} 下循环 3000 次后仍保留 198 mAh·g^{-1} 的不俗的循环稳定性。Sn/N-CNF 优异的钾储存能力均源于其独特的复合结构：①精心设计的多孔 Sn 纳米球结构具备丰富的内部空隙，这些空隙能够有效缓解循环过程中发生的体积变化，同时提供更多的活性位点以优化 K$^+$的储存效率，并显著缩短 K$^+$的扩散路径；②通过引入无定形碳骨架，我们成功构建了一个能够防止内部 Sn 纳米颗粒在循环过程中发生聚集的稳定结构，确保了电极材料的长期稳定性；③N 掺杂的碳纳米纤维不仅增强了电极的结构稳定性，还通过改善导电性进一步提升了电极的整体性能。

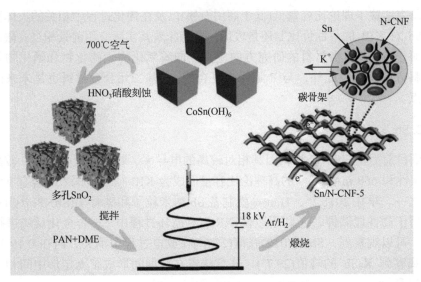

图 3-26　Sn/N-CNF-5 的制备过程示意图[80]
PAN：聚丙烯腈，DME：二甲醚

除了尺寸控制和纳米结构的设计这两种策略外，将 Sn 与其他元素结合也是提高其电化学性能的有效途径。例如，Guo 的团队报告了两项关于 Sn/P 合金材料 Sn$_4$P$_3$ 的工作，通过在电化学反应过程中原位形成各种合金中间体来改善磷的循环性能，包括可以用作体积缓冲的 K-P 和 K-Sn 合金，并通过非原位 XRD 分析揭示了反应机理[30]。在钾化过程中，Sn_4P_3 首先转化为 Sn 和 $K_{3-x}P$，紧接着 Sn 纳米颗粒与 K^+ 合金化形成 K_4Sn_{23}，最后形成 KSn。而在脱钾过程中，KSn 分解为 Sn，Sn 与 $K_{3-x}P$ 反应返回 Sn_4P_3。Sn_4P_3/C 的钾化/脱钾机理示意图如 3-27 所示。与 P/C 和 Sn/C 样品相比，Sn_4P_3/C 复合材料表现出改善的高比容量储钾性能，在 $0.05A \cdot g^{-1}$ 时储钾量为 $384.8\,mAh \cdot g^{-1}$，在 $1\,A \cdot g^{-1}$ 时为 $221.9\,mAh \cdot g^{-1}$。

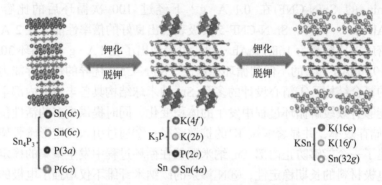

图 3-27　Sn_4P_3/C 反应机理的示意图[30]

　　总之，鉴于理论比容量低(低于商用石墨)以及在钾化过程中相关的大体积变化，Sn 对 KIB 的"性价比"还是较低，这意味着其实际应用前景相当有限。因此，对于 Sn 基负极材料的研究方向应重点向着氧化物、硫化物和硒化物等锡基材料方向发展。此外，与 P 等元素复合的 Sn 基二元合金材料也是未来研究的重点。

　　2. Sb 基

　　到目前为止，Sb 基材料因其相对较高的电导率、较低的合金电势、较高的热稳定性和 $660\,mAh \cdot g^{-1}$ 的高理论比容量而成为 KIB 研究最深入的合金型负极材料之一。早在 2018 年，Han 等就制备 Sb 纳米粒子和碳骨架(SbNPs@C)复合材料用于高性能储钾，还利用原位 XRD 对循环过程中 Sb 合金化反应进行了表征。可以观察到，Sb 的(012)峰值(28.6°)在放电过程中消失，而在 0.19 V 时只能观察到 K_3Sb 的峰值(29.7°)，这意味着在此期间形成了无定形中间相，如图 3-28 所示。

　　在充电时，K_3Sb 峰信号强度随着 K_xSb 中间相的出现而减弱。随着进一步充电，K_xSb 中间相逐渐转变为非晶态 Sb。同 Sn 的储钾机制一样，从 Sb 转变为 K_3Sb 也会引起剧烈的体积变化(约 407%)。因此，合理的结构设计以保持材料结构的稳定是提高电化学性能的关键。

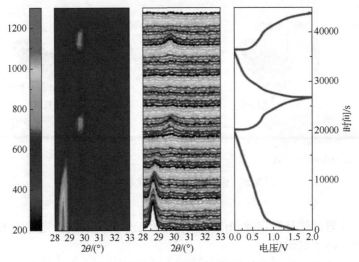

图 3-28　SbNPs@C 脱钾/嵌钾过程原位 XRD 图谱

　　类似地，对 Sb 颗粒的尺寸控制也是改善 Sb 负极性能的一种有效策略。例如，Pham 等使用电泳沉积(EPD)制造由嵌入互连多壁碳纳米管(MWCNT)中的 Sb 纳米粒子(NP)组成的无黏合剂电极[81]。该负极结构允许适应体积变化，并防止无黏合剂电极内的 Sb 分层。Sb/CNT 纳米复合材料的 Sb 质量比是不同的，优化的 Sb/CNT 复合材料在 C/5 下 300 次循环后提供 341.30 mAh · g^{-1}的高可逆比容量(类似于初始充电容量的 90%)，在 1 C 下 300 次循环后提供 185.69 mAh · g^{-1}。循环后的研究表明，稳定的性能是由于独特的 Sb/CNT 纳米复合材料结构，这种结构可以在长时间的循环中保持，保护 Sb-NP 免受体积变化的影响，并保持电极的完整性。该研究结果不仅为 KIB 中的高性能合金基负极提供了一种简便的制造方法，还激励了下一代 KIB 合金基负极的开发。

　　除此之外，Zhou 和同事报道了一种简单而可行的策略，将超细 Sb 纳米晶体原位封装在由纳米通道排列组成的碳纳米纤维中(表示为 u-Sb@CNF)，如图 3-29 所示，该复合材料具有用于高效储钾的优异电化学性能[82]。

　　超小的 Sb 纳米晶体和中空纳米通道实现了快速的 K$^+$传输和显著的应变弛豫。有趣的是，u-Sb@CNF 可以直接方便地用作 KIB 中的负极，从而消除了导电添加剂和黏合剂的使用。因此，它不仅显著提高了能量密度，而且在制造柔性储能材料和设备方面也显示出巨大的潜力。u-Sb@CNF 作负极的 KIB 表现出一系列值得注意的电化学性能，在 0.2 A · g^{-1}、0.5 A · g^{-1}、1 A · g^{-1}和 2 A · g^{-1}的电流密度下分别获得了 393 mAh · g^{-1}、324 mAh · g^{-1}、237 mAh · g^{-1}和 207 mAh · g^{-1}的可逆容量，而且在 1 A · g^{-1}的电流密度下循环 2000 次后比容量仍有 225 mAh · g^{-1}，比容量几乎没有衰减，这些结果证明 u-Sb@CNF 具有优异的电化学性能，包括

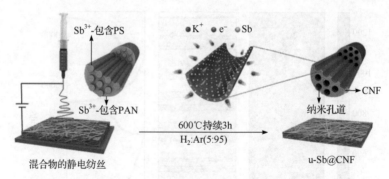

图 3-29　u-Sb@CNF 的合成示意图[82]

CNF：碳纳米纤维

大比容量、优异的循环稳定性和倍率性能。该工作为克服制备先进的 Sb 基 KIB 的关键问题开辟了可能性。

　　关于 Sb 基材料的纳米结构设计，也有大量的中空结构、纳米多孔结构和核壳结构的例子。He 等报道了一种使用 KCl 作为模板制造的新型的 3D 大孔 Sb 和碳复合材料(Sb@C-3DP)，如图 3-30[83]所示。研究显示，Sb@C-3DP 可以增强电解质与整个电极材料的接触，缩短 K^+ 的扩散距离，还可以缓冲合金化后 Sb 的体积变化。实验结果显示 Sb@C-3DP 可以在 $0.5 A \cdot g^{-1}$ 下循环 260 次后保持 $342 mAh \cdot g^{-1}$ 的高可逆比容量。该工作还比较了循环前后电极材料的非原位 TEM 表征，可以发现，碳基体很好地缓解了 Sb 颗粒的体积变化，同时 SEI 膜的厚度也可以保持稳定。

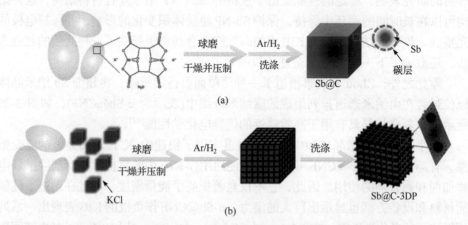

图 3-30　(a) Sb@C 和 (b) Sb@C-3DP 的制备过程示意图[83]

　　与 Sn 类似，Sb 也可以与其他元素结合，如 Sb_2S_3 和 Sb_2Se_3，它们是高比容量候选者。例如，Wang 等报道了通过简单的溶剂热法在 Ti_3C_2 薄片上自组装的 Sb_2S_3 纳米花[84]。在该复合体系中，Ti_3C_2 薄片作为一种高导电性的基质，不仅显著提升了电荷传输的效率，还有效地减轻了 Sb₂S₃ 在充放电过程中产生的体积波动。此外，Ti₃C₂ 薄片上原位生长的 Sb₂S₃ 纳米花，得益于它们之间的强大界面结合力，进一步强化了整体结构的稳定性。令人印象深刻的是，该复合材料在 $100\ mA\cdot g^{-1}$ 的电流密度下实现了 $357\ mAh\cdot g^{-1}$ 的高可逆比容量以及优异的倍率性能($2\ A\cdot g^{-1}$ 时为 $102\ mAh\cdot g^{-1}$)，如图 3-31 所示。

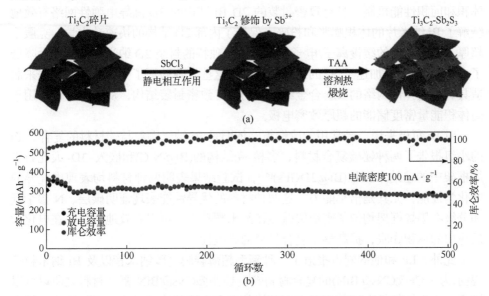

图 3-31　Ti₃C₂-Sb₂S₃ 的制备过程示意图(a)；长循环稳定性(b)[84]

总之，基于三电子转移机制的 Sb 基负极最终合金化产物 K₃Sb 可以提供高达 $660\ mAh\cdot g^{-1}$ 的理论比容量，这是除 P 之外 KIB 的已知合金型负极材料中最高的。然而，它们的高理论比容量在钾化过程中也会带来显著的体积变化，这对电极材料结构的设计提出了很高的要求。此外，尽管对 Sb 与 K 的合金机理有许多研究，但 Sb 基负极的失效机理仍有待探明。开发更先进的表征技术和详细研究 Sb 基负极的失效机理，是未来用于 KIB 的 Sb 基正极结构设计的重要指导方针。

3. Bi 基

Bi 因其高电子电导率、大晶格间距、相对较高的理论比容量和低成本而被广泛用于 KIB。2018 年，Lei 等报道了 Bi 负极与二甲醚(DME)基电解质的结合[85]。循环伏安图(CV)曲线显示，存在三对不同的氧化还原峰，分别为 1.15/0.93 V、0.45/0.67 V 和 0.30/0.57 V。原位 XRD 图谱也确认可逆放电和充电过程由三个不同的两相反应组成，即 Bi → KBi₂ → K₃Bi₂ → K₃Bi。同样，从 Bi 到 K₃Bi 之间的转变导致约 409% 的体积膨胀，为了解决这个问题，已经探索了各种

Bi 电极来提高其电化学性能。Wang 和他的团队创新性地将 2D Bi 纳米片升级为具有导电弹性网络和 2D 纳米片的 3D 紧凑封装结构(HD-Bi@G)[86]。正如预期的那样，HD-Bi@G 负极在 KIB 中表现出 1032.2 mAh·cm^{-3} 的体积比容量，以及在 2000 次循环后保持率为 75%的稳定长寿命，10 C 下 271.0 mAh·g^{-1} 的优异倍率性能。该工作还通过系统的动力学研究、异位表征技术和理论计算，揭示了优越的体积和面积性能机制。具有致密封装的 2D Bi 结构的 3D 高导电弹性网络有效地缓解了 Bi 纳米片的体积膨胀和粉碎，保持了内部 2D 结构的快速动力学，克服了超厚、致密电极的缓慢离子/电子扩散障碍。独特的封装 2D 纳米片结构大大降低了 K$^+$扩散能垒，加速了 K$^+$的扩散动力学。这些发现验证了一种可行的方法来制造具有导电弹性网络的 2D 合金纳米片的 3D 致密封装结构，从而能够设计用于高体积能量密度储能的超厚致密电极。

对 Bi 负极来说，最常用的改性策略依旧是 Bi 纳米颗粒与碳材料的复合。Yu 的小组报告了两种铋碳复合材料，多核-壳结构的(Bi@N-C)和嵌入 3D 大孔石墨烯框架中的铋纳米颗粒(Bi@3DGFs)[87]，试验结果表明两种材料均表现出优异的电化学性能，尤其是倍率能力。这两种材料的优异性能表现证明碳层、N 掺杂碳和分级石墨烯框架均匀紧密地覆盖在铋纳米颗粒上，可以有效地防止铋在电化学反应中的体积膨胀，提高整个复合材料的导电性。

此外，Lu 和他的同事报道了一种新型超薄碳膜、碳纳米管以及 Bi 纳米粒子(表示为 UCF@CNs@BiN)的复合材料[88]。UCF@CNs@BiN 复合材料之所以可以增强电化学性能是由于 UCF@CN 基体的存在，该基体可以将大多数固体电解质界面(SEI)膜限制在碳膜表面，从而防止基体断裂。基体中由 MOF 衍生的碳纳米棒可以有效地缓冲合金化和脱钾过程中产生的体积变化，从而延长其循环寿命。此外，Bi 纳米颗粒的均匀分布导致钾离子的扩散距离大打折扣，并减少了放电和充电过程中的应变形成。因此 UCF@CNs@BiN 负极表现出不俗的循环稳定性和高可逆比容量，在 100 mA·g^{-1} 的电流密度下实现了约 425 mAh·g^{-1} 以上的高可逆比容量，并且 600 次循环后每个循环的容量衰减仅为 0.038%。此外，在 1000 mA·g^{-1} 的较高电流密度下，获得了超过 700 次循环的稳定长循环，每次循环的容量衰减为 0.036%。这种稳定的 MOF 衍生 UCF@CNs@BiN 材料为 MOF 结构的应用提供了一种新的方法，这也对理解 Bi 基合金化反应的电化学过程至关重要。

对 Bi 进行合适的纳米结构设计也是改性方法之一，如利用静电纺丝来构建具有优异综合电化学性能的稳定负极材料。Cui 等通过静电纺丝设计并合成了嵌入三维富氮碳纳米网络中的球形仙人掌状 Bi 纳米球的复合材料(表示为 Bi-NS/NCN)[89]。在该复合材料的构建中，多个界面的存在以及碳纳米网络的高氮[14.9 at%(at%为原子分数)]掺杂特性，共同赋予了其独特的性能。特别地，三维多孔的 Bi 纳米网络显著提高了活性材料的利用效率,并有效缩短了离子与电子的传输距离。此外,高氮掺杂的碳纳米网络(NCN)不仅显著提升了整体的导电性,还增加了电化学活性位点。这些特点共同促进了钾离子储存的赝电容贡献,并为复合材料带来了更快的反应动力学。正如预期的那样,Bi-NS/NCN 电极表现出前所未有的倍率能力(在 50 A·g^{-1} 时为 489.3 mAh·g^{-1},容量保持率为 86.6%),优于公开文献中报道的现有 KIB 负极,如图 3-32 所示。有趣的是,在电化学反应过程中,这种结构将逐渐转变为 Bi 颗粒的 3D 多孔网络,该研究报道的 Bi 纳米粒子在循环过程中的结构变化可能为未来的 Bi 基电极设计提供独特的思路。

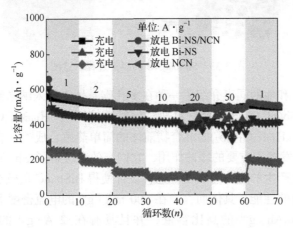

图 3-32   Bi-NS/NCN、Bi-NS 和 NCN 的倍率性能[89]

4. 二元/三元材料

与单金属 Sn、Sb 和 Bi 负极相比,二元合金体系已被广泛研究用于 KIB,它可以结合每种单金属对应物的优点。SnSb 合金是研究最早的 KIB 二元合金负极,人们已经做出了广泛的努力来提高 SnSb 合金的储钾性能。例如,Wang 等提出了一种新型的 SnSb 合金纳米复合材料,他们通过使用 NaCl 模板辅助原位热解策略制备被约束在 N 掺杂的三维多孔碳里的 SnSb 合金纳米复合材料(3DSnSb@NC),如图 3-33 所示,并作为 KIB 的负极进行了研究。试验结果表明,合理的 3DSnSb@NC 结构使 KIB 在 50 mA·g^{-1} 下具有 357.2 mAh·g^{-1} 的高可逆比容量和 90.1% 的显著初始库仑效率(ICE)、良好的倍率性能和优异的循环稳定性,在 0.5 A·g^{-1} 条件下经过 200 次循环后容量保持率为 80%。

在二元合金中,BiSb 是最有前途的合金之一,这归因于以下因素:①Bi 和 Sb 的物理化学性质相似,因此它们可以在任何物质的量比下形成固溶体;②Bi 的理论比容量(385 mAh·g^{-1})高于 Sn(226 mAh·g^{-1}),从而提供了 BiSb 合金的高比容量。

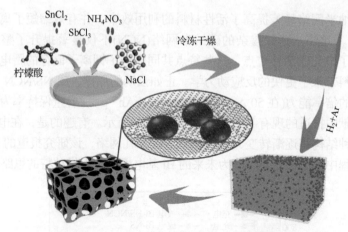

图 3-33　SnSb@NC 的制备过程示意图

因此 Xiong 和他的同事介绍了一种在多孔碳基体中嵌入纳米铋锑合金颗粒的复合纳米片(BiSb@C)，该复合材料通过柠檬酸铋钾($C_{12}H_{10}BiK_3O_{14}$)和酒石酸锑基钾三水合物($C_8H_{10}K_2O_{15}Sb_2$)的混合物前体的简单热解合成[90]。在复合材料中，碳和 Bi 元素均发挥了重要的缓冲作用，它们有效地缓解了 Sb 在充电/放电过程中因体积变化而产生的应力与应变。这种设计使得 BiSb@C 负极在电化学性能测试中展现出卓越的性能。具体而言，在 500 mA · g^{-1} 的电流密度下经过 600 次循环后提供 320 mAh · g^{-1} 的高比容量，并且具有在 2 A · g^{-1} 的大电流下贡献 152 mAh · g^{-1} 的良好倍率性能。

除此之外，设计三元合金也是提高电化学性能的可行途径。但是目前 KIB 中三元合金的设计很少报道。只有一些二元合金与其他元素结合的报道。例如，Chen 等报道了 P 嵌入的 Bi-Sb 纳米晶体(Bi_xSb_{1-x}@P)用于 KIB 负极[91]。第一，可以通过调节 Bi_xSb_{1-x} 纳米晶体的组成来系统地调节储钾性能。第二，超小型 Bi_xSb_{1-x} 纳米晶体(约 3 nm)固定在 P 基质内，这些超小的纳米晶体在缓冲大的体积变化和防止电极塌陷方面是有效的。第三，P 基质可以作为电子/离子传输的良好介质，以实现快速反应动力学。因此 $Bi_{0.5}Sb_{0.5}$@P 电极在 6.5 A · g^{-1} 保持了 258.5 mAh · g^{-1} 的优异倍率性能，以及在 1 A · g^{-1} 循环 550 次后比容量为 339.1 mAh · g^{-1} 的优异循环稳定性。

3.4　过渡金属化合物

具有不同物理化学性质的 MC 覆盖了范围惊人的材料，主要包括金属氧化物、硫化物和硒化物，并且它们中的每一种都已被证明具有相当大的储钾性能。在本节中，我们将总结和讨论 KIB 中 MC 负极材料的研究现状。

3.4.1 过渡金属氧化物

1. 铁基氧化物

低成本、可大规模制备氧化铁在储能系统中引起了极大的关注，而且这些氧化铁材料已被深入探索，并被证明具有高的 Li^+ 和 Na^+ 储存能力。当氧化铁用作 KIB 的负极时，无论 K^+ 的半径有多大，转化反应机制已被证明仍然有效，因此氧化铁可以被当作良好的负极材料。但是 K^+ 的直径较大，因此必须面对在插入和提取过程中不可避免地会发生体积膨胀这一难题。

Qin 及其同事设计并制备了 N 掺杂碳涂层的介孔 α-Fe_2O_3 中空碗，如图 3-34[92] 所示。该结构的空隙空间是一个有效的缓冲区，可以承受连续钾化-脱钾过程中的体积变化，而且均匀分布在壳体内的富集孔隙对应力分布有很大贡献。此外，这种材料的介孔中空结构不仅为表面和本体之间的氧化还原反应提供了充足的电荷储存位点，还显著促进了离子的扩散效率。特别是，该结构允许在高速率下实现钾化再活化，从而显著提升了电池性能。当用于 KIB 负极时，该材料还显示出高比容量和循环稳定性(在 $0.05 \, A \cdot g^{-1}$ 下经过 500 次循环后剩余比容量为 $214 \, mAh \cdot g^{-1}$)。此外，Li 等提出了采用水热法将 Fe_2O_3 纳米粒子分散在 N 掺杂的松果体基多孔碳基质上，最终制备了 Fe_2O_3/NPC 复合材料，并通过改变反应温度优化了 Fe_2O_3 的形态[93]。与不同温度下制备的 Fe_2O_3、NPC 和 Fe_2O_3/NPC 相比，Fe_2O_3/NPC-150 电极在 $50 \, mA \cdot g^{-1}$ 下循环 100 次后，比容量提高了 $178.7 \, mAh \cdot g^{-1}$，倍率性能良好，500 次循环后容量保持率高达 91.6%。电化学性能的提高归因于

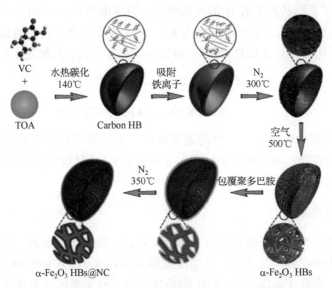

图 3-34 用于钾电池的氮掺杂碳涂层介孔 α-Fe_2O_3 中空碗[92]

小 Fe_2O_3 纳米颗粒和氮掺杂松果体基多孔碳的协同作用。该策略为制备钾离子电池铁基负极材料提供了一种简单、温和、低成本的方法，也为大规模工业生产提供了一些指导。

Fe_3O_4 作为 KIB 负极，由于其低的电子电导率和钾化后的极端体积膨胀，无法实现良好的储钾容量以及长的循环寿命。在这种情况下，Qu 等提出了一种通过简单的化学吹制方法来构建用 Fe_3O_4 纳米颗粒修饰的三维 N 掺杂多孔石墨烯框架(Fe_3O_4/3DNPGF)[92]。值得注意的是，设计良好的具有大孔和空隙空间的 NPGF 不仅可以缓冲嵌入的 Fe_3O_4 纳米颗粒在与 K^+ 插入和提取产生的相关的体积变化，而且可以降低空间效应，增强电子/离子传输。此外，N 掺杂为电化学反应提供了大量的活性位点，并提高了 NPGF 的电子导电性。因此，Fe_3O_4/3DNPGF 电极在钾离子电池中表现出出色的电化学活性，在 $0.5\ A \cdot g^{-1}$ 的电流密度下获得 $200\ mAh \cdot g^{-1}$ 的高可逆比容量，而且在 $1\ A \cdot g^{-1}$ 的大电流密度下循环 500 圈后比容量仍保持到 $154.6\ mAh \cdot g^{-1}$，每圈的容量衰减率仅为 0.0472%。

Li 的团队提出了一种创新的化学鼓泡方法[93]，用于在 3D 态的 N 掺杂少层石墨烯框架上原位构建中空 Fe_xO 纳米球(简称 Fe_xO@NFLG)，并探索其作为高性能 KIB 负极材料的潜力。经过精心合成的 Fe_xO@NFLG 材料，展现出了令人瞩目的倍率性能和循环稳定性。具体而言，在 $5\ A \cdot g^{-1}$ 的高电流密度下，它能够贡献出 $176\ mAh \cdot g^{-1}$ 的可逆比容量；而在 $2\ A \cdot g^{-1}$ 的电流密度下，经过超过 1000 次的循环后，依然能够保持 $206\ mAh \cdot g^{-1}$ 的高可逆比容量。该团队还对 Fe_xO@NFLG 材料的储钾机理进行了研究，通过非原位 XPS 和选区电子衍射 (SAED)测定了不同状态下 K^+ 的插入和提取。当放电到 0.01 V 时，可以明显观察到 Fe_xO 还原生成 Fe^0。当充电到 3.0 V 时，XPS 峰几乎恢复到初始状态，这验证了 Fe^0 的再氧化，并且 SAED 结果与 XPS 分析非常一致，并描述了以下步骤：

$$Fe_xO + 2K^+ + 2e^- \longrightarrow xFe^0 + K_2O \tag{3-1}$$

$$xFe^0 + K_2O \longrightarrow Fe_xO + 2K^+ + 2e^- \tag{3-2}$$

从上述工作中可以看出，目前通常利用开发纳米工程和碳涂层技术来提高 KIB 的电化学性能，而实验结果证明尺寸控制和复合碳材料是有效的，因此提升氧化铁作钾电负极的表现须进一步在这两个方面进行探索。

2. 钴基氧化物

钴氧化物作为碱离子电池的另一种令人着迷的候选负极材料，由于其高的碱离子储存能力而受到广泛关注；其中报道最多的 Co_3O_4 具有 $890\ mAh \cdot g^{-1}$ 的极高理论比容量，因此 Co_3O_4 作为 KIB 的负极引起了科学界的极大兴趣[94]。然而，Co_3O_4 作为 KIB 负极材料实现优异的电化学性能受到较差的电导率和不可避免的体积膨胀的阻碍。K$^+$的大半径严重影响了主体活性材料的扩散效率，在钾化时加速了活性材料和电子导电剂之间的粉碎，导致循环时比容量快速降解。为了解决上述问题，进一步研究了 2D Co$_3$O$_4$ 纳米片、分级 Co$_3$O$_4$ 纳米粒子和 Co$_3$O$_4$ 复合材料，以增强整体电化学性能。

Jiang 等以大块 Al-Co 合金为原料，通过可扩展的化学脱合金方法合成了二维纳米多孔氧化钴(Co$_3$O$_4$)[95]。该材料独特的 2D 多孔纳米片结构使离子可以更快地扩散、电极和电解质更紧密接触，从而可以获得快速的钾化/脱钾过程，并进一步带来优异的电化学性能。作为 KIB 的负极材料，所制备的 Co$_3$O$_4$ 纳米片在 89 mA·g^{-1} 的恒定电流密度下提供了 417 mAh·g^{-1} 可逆比容量，即使在 300 次循环后也能保持良好的比容量。

此外，Rahman 及其同事采用了一种低成本、可扩展的熔盐法结合球磨方法，成功制备了 Co$_3$O$_4$-Fe$_2$O$_3$/C 纳米复合材料[96]。该项研究的结果表明，Co$_3$O$_4$-Fe$_2$O$_3$/C 纳米复合材料可能在可持续和具有成本效益的 KIB 中具有潜在的应用。值得注意的是 Adekoya 和他的同事报道了 Co$_3$O$_4$ 和 N 掺杂的碳复合材料被精确设计并测试为 KIB 的负极，所得到的电极表现出优异的倍率能力，在 0.5 A·g^{-1} 的电流密度下经过 740 次循环后仍可以保持 213 mAh·g^{-1} 的比容量[97]。具体而言，通过界面工程获得了氮掺杂的碳层和增加的 Co$_3$O$_4$ 间距，如图 3-35 所示，这一设计不仅显著提升了复合材料的导电性，进而促进了钾离子的扩散效率，而且还为电极材料在钾化过程中提供了额外的保护，避免其受损。进一步通过 DFT(密度泛函理论)计算分析，我们发现 Co$_3$O$_4$@N-C 复合材料相较于纯 Co$_3$O$_4$ 和单独的 N 掺杂碳结构，展现出更高的钾吸附能，表明该复合材料具有更强的钾离子吸收能力，可以吸收更多的 K$^+$。

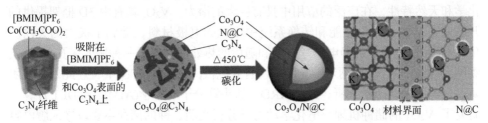

图 3-35 用于钾离子电池的 Co$_3$O$_4$@N-doped 碳复合材料[97]

3. 钼基氧化物

同样地，氧化钼也是很受欢迎的 KIB 负极材料，然而受体积变化大和容量保持率差的限制，氧化钼不能像预期的那样直接用于 KIB。最近，大量文献表明，将 MoO$_2$ 与碳质材料相结合是改善 KIB 电化学性能的有效方法[98]，可以获得具有优异的循环稳定性的负极。此外，构建不同的异质结构可以促进离子/电子传输，这在钾基储能系统中提供了前所未有的机会。

　　Luo 等采用常用的水热方法制备了均匀分布在三维多孔碳结构上的 MoO$_2$ 纳米颗粒[99]。该复合材料具有比大块 MoO$_2$(81.4 m^2 · g^{-1})更高的表面积(171.6 m^2 · g^{-1})，而且多孔碳独特的 3D 结构可以提高电导率并减轻钾化和脱钾过程中引起的体积变化。当用作 KIB 负极材料时，在电流密度为 0.05 A · g^{-1} 时初始充电容量为 350 mAh · g^{-1}，而且在 200 次循环后仍能保持高达 213 mAh · g^{-1} 的可逆充电容量。

　　与上文不同的是，Liu 报道了可控地制备 MoS$_2$@MoO$_2$ 异质结包裹在分级 Fe 和 N 双掺杂碳骨架中的复合材料(MoS$_2$@MoO$_2$@Fe@CN)，并将其用作 KIB 的负极[100]。所合成的独特异质结构表现出优异的倍率能力，在 10 A · g^{-1} 的大电流下保持 160 mAh · g^{-1} 高可逆比容量，以及在 0.5 A · g^{-1} 下循环 500 次都没有显著比容量衰减的卓越的长期循环稳定性。作为一种关键的前体，Fe 在制备该 MoS$_2$@MoO$_2$@Fe@CN 异质结构中扮演了重要的角色。在 Fe 的帮助下，CN 基质中产生了大量的中空囊泡，MoO$_3$ 被还原为 MoO$_2$。此外，利用 DFT 对 K 吸附能进行了详细的理论计算。结果表明，MoS$_2$@MoO$_2$@Fe@CN 对 K 原子具有较强的吸附能力；引入 MoO$_2$ 后，电子和离子的传输能力得到增强，并出现了更多的活性位点。此外，MoO$_2$ 中的电子倾向于从 MoO$_2$ 流到 MoS$_2$，以实现相同的费米能级，这导致在 MoO$_2$ 和 MoS$_2$ 之间形成内部电场，引导电子在界面处从 MoO$_2$ 转移到 MoS$_2$，这也证明了该异质结材料具有良好的倍率性能电子传导能力，从而具有优异的电化学储钾性能。

　　4. 钒基氧化物

　　钒氧化物具有不同的 V/O 比组合(VO$_2$、V$_2$O$_3$ 和 V$_2$O$_5$)，由于其丰富的结构化学和天然特性，在广泛的应用中具有巨大的潜力。V$_2$O$_3$ 具有由 3D 框架提供的开放隧道结构，作为储能和转换系统中出色的电极材料，受到了极大的关注。Jin 等已经通过简单的静电纺丝方法和随后的热处理制备了一种嵌入多孔 N 掺杂碳纳米纤维中的 V$_2$O$_3$ 纳米颗粒的柔性自立电极(V$_2$O$_3$@PNCNF)[101]。此外，该团队通过电化学动力学分析、原位 XRD、从头算分子动力学(AIMD)和 DFT 计算，研究了 V$_2$O$_3$ 的储钾机理。电化学动力学分析表明，钾的储存主要以嵌入赝电容为主，这有利于高性能的 K$^+$ 储存。

　　然而价态敏感 V$_2$O$_3$ 的合成面临着不小的技术挑战，因为它需要高温处理和窄范围氧分压的严格结合。针对这一问题，Liu 等在相对较低的温度(480℃)下，通过温和的工艺，使用锂蒸气热还原成功合成了 V$_2$O$_3$ 微纳结构看，如图 3-36[102]所示。V$_2$O$_3$ 的结晶度和微观结构(晶格紊乱、晶粒尺寸和孔径)很容易通过反应温度来控制。在 480℃下合成的微纳结构 V$_2$O$_3$ 表现出最佳的碱金属离子电化学储能能力。它分别为 Li$^+$、Na$^+$ 和 K$^+$ 的储存提供了 767 mAh · g^{-1}、

$393\,\mathrm{mAh \cdot g^{-1}}$ 和 $209\,\mathrm{mAh \cdot g^{-1}}$ 的高比放电比容量。这项工作有望刺激钒基电极的探索，实现钠和钾离子电池的指数增长，其成本低，能量密度高，超越锂离子电池。

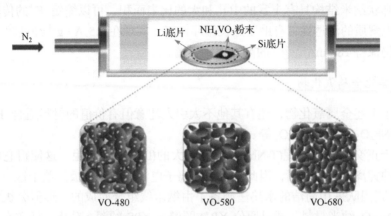

图 3-36　锂蒸气辅助热还原合成具有可调纳米结构的 V_2O_3 层状结构[102]

此外，Bao 及其同事通过自组装方法制备了 3D 多层银耳状 Sn 掺杂 V_2O_5(SDVO)纳米结构，并将其用作 KIB 中的负极材料，如图 3-37[103]所示。表面

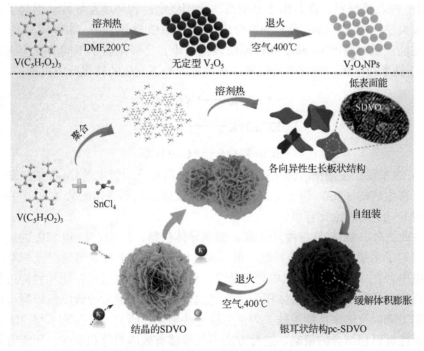

图 3-37　银耳状 SDVO 用于 K^+ 储存[103]

DMF：二甲基甲酰胺

能计算结果表明，V_2O_5 通过强面诱导效应从纳米颗粒转化为纳米片。第一性原理计算和四探针法同时证实了 Sn 的掺入显著提高了 V_2O_5 的电子电导率。除此之外，银耳状纳米结构具有丰富的中孔和大的比表面积，可以缩短 K^+ 的传输路径并加强电解质的渗透性，有助于延长循环性能，实现在 $0.5\ A\cdot g^{-1}$ 经过超过 3000 次循环仍保持 $188\ mAh\cdot g^{-1}$ 的高可逆比容量。

5. 其他金属氧化物

除了上述金属氧化物，还有其他不太引人注意但有价值的材料适合 KIB 应用，如 Nb_2O_5、CuO、SnO_2 等。

由于正交五氧化二铌($T-Nb_2O_5$)拥有较大的(001)晶面间距，这使得它能够容纳大量的钾离子进入层间，因此被视为钾离子电池的优选负极。鉴于这一特性，Tang 及其团队采用简洁的水热法制备了由纳米线组合而成的、形似分级海胆结构的 $T-Nb_2O_5$ 纳米材料。通过原位 XRD 图谱与 XPS 的深入分析，证实在充放电过程中，发现 $T-Nb_2O_5$ 电极的钾化与脱钾行为是遵循插层-赝电容的复合机制进行的。

基于具有高可逆比容量和适当工作电压的电化学转化反应，CuO 也可以作为 KIB 的负极材料，而且由于其丰富、化学稳定性和环境友好性，引起了人们的极大关注。最近，Cao 及其同事合成了氧化铜(CuO)纳米板，并将其用作 KIB 的高性能负极材料[104]。基于各种原位表征结果，已经阐明了不同的反应途径。该 CuO 纳米板电极的电化学反应机理被确定为如下发生的转化反应机理：

$$CuO+K \longrightarrow KCuO \tag{3-3}$$

$$KCuO+K \longrightarrow Cu+K_2O \tag{3-4}$$

$$2Cu+K_2O \longleftrightarrow Cu_2O+2K \tag{3-5}$$

Cu 纳米颗粒在第一次钾化过程中形成，然后转化为带电的 Cu_2O 纳米颗粒。随后，在生成的 Cu_2O 和 Cu 之间发生转化反应，而不是初始的 CuO，并产生 $374\ mAh\cdot g^{-1}$ 的理论比容量。

除此之外，SnO_2 是一种宽带隙 n 型半导体材料，作为 LIB 和 SIB 的负极材料，引起了主要研究领域的兴趣。近年来，SnO_2 因其丰富的储量以及相对较低的放电平台在 KIB 中显示出电化学活性。然而，SnO_2 电极在钾化和脱钾过程中普遍面临电导率不足和显著体积变化等挑战，这些问题通常导致电极碎裂、比容量急剧下降以及倍率性能不佳。为了克服这些限制，研究人员探索了将 3D 多孔碳与活性材料相结合的策略，这种方法不仅能够有效应对体积膨胀，还能有效防止纳米颗粒的团聚。Wang 等首先从 Cu_6Sn_5 纳米颗粒选择性刻蚀 Cu 之后，收获 SnO_2 纳米颗粒，然后通过冷冻干燥和烧结工艺制备了一种新型纳米复合材料，该纳米复合材料由锚定在三维多孔碳中的超细 SnO_2 纳米颗粒组成[105]。3D 碳网络的独特微观结构为 SnO_2 的体积膨胀提供了足够的缓冲空间，并为离子和电子的转移提供了丰富的通道。得益于这些优势，3D SnO_2@C 负极在 $2\ A \cdot g^{-1}$ 下提供了 $145\ mAh \cdot g^{-1}$ 的卓越倍率能力以及在 $1\ A \cdot g^{-1}$ 下经过超 2000 次循环后保持有 $110\ mAh \cdot g^{-1}$ 的超长循环性能。

3.4.2 过渡金属硫化物

1. 铁基硫化物

不同化学计量组成的硫化铁(如 FeS、FeS_2、Fe_3S_4 和 Fe_7S_8)由于其储量丰富、结构化学丰富，已经在有效的储能和转换系统方面进行了全面探索。

黄铁矿(FeS_2)作为一种自然界中常见的矿物，因其具有高达 $894\ mAh \cdot g^{-1}$ 的显著理论比容量，已被作为商业 Li/FeS_2 电池的潜在电极材料广泛而深入地研究。鉴于其独特的性能，研究团队还将其应用于 KIB 的储存系统中，以探索其更广泛的应用前景。然而，FeS_2 的 K^+ 储存性能仍然受到其缓慢扩散、较差的电子导电性和剧烈的体积变化的严重阻碍。因此，减小 FeS_2 的颗粒尺寸并在其上涂覆保护性碳层是提高 KIB 中 FeS_2 的整体性能的两种有效方法。如今，FeS_2 的纳米颗粒、纳米片、纳米笼和纳米立方体已被设计用于增强 KIB 的电化学性能。

普鲁士蓝是由与刚性有机氰基配位的铁离子组成，由于其强烈的尺寸依赖性和形状依赖性，已被开发用于设计和合成多孔纳米结构的 FeS_2。Xu 等展示了一种简单新颖的核壳合成方法，使用普鲁士蓝作为起始材料合成了纳米立方体 FeS_2@C 复合材料，而且利用无定形碳层包裹的有益结构设计对于实现 KIB 的显著性能至关重要。内部的 FeS_2 纳米颗粒有利于 K^+ 的扩散和电解质的渗透，而外部的碳层可以显著提高电子电导率并缓解体积变化。核壳结构的精致设计展现了迷人的储钾性能，具有令人钦佩的比容量、卓越的倍率能力和持久的循环稳定性。

此外，Zhao 及其研究团队引入了一种创新的多层结构 FeS_2@C 复合材料。该材料由丰富的二维纳米片构建而成，其制备过程涉及一个常规的溶剂热反应和随后进行硫化步骤组成[106]。FeS_2@C 应用于 KIB 负极在 $10\ A \cdot g^{-1}$ 的高电流密度下显示出 $182\ mAh \cdot g^{-1}$ 的可逆比容量，并在 $1\ A \cdot g^{-1}$ 下经过 150 次循环后仍保持了 $295\ mAh \cdot g^{-1}$，显示出优秀的倍率能力和循环稳定性。这种优异的性能与多层结构有关，多层结构有效地增强了电子导电性并机械地限制了体积变化，有助于在循环时保持结构的完整性。同一时间段，Zhang 的团队共同设计并制造了嵌入碳纳米纤维中的石墨烯包覆的 FeS_2 纳米颗粒(表示为 FeS_2@G@CNF)[107]。石墨烯涂层和碳纤维的双碳改性有利于快速的电子和离子扩散以及结构完整性。正因如此，FeS₂@G@CNF 电极能够实现良好的循环稳定性(在 1 A·g⁻¹ 下循环 680 次后剩余可逆比容量为 120 mAh·g⁻¹)和倍率能力(在 1 A·g⁻¹ 下可逆比容量为 171 mAh·g⁻¹)。Mai 的团队还报道了一种基于金属-有机骨架衍生的空心纳米笼 FeS₂ 与还原氧化石墨烯的复合材料，并将其成功应用于 KIB 的负极材料中[108]。这种复合材料的独特之处在于，FeS₂ 纳米笼与还原氧化石墨烯之间的协同作用不仅有效抑制了充放电过程中的体积变化，还显著减少了多硫化物在循环中的转化，从而显著提升了电池的整体循环性能，在 0.5 A·g⁻¹ 下经过 420 次循环后保持 123 mAh·g⁻¹ 不变。

2. 钴基硫化物

Co 的多价态使其能够以不同的化学计量比与 S 进行不同的组合。由于 CoS、CoS₂、Co₃S₄ 和 Co₉S₈ 相对简单的合成过程，已被深入研究用于电池和电催化应用。尽管 CoS、CoS₂、Co₃S₄ 和 Co₉S₈ 在 LIB、SIB 和电催化方面显示出了很有前景的潜力，但其 PIB 中的相关研究仍处于初级阶段。至目前为止，分级结构的 CoS、CoS 量子点、Co₉S₈ 纳米颗粒、异质结构的 Co₉S₈ 纳米笼等已被开发为负极材料，并在 KIB 中获得了令人满意的成就。

Zhang 及其同事制造了一种由氮掺杂的碳纳米管、无定形碳包裹的 CoS 和 CoS 包裹的碳纳米纤维构建的新型分级结构(AC@CoS/NCNT/CoS@CNF)，如图 3-38[109]所示。这样的 3D 结构设计扩大了比表面积，缩短了 K⁺ 的传输路径，增加了电极和电解质的接触面积。当作为 KIB 的负极进行测试时，它可以在 3.2 A·g⁻¹ 循环 600 次后表现出 130 mAh·g⁻¹ 的优异大倍率循环稳定性。

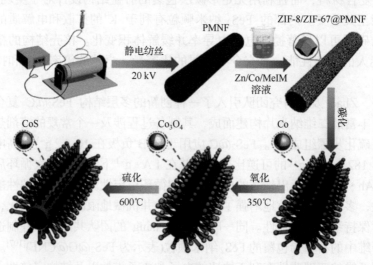

图 3-38　用于 K⁺储存的 AC@CoS/NCNT/CoS@CNF[109]

除此之外，Liu 等通过碳化和原位硫化制备了 CoS_2/CNT 复合材料，CoS_2 纳米粒子成功地被包裹在竹节状碳纳米管中[110]。独特的结构可以缓冲充放电过程中的体积变化，这是复合材料具有很强的结构稳定性和显著的电化学储存性能的原因。当组装为 KIB 半电池时，CoS_2/CNT 复合材料表现出优异的倍率性能(当电流密度为 2000 mA · g^{-1} 时可逆比容量为 303.7 mAh · g^{-1})和良好的循环稳定性(在100 mA · g^{-1} 下经过 500 次循环后比容量可保持为 325.7 mAh · g^{-1})。此外，全电池的成功组装验证了 CoS_2/CNT-600 电极的实际应用前景。

作为直径小于 10 nm 的 0D 材料，量子点(QD)具有大的表面积和短的离子/电子传输距离，是良好的 KIB 负极材料。石墨烯的亲电碳原子与 QD 材料的结合可以防止其自聚集。根据这一特点，Guo 等首次报道了一种硫化钴和石墨烯(CoS@G)复合材料作为 KIB 的负极。这是一种在 CoS 和石墨烯之间具有坚固稳定界面连接的混合材料[111]。这个 CoS@G 电极在 0.5 A · g^{-1} 的电流密度下经超过100 个循环的预期比容量为 310.8 mAh · g^{-1}。更有趣的是，经过 100 次循环后，可以观察到尺寸为 10~20 nm 的 CoS 纳米团簇和量子点的存在，并进一步证实了电极优越的结构稳定性。

3. 镍基硫化物

硫化镍以各种化学计量形式存在，如 NiS、NiS_2 和 Ni_3S_2，并且它们已被广泛用作 LIB 和 SIB 的负极，这激发了研究人员进一步探索这些材料作为 KIB 的负极材料。鉴于 K^+ 比 Li^+ 和 Na^+ 有着更大的离子半径，硫化镍在 KIB 的高性能负极的制造中，需要更加高度要求合理的微/纳米结构设计。为了适应大半径的 K^+，人们更加努力地设计纳米尺度上的各种形态，如卵黄壳和多孔结构等。这些结构可以显示出高的 K^+ 储存能力。

不同的形貌，包括固体纳米球、超薄纳米片和由纳米板组装的花状结构，显示出不同的 K^+ 储存能力。最近，Ji 的研究团队介绍了一种经过双功能碳修饰的分级 NiS_2 材料。这种材料通过氮/碳双掺杂的碳层进行改性，同时展现出了均匀的 3D 超结构和丰富的活性位点。这些特性使得该材料能够稳定地支持 K^+ 的插入和提取过程[112]。正因如此，所合成的负极材料在 1.6 A · g^{-1} 表现出151.2 mAh · g^{-1} 的良好的倍率性能，以及在 0.05 A · g^{-1} 下循环 100 次之后仍然保持可逆比容量为 303 mAh · g^{-1} 卓越的循环稳定性。这一切归功于 2D 纳米片可以有效地优化离子扩散距离，并缓冲重复充放电过程中与体积变化相关的应力。

此外，Zhao 的团队通过有效的刻蚀和硫化工艺合理设计和制作蛋黄外壳结构的 NiS_x@C 纳米片，并将其应用在 KIB 中。NiS_x@C 电极有着超高的 K^+ 扩散系数和快速的钾化动力学，如图 3-39[113]所示。因此 NiS_x@C 纳米片在 0.1 A · g^{-1} 的电流密度下显示出 415 mAh · g^{-1} 的高比容量，以及在 2 A · g^{-1} 下 232 mAh · g^{-1} 的优异倍率性能，还有在 $0.5\ A\cdot g^{-1}$ 下高达 8000 次循环的超长循环寿命。

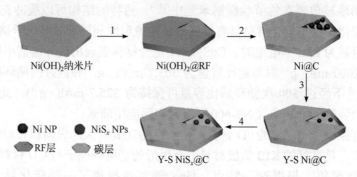

图 3-39　用于钾离子电池的蛋黄-外壳 $NiS_x@C$ 纳米片[113]

NP：纳米颗粒

4. 钼基硫化物

MoS_2 作为过渡金属硫化物中的一个众所周知的成员，已经积累了人们越来越多的研究兴趣，并已成为能量转换和储存系统的一种流行的研究选择，涉及这些电池和电催化的文献数量正在增加。与碳基负极材料相比，MoS_2 中各层之间较弱的范德瓦耳斯相互作用以及较大的层间距离，使其原则上成为快速 K^+ 插入/提取的理想材料。然而，据目前所知，MoS_2 的 K^+ 储存性能不如 LIB 和 SIB[114]。受 K^+ 大尺寸引起的问题的限制，在优化相形态、元素组成、层间膨胀和表面纳米结构方面探索 MoS_2 作为 KIB 负极材料似乎是紧迫而有研究意义的。

与其他 2D 层状材料类似，单层 MoS_2 纳米片由于高表面能而倾向于重新堆积在一起。为了解决这些关键问题，Qin 的团队最近研究了一种新的油胺介导的乳液模板溶剂热策略，用于设计作为 KIB 高性能负极的介孔 MoS_2 单层/碳复合材料，并且成功地阻止了相邻 MoS_2 单层纳米片的聚集[115]。MoS_2 单层提供了大量的反应位点，优化了电子/离子扩散路径而且产生较小的机械应变，从而产生优异的 K^+ 储存性能。此外，为了开发高性能的 KIB 负极材料，Ji 的团队成功制备了一种具有创新性的竹状 MoS_2/N 掺杂 C 空心管复合材料，如图 3-40 所示[116]。这种独特的竹状结构设计不仅包含了内部的圆柱形中空空间，还在轴向方向上形成了显著的间隙，这样的设计显著降低了在径向和垂直方向上产生的应变，从而实现了卓越的循环稳定性。

有趣的是，Cui 等提出了大离子应该被容纳进大房子的新颖想法，采用简单的诱导生长法实现了 MoS_2 团簇在中空管状碳骨架内的自负载。在中空骨架中进行了一步一步地嵌入和自加载，为 K^+ 建造了大房子[117]。这种独特的结构不仅减轻了机械应变，而且为 K^+ 的快速转移和储存提供了广阔的途径。当用作 KIB 的负极时，所得电极表现极佳的循环稳定性，在 $2\ A\cdot g^{-1}$ 保持 $149\ mAh\cdot g^{-1}$ 超过

10000 次循环。

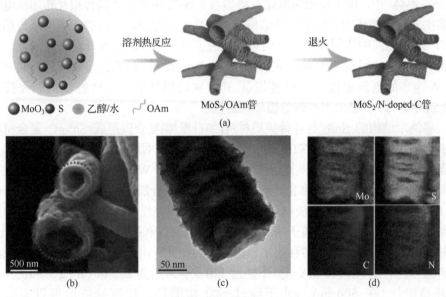

图 3-40　用于 K$^+$储存的竹状 MoS$_2$/N 掺杂 C 空心管[116]

以往的研究表明，扩大 2D 材料的层间距有利于缓冲离子插入/提取时的结构变化，并提高长期循环稳定性。MoS$_2$ 纳米片作为 2D 材料的重要组成部分，已经证明扩展(002)平面不仅可以加速 K$^+$的嵌入/脱嵌效率，而且可以缩短 K$^+$和电子的传输距离。对 MoS$_2$ 层间扩大的最有吸引力的研究显示在 Qin 团队的工作中，该团队通过两步溶剂热法成功制备了牢固锚定在还原氧化石墨烯片上的超薄玫瑰状 MoS$_2$(MoS$_2$@rGO 复合材料)[118]。得益于其扩展的层间距离、显著的强耦合效应以及精心设计的架构，MoS$_2$@rGO 复合材料用作 KIB 负极时在 0.02 A·g^{-1} 时显示 679 mAh·g^{-1} 的高比容量，并且在 0.1 A·g^{-1} 的电流密度下超过 100 次循环后仍能保持 380 mAh·g^{-1} 的良好循环稳定性。

5. 锡基硫化物

SnS$_2$ 由于其通过顺序转化和合金化反应的结合而具有较高的理论比容量，因此被当作 LIB 和 SIB 负极的潜在负极材料，引起了主要研究关注。鉴于已报道的 LIB 和 SIB 的优异性能，预计 SnS$_2$ 基电极将显示出优异的 K$^+$储存能力。到目前为止，已经尝试了一些基本的努力，并表明锡-钾合金形成过程中不可忽略的体积膨胀和较差的固有导电性严重阻碍了 KIB 的 SnS$_2$ 负极的发展。因此，纳米颗粒尺寸的控制和与导电基质的耦合被认为是提高 K$^+$储存性能的实用方法。

由于层状硫化物的天然窄的层间距不能供较大的 K$^+$插入，因此电化学动力学缓慢。Ou 团队制备了锚定在氮掺杂石墨烯纳米片上的扩展层间距为 0.610 nm 的 SnS_2 晶体[119]。该工作表明氮化石墨烯与 SnS_2 之间的紧密耦合相互作用在电池的多次充放电循环中维持了纳米结构的稳定性。这种稳定性得益于碳网络与纳米结构 SnS_2 之间的协同作用，它们共同促进了电化学性能的提升。具体而言，这种组合在 $1 A \cdot g^{-1}$ 的电流密度下展现了 $206.7 mAh \cdot g^{-1}$ 的出色倍率性能，同时在 $0.5 A \cdot g^{-1}$ 的电流密度下，经过超过 100 次的循环后，其比容量仍能保持在 $262.5 mAh \cdot g^{-1}$，显示出卓越的循环稳定性。

将纳米结构的 SnS_2 与各种碳质材料(如石墨烯)复合以形成 SnS_2/C 复合材料已被许多团体广泛开发为 KIB 的负极。Glushenkov 团队在还原的氧化石墨烯上制备了纳米晶体 SnS_2，并将其用作 KIB 的负极[120]。Wu 的团队在 KIB 方面做得很好，他们通过简单的水热和热解方法制备了一个分层 $SnS_2@CQD$ 复合材料作为 KIB 的一种有前景的负极材料[121]。复合材料具有显著的比表面积，SnS_2 的层状结构有助于其独特的钾离子嵌入/脱嵌性能。CQD 和碳涂层的锚定限制了 SnS_2 的体积效应，提高了电子转移效率。也正因为如此，由该电极制备的 KIB 表现出高钾储存比容量(在 $100 mA \cdot g^{-1}$ 下经过 120 次循环后为 $235 mA h \cdot g^{-1}$)和优异的循环稳定性(在 $500 mA \cdot g^{-1}$ 下经过 500 次循环后比容量依旧可以保持在 $144.8 mAh \cdot g^{-1}$)。

此外，Xie 等的工作引起了研究人员的注意，其研究了使用不同电解质对 KIB 性能的影响[122]。该工作将六边形 SnS_2 纳米片固定在还原氧化石墨烯表面(SnS_2-RGO)上，并且将其作为 KIB 的负极时，当用醚基电解质可以获得更好的电化学性能(图 3-41)。

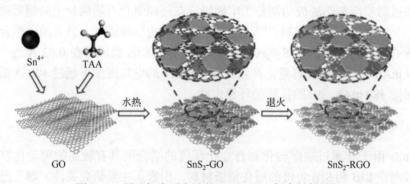

图 3-41　用于钾离子电池的 SnS_2-RGO 复合材料[122]

TAA: 硫代乙酰胺

该工作为了研究在醚基电解质中的 SnS_2-RGO 复合材料的 K^+ 储存机制，通过非原位 XRD 记录了初始循环过程中不同电势下的相变。基于非原位 XRD 分析，钾化过程如方程式所示：

$$SnS_2 \longrightarrow K_2S_5 + Sn \tag{3-6}$$

$$Sn \longrightarrow K_2Sn, K_2Sn_5 \text{ 或 } K_4Sn_2 \tag{3-7}$$

当电极完全充电到 3 V 时，K_xSn_y 的所有峰都消失了，这表明去钾过程已经结束，并且在电极中形成了 SnS_2 的非晶结构。此外，Xia 等提出了通过溶剂热工艺制备还原氧化石墨烯负载的少层 SnS_2 纳米片(SnS_2@rGO)，SnS_2@rGO 电极也通过在不同电流密度下的电化学测量得到了证明，合成的 SnS_2 纳米片在钾化后经历顺序的转化和合金化反应，这与 Mai 的结论一致。

6. 其他金属硫化物

除了上述的各种金属硫化物负极材料之外，CuS、ZnS、VS_2、ReS_2 和 Sb_2S_3 等在储能领域的研究很少，但它们对 KIB 表现出了吸引人的性能。

ReS_2 具有较大的层间空间和较弱的层间耦合，可以使大量的碱离子容易地在层间扩散。根据这一关键发现，Wu 团队通过可行的静电纺丝和水热工艺制备了柔性 ReS_2 纳米片和 N 掺杂碳纳米纤维基纸复合的材料。电化学测试表明，ReS_2 可以作为一种具有快速充电性能的负极材料[123]。

CuS 是一种价格低廉、危险性较低的过渡金属硫化物，是一种具有高比容量和优异倍率性能的可再充电二次电池负极材料。Jia 等放弃了烦琐的制造工艺或高要求的实验条件，如真空、可控高温和高压，开发了一种简单的一步合成方法来制备均匀锚定在氧化石墨烯纳米片表面的 CuS 纳米片(CuS@GO)[124]。材料表面上的层状 GO 完全满足了在重复插入/提取过程中对足够空间以抑制体积变化的需求，因此这个 CuS@GO 电极表现出令人满意的倍率性能和循环稳定性。

ZnS 由于其高天然丰度和低成本，无疑是 KIB 的一种有希望的负极替代品。为了解决主要包括固有的低电子电导率和不可忽略的体积膨胀以及活性颗粒界面上不稳定的固体电解质界面(SEI)生长的难题，Bao 团队提出了一种巧妙的策略来制造多级分级结构，该结构具有颗粒小和合理副反应的优点，以提高电化学性能[125]。该工作用深度嵌套在三级结构中的 ZnS 枝晶合成了所有具有三级结构的碳保护均匀 ZnS 枝晶体(ZSC@C@RGO)，如图 3-42 所示。独特的结构缩短了扩散路径，提高了 K^+ 和电子从内部到外部的电子导电性，并在电化学反应过程中产生了稳定的 SEI，导致稳定的比容量，在 0.5 A·g^{-1} 超过 300 次循环后仍保持 208 mAh·g^{-1}。而且，密度泛函理论计算结果表明，ZnS 与碳界面之间的相互作用可以有效地降低 K^+ 的扩散势垒，从而提高 K^+ 储存的可逆性。

除此之外，高价态的钒可以以不同的化学计量形式存在，包括 VS_2、V_3S_4、V_5S_8 和 V_2S_3，并且最近在 KIB 中报道了 VS_2、V_3S_4 和 V_5S_8 的应用。Zhou 等制备了由排列的超薄纳米片 VS_2 组成的分级纳米片组件(VS_2-NSA)，并将其用作 KIB

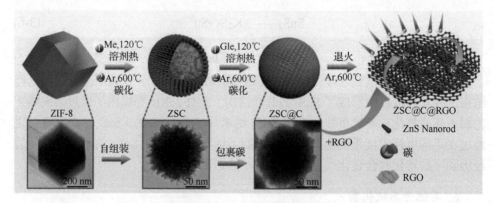

图 3-42　用于 K+储存的 ZSC@C@RGO 复合材料[125]

负极材料，如图 3-43 所示，其显示出显著的电化学性能，并优于过渡金属硫化物家族的其他材料[126]。类似地，Liu 等以 V 基 MOF(MIL-47as)为前体，在一维纳米管和超薄核壳上生长二维层，合理设计和制备了组装成分级纳米管的纳米片，构成独特的结构 V3S4@C[127]。由于层状 VS2 亚基和层间占据的 V 原子，这种独特的分级结构被赋予了很强的结构刚性。所得负极显示出独特的 K+储存机制和超长的循环寿命。此外，Guo 团队通过简单的空心碳模板诱导策略合成了覆盖空心碳球的若干层 V5S8 纳米片，即 V5S8@C 复合材料[128]。并将其用作 KIB 的负极，其中空心碳不仅作为模板防止颗粒聚集，而且诱导 VS4 颗粒的形成，然后在随后的退火处理中转化为超薄的少层 V5S8。由于该材料具有超薄纳米片结构、快速电荷转移动力学、钾化/去钾化时的可逆相变以及具备中空碳模板和 V5S8 之间的协同作用，这种中空碳模板化的 2D V5S8 纳米片可以被认为是高性能 KIB 的理想结构。电化学测试表明 V5S8@C 电极在 0.05 A·g⁻¹ 下表现出 645 mAh·g⁻¹ 的高比容量，甚至在 2 A·g⁻¹ 下经过 1000 次循环后表现出 190 mAh·g⁻¹ 优异的循环能力。

VO(acac)2　　半胱氨酸　　NMP　　VS2 NSA

图 3-43　用于 K+储存的 VS2 NSA[126]

NMP：N-甲基吡咯烷酮

令人感兴趣的是，通过集成掺杂杂原子的石墨烯，可以有效地调整其反应活性和电导性能。Chen 等开发了一种创新的水热共组装技术，该方法能够合成出均匀分布在多孔 S、N 共掺杂石墨烯结构中的 Sb2S3 纳米粒子，进而将其作为 KIB 的负极材料[129]。这一设计中，相互连接的石墨烯骨架不仅有效缓解了体积膨胀带来的挑战，还显著促进了电子和离子的传输效率，进而实现了在 $1\ \mathrm{A\cdot g^{-1}}$ 的高电流密度下保有 $340\ \mathrm{mAh\cdot g^{-1}}$ 的优异倍率能力和卓越的循环稳定性。

3.4.3 过渡金属硒化物

1. 钴基硒化物

一般来说，与金属氧化物和硫化物相比，金属硒化物具有相同的体积比容量，但后者具有更高的电导率，并已被常规应用于 LIB 和 SIB。同样，金属硒化物与金属硫化物具有相似的性质，因此作为 KIB 的负电极进行了广泛的研究。

尽管已经报道了具有不同纳米结构的硒化钴，并在 KIB 中表现出优异的性能，但仍有一些问题需要解决。Li 及其同事一致认为，$Co_{0.85}Se$ 与碳材料的结合可以抑制重复放电/充电过程中的体积变化，而且改善活性材料在碳基体上的分散性是构建坚固结构的关键技术，因此他们提出了一种一步水热硒化方法来合成包埋在介孔多面体碳基体中的硒化钴量子点[130]。量子点、碳基体和分级结构赋予 $Co_{0.85}Se$-QDs/C 超高的可逆比容量、优异的倍率性能和循环稳定性。

近年来，金属有机骨架(MOF)高温热解制备碳与硒化物作为电极材料的复合材料迎来了复兴。沸石咪唑骨架(ZIF-67)是一种典型的 MOF 材料，已被用作合成硒化钴的起始材料。Etogo 等提出了结构工程和 $Co_{0.85}Se$ 组成的同步结合，以显著优化 K^+ 储存性能[131]。该工作是采用 MOF 参与策略与静电纺丝技术相结合，成功地将 Co 基 MOF 前体锚定在聚丙烯腈(PAN)聚合物纤维中，然后进行的碳化和硒化过程，从而将 $Co_{0.85}Se$ 封装进碳纳米纤维内的纳米盒中(表示为 $Co_{0.85}Se$@CNF)，所得到的具有高质量负载 $Co_{0.85}Se$ 的混合柔性膜具有很大的结构优势，如图 3-44 所示。

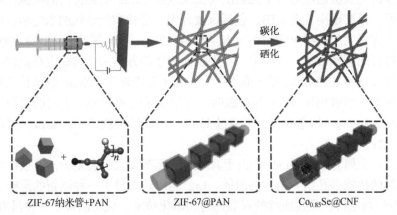

ZIF-67纳米管+PAN   ZIF-67@PAN $Co_{0.85}Se$@CNF

图 3-44　用于钾离子电池的 $Co_{0.85}Se$@CNF[131]

PAN：聚丙烯腈

此外，$Co_{0.85}Se@CNF$ 内部具有大孔隙空间的纳米空腔，可以促进 K^+ 的扩散并减轻 $Co_{0.85}Se$ 纳米颗粒的体积膨胀。此外，碳纳米纤维的引入不仅显著提升了电极的整体导电性能，还极大地增强了电极的结构稳定性，从而实现了出色的循环稳定性。在 $1\ A \cdot g^{-1}$ 的电流密度下，经过 400 次循环后，该电极仍能保持稳定的可逆比容量，可达到 $299\ mAh \cdot g^{-1}$。

除此之外，Jiang 的团队发现了一种创新的负极，其特征是超细 $CoSe_2$ 纳米晶体嵌入介孔碳纳米碗中($CoSe_2@MCNB$)[132]。该工作中涉及的 $CoSe_2@MCNB$ 是用迭代滴干法合成的，该复合物显示出良好的形态，并且碳碗的壳厚度仅为 20 nm。超细 $CoSe_2$ 纳米晶体成功集成到 MCNB 中，该纳米碗结构的碳载体既具有传统中空碳基复合材料的优点，包括丰富的离子储存位点和高电导率，又具有比传统中空介孔碳球(HMCS)结构更高的堆积密度，显著提高了所制备电极的体积能量密度。利用这些优势 $CoSe_2@MCNB$ 电极显示出卓越的循环稳定性，在 $0.5\ A \cdot g^{-1}$ 下循环 500 次后，可逆比容量达到 $523\ mAh \cdot g^{-1}$，在 $2.0\ A \cdot g^{-1}$ 下，速率比容量达到 $247\ mAh \cdot g^{-1}$。这项研究表明 $CoSe_2@MCNB$ 可作为下一代 KIB 的电极材料。

2. 锌基硒化物

事实上，ZnSe 被认为是一种有能力储存锂和钠的负极材料，因为其具备 2.7 eV 的窄带隙、较弱的键合能以及高电化学活性的特质[133]。但当该材料作为 KIB 的负极时，它们遇到了与 LIB 和 SIB 相似的挑战。这些挑战主要包括固有的低电子传导率和电化学反应过程中显著的体积膨胀，这会导致活性材料结构的崩溃和碎裂，进而加速比容量的快速衰减。

至今研究人员已经进行了无数次尝试来改善 ZnSe 电极材料的机械性能和电子导电性，以实现高性能 KIB，包括蛋黄外壳、蛋状和胶囊状纳米结构在内的中空结构来保持大的机械应变。在前人工作的启发下，Xu 等通过 ZIF-8 牺牲模板的同时进行热解和硒化，展示了一种创新而简单的方法来合成固定在氮掺杂空心多面体复合材料上的 ZnSe 纳米颗粒[134]。TEM 图像显示，ZnSe 纳米粒子被氮掺杂碳层修饰，当被用作 KIB 的负极时，它增加了碳和 ZnSe 之间的界面相互作用，并在 $0.1\ A \cdot g^{-1}$ 的电流密度下经过 1200 次循环后提供了 $133\ mAh \cdot g^{-1}$ 的优异循环稳定性。

最近，金属有机骨架(MOF)由于其明确的形态和大的表面积，已被广泛用作制备金属硒化物多孔纳米结构的前体。Liu 的团队报道了一种创新的策略，采用 ZIF-8 为起始原料，通过连续的高温热解和硒化技术，成功制备了一种具有 N 掺杂多孔碳结构的菱形十二面体复合材料，其中高度分散的 ZnSe 纳米颗粒被锚定其中[135]。经过优化处理的这种复合材料被用作 KIB 的负极材料，在倍率性能和长期循环稳定性方面均展现出了卓越的电化学性能。此外，该工作还进行了恒电流间歇滴定，以阐明放电/充电过程中 K^+ 的储存机制。在钾化过程中，ZnSe 转化为 K_2Se；相应地，K_2Se 在脱钾过程中转化为 ZnSe。

3. 钼基硒化物

$MoSe_2$ 作为过渡金属二硫族化合物家族的一员，由于其相邻层之间 0.65 nm 的大空间和 1.1 eV 的小带隙，在储能系统中的其他几种替代品中脱颖而出。特别是，由于具有三明治状层状结构，$MoSe_2$ 已被广泛研究为 LIB 和 SIB 的负极。然而，与许多其他金属硒化物类似，降低 K^+ 插入和提取的结构电阻是 $MoSe_2$ 在 KIB 中进一步应用的关键因素[136]。不幸的是，$MoSe_2$ 的低本征电导率导致反应动力学缓慢，并进一步对倍率性能构成巨大威胁；$MoSe_2$ 的另一个缺点是不可避免的体积变化，这导致在重复的电化学反应过程中的机械变形以及电极材料的粉碎。幸运的是，可以适当利用从先前研究中获得的经验来解决 KIB 的 $MoSe_2$ 基电极材料面临的这些障碍。

为了获得 KIB 的高可逆比容量和理想的循环性能，Zhang 等报道了将片状 $MoSe_2$ 封装在碳纤维($MoSe_2$/C)中的简单的静电纺丝和硒化路线[137]。受益于一维碳纳米纤维良好的结构稳定性和大层间距的 $MoSe_2$，所制备的电极保持了较高的结构完整性，并具备优异的 K^+ 的转移能力，最终在 $0.1\ A\cdot g^{-1}$ 下可获得 801 mAh·g^{-1} 的高放电比容量和经过 100 次循环后仍保持 316 mAh·g^{-1} 的良好的循环性能。根据 $MoSe_2$ 层间距为 0.85 nm 这一特点，Guo 等制造了一种新型的开心果壳状的 $MoSe_2$/C(PMC)纳米结构，并将其用作 KIB 的高级负极，如图 3-45[138]所示。PMC 电极在 $2\ A\cdot g^{-1}$ 显示出 224 mAh·g^{-1} 的可逆比容量，并且可以在 $1.0\ A\cdot g^{-1}$ 下循环超过 1000 次仍保持 226 mAh·g^{-1}，这表明由少量 $MoSe_2$ 纳米片组成的 PMC 有利于 K^+ 和电子的快速移动，并缓解了大体积膨胀。

令人惊讶的是，将 $MoSe_2$ 与新兴的 MXene 集成在一起，为开发更高效的 KIB 负极材料提供了巨大的前景。Zhang 团队合成了一种创新的负极材料，其中 2D 层状 $MoSe_2$ 被锚定在 Ti_3C_2 MXene 薄片上，并在此基础上进一步涂覆了一层由聚多巴胺衍生的碳层($MoSe_2$/MXene@C)，如图 3-46[139]所示。该材料得益于 MXene 和碳层保护的协同作用，具备高度稳定的活性 $MoSe_2$ 纳米颗粒以及分级结构中提高的电子传输的优势。因此应用在 KIB 时，在 $10.0\ A\cdot g^{-1}$ 的超高电流下表现出 183 mAh·g^{-1} 的高比容量，并且当切换到原来的电流时，比容量可以完全恢复。

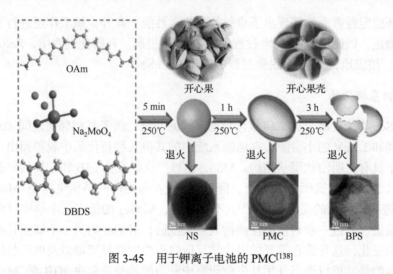

图 3-45　用于钾离子电池的 PMC[138]

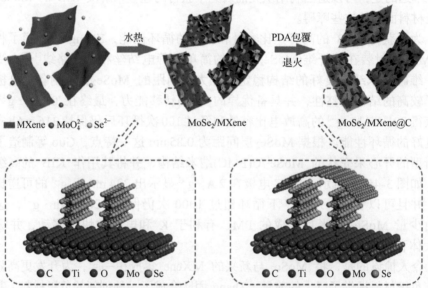

图 3-46　用于 K$^+$储存的 MoSe$_2$/MXene@C [139]

　　除此之外，Yu 等报道了一种新型的由 MoSe$_2$ 和 N 掺杂碳复合的杂化物，并用一种新的电解质测试了它作为 KIB 的负极的性能[140]。由碳涂层的 MoSe$_2$ 纳米片组成的 MoSe$_2$ 和 N 掺杂碳复合物显示出优异的倍率性能和长期循环稳定性。此外，通过非原位 XRD、非原位拉曼光谱和全荷电 HRTEM 技术研究了 K$^+$储存的反应机理。基于非原位 XRD 图谱和非原位拉曼光谱分析，初始放电过程的电化学反应可以用以下步骤来描述：

$$MoSe_2 + xK^+ + xe^- \longrightarrow K_xMoSe_2 \tag{3-8}$$

$$3K_xMoSe_2 + (10-3x)K^+ + (10-3x)e^- \longrightarrow 2K_5Se_3 + 3Mo \tag{3-9}$$

重要的是，当电池完全充电时，$MoSe_2$ 的典型峰再次出现，这与 K_xSe 向 $MoSe_2$ 转化反应有关。

4. 其他金属硒化物

到目前为止，其他金属硒化物，如 $FeSe_2$、$ReSe_2$、$NbSe_2$、$CuSe$、VSe_2、Sb_2Se_3 已经开始陆续地研究作为 KIB 的负极材料。

Ge 及其同事阐明，$FeSe_2$ 用作 KIB 负极材料所面临的障碍是高电位下的电解质分解和集流体腐蚀[141]。为了克服这些棘手的问题，他们采用了一种通用的溶剂热方法来制备碳涂层的 $FeSe_2$ 簇，其中 $FeSe_2$ 团簇被碳层牢固包裹，获得了稳定的碳保护结构[142]。此外，以 Mn-Fe 普鲁士蓝类似物为前体，通过随后的硒化过程和与 CNT 的进一步杂交，成功制备了双金属硒化物 $MnSe/FeSe_2$，构建了高导电网络，并实现了优异的倍率性能[143]。类似地，超薄薯片状的双金属 Fe-Mo 硒化物和 N 掺杂碳通过胶体方法合成了核/壳纳米结构的复合物，并测试其作为 KIB 的负极。所得到的电极在 $1\ A \cdot g^{-1}$ 的电流密度下循环 400 次后比容量损失可忽略不计，这表明具有扩展的层间距的新型结构有利于 K^+ 和电子的快速传输，并有利于缓冲剧烈的体积膨胀。

Liao 等通过静电纺丝和固相热处理制备了 $ReSe_2$ 和碳纳米纤维的复合材料[144]。当将其用作 KIB 的负极时便显出良好的性能，在 $0.5\ A \cdot g^{-1}$ 下经过 150 次循环后可获得 $212\ mAh \cdot g^{-1}$ 的优异 K^+ 储存性能。近年来，作为过渡金属硒化物之一的 $NbSe_2$ 薄片同样也被报道并探索作为 KIB 的电极材料。Wang 的研究团队通过采用一种简化的固态真空烧结工艺，成功制备了高纯度的层状 $NbSe_2$ 片。通过电化学测试，这些层状 $NbSe_2$ 片展现出了显著的 K^+ 储存能力[145]。与此同时，Zeng 的研究小组则通过精密的合成方法，成功构建了由数十个纳米片组装而成的具有独特晶柱状结构的立方相 $CuSe$。这一成果得益于在晶体相态调控和形态特征优化方面的跨学科研究，使得他们制备的材料不仅具备快速的 K^+ 储存能力，而且能够实现长期稳定的循环性能[146]。

类似地，具有不同价态的硒化钒由于其本质安全性和相对较高的理论比容量而在 KIB 中被报道。Guo 等首先通过简单的一锅胶体法合成了单晶金属石墨烯状 VSe_2 超薄纳米片，并将其用作 KIB 的负极材料[147]。研究证明，大尺寸超薄褶皱状纳米片提高了电子传导能力和 K^+ 的电导率，实现了在 $2\ A \cdot g^{-1}$ 的电流密度下获得 $169\ mAh \cdot g^{-1}$ 的高速率能力，以及在 500 个循环中每个循环具有 0.025% 的低容量衰减的高容量保持。Qian 等通过静电纺丝和硒化工艺制备了一种新型

VSe$_{1.5}$/CNF 复合材料，旨在整合锚定在 3D 导电网络上的 VSe$_{1.5}$ 纳米颗粒的结构优点，优化了 K$^+$和电子的扩散路径并减小了扩散势垒。因此，VSe$_{1.5}$/CNF 复合电极表现出出色的 K$^+$储存性能[148]。

　　具有高理论比容量的 Sb$_2$Se$_3$ 也被探索作为 KIB 的替代负极材料。研究者们通过深入研究，验证了自褶皱还原氧化石墨烯(RGO)片在 K$^+$储存领域中的独特应用。他们发现，这种自褶皱的 RGO 片能够有效地作为机械缓冲层，有效地释放机械应力，并显著减缓 Sb$_2$Se$_3$基负极材料在充放电过程中因体积膨胀而产生的负面影响，如图 3-47(a)[149]所示，通过水热反应和随后的硒化过程，Sb$_2$Se$_3$ 纳米粒子(<50 nm)原位包封到自褶皱 RGO 片中。石墨烯的高弹性可适应 Sb$_2$Se$_3$ 纳米颗粒在与 K$^+$的电化学反应过程中的体积膨胀，因此 Sb$_2$Se$_3$@RGO 在 100 mA · g^{-1} 的电流密度下获得了 391.4 mAh · g^{-1} 的高可逆比容量，并且在 500 mA · g^{-1} 的电流密度下经过 460 次循环后仍然可以得到 203.4 mAh · g^{-1} 的比容量。此外，该工作还进行了原位拉曼光谱分析，以揭示中空结构 Sb$_2$Se$_3$ 复合碳微管中 K$^+$储存行为；Sb$_2$Se$_3$ 的 K$^+$插入和提取过程可以如下提出：

$$Sb_2Se_3+12K^++12e^- \longrightarrow 3K_2Se+2K_3Sb \tag{3-10}$$

$$3K_2Se+2K_3Sb \longrightarrow Sb_2Se_3+12K^++12e^- \tag{3-11}$$

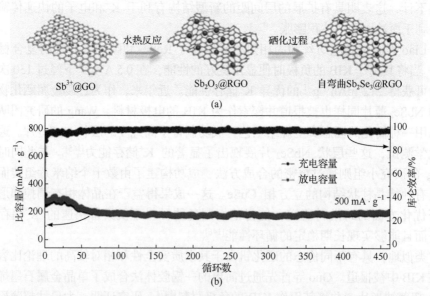

图 3-47　Sb$_2$Se$_3$@RGO 的制备示意图(a)和在 500mA · g^{-1} 时的循环性能(b)

　　该工作总结了纳米结构金属硫族化合物及其碳基杂化物的研究进展，重点介绍了金属氧化物、金属硫化物和金属硒化物在高性能 KIB 方面的研究进展。

　　虽然在过去几十年中几乎被放弃的对 KIB 的系统研究已经重新焕发活力，

但当前 KIB 创新的关键因素仍然是电极材料性能不理想。因此，在速率能力和循环性能方面取得革命性成就的基础上，寻找具有更高能量密度的合适电极材料非常重要。尽管 MC 具有诱人的前景，但它们是否可以直接应用于实际设备仍然受到质疑，这是在 MC 可以部署在商业应用之前需要解决的问题。例如，某些 MC 因其易于粉碎的特性和相对不稳定的性质，难以维持电极材料的结构完整性，进而导致了高昂的制造成本。此外，MC 在实际应用中面临的挑战还包括反应动力学迟缓以及因 MC 溶解而产生的穿梭效应，这些挑战共同导致了 MC 的初始库仑效率低下、可逆比容量表现不佳以及比容量迅速衰减的问题。

因此在这种情况下，必须制定有效的策略来提高 MC 的 K^+ 储存能力，例如：

(1) 纳米结构工程，通过构建有利的形态或结构(如二维纳米片耦合三维纳米立方体)，可以在多维环境中扩展，以减少应力损伤；

(2) 与碳质基质(如石墨烯、碳纳米管和碳纳米纤维)作为弹性基质杂交，保证了电化学反应时体积膨胀最小化，进一步提高了电导率，促进了电荷输运；

(3) 化学成分工程通过掺杂多种金属离子获得更稳定的结构和更高的电导率，这有利于 K^+ 在晶格内的快速扩散；

(4) 构建不同的异质结构，形成独特的界面效应，可有效提升 K^+ 转移，增强电化学反应动力学。

通过这些策略，可以有效地优化 MC 在 KIB 中的表现，成为真正有潜力的 KIB 负极材料。

3.5　有机负极材料

与前面的负极材料相比，有机电极材料具有几个优点：①有机物质是用大量环保的轻元素(如碳、氢，有时还含有氧、氮、硫和磷)制备的；②有机物具有能够利用设计来调节和修正有机材料的结构与性质；③有机材料的柔性可以允许大 K^+ 的容纳。然而，有机材料是把双刃剑，其缺点也是显而易见的。目前普遍存在的问题是：有机小分子在有机电解液中溶解度高、电导率低，从而造成了钾离子电池比容量衰减快、循环稳定性差等问题。值得注意的是，这些问题并没有中断 KIB 的进展。在该小节中，我们将用于 KIB 的有机电极材料分为四类展开讨论：有机小分子、高分子聚合物和基于有机骨架的材料[即金属有机骨架(MOF)和共价有机骨架(COF)]。此外，我们还讨论了各种材料的特性，并提供了有机材料在 KIB 中的潜在应用前景。

3.5.1　有机小分子

有机小分子主要涉及羰基化合物、偶氮化合物以及含有不同活性中心的化合物。羰基化合物中的 C=O 基团具有宽的操作温度范围、高比容量和快速的动力学性能，而偶氮化合物中的 N=N 单元因为活性位点也表现出优异的性质。具有 C=N 键的化合物具有平面共轭结构，显著稳定了电化学活性。其他含有两种或两种以上电活性反应机制的杂化有机化合物也成为目前许多研究的焦点。

1. 羰基化合物

羰基化合物在自然界中分布广泛，种类繁多，半个多世纪以来，羰基化合物一直被研究作为不同电池系统中的电极材料。其中，在钾离子电池中用作电极的羰基化合物包括醌、羧酸盐、酸酐和酰亚胺等，如图 3-48 所示。

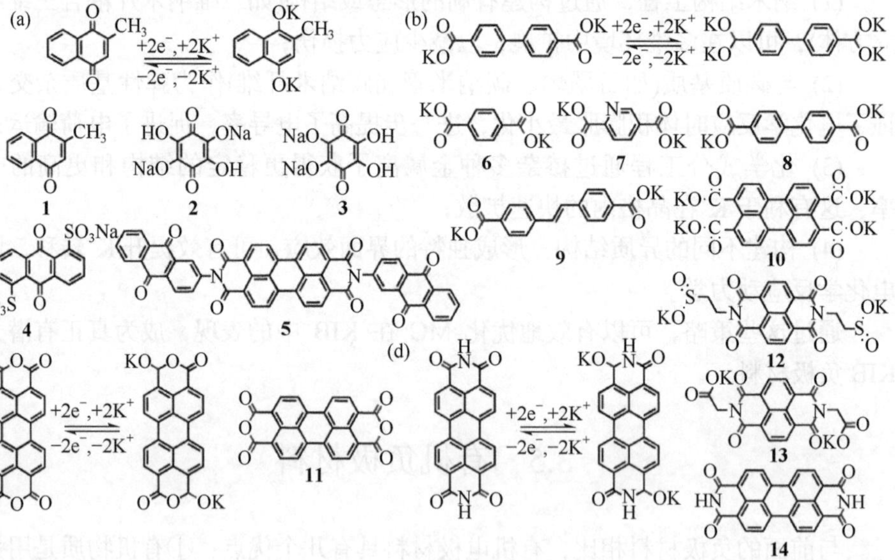

图 3-48　醌(1~5)(a)、羧酸盐(6~10)(b)、酸酐(11)(c)和酰亚胺(12~14)(d)的结构和工作机制

醌氧化还原反应的本质是—C=O 基团中的电子迁移，理论上不受反应体系的影响。事实上，它们的电化学活性已经在许多可充电电池中得到了证明，包括在 KIB 体系。Xue 及其团队使用复合维生素 K(也称为 VK)和石墨烯纳米管作为 KIB 的负极材料。在 100 mA·g^{-1} 的电流密度条件下，他们成功地获得了 300 mAh·g^{-1} 的起始比容量。经过 100 次的循环，容量的保持率达到了 74%，而库仑效率也接近 99%[150]。此外，利用密度泛函理论计算了 VK 分子的电子分布。在图 3-49 中，羰基周围的暗区表示较高的电子密度，对应于较高的反应性。尽管使用这种复合物的策略是减轻 VK 的溶解并提高电化学性能，但这种方法只能暂时解决溶解问题。因此，寻找解决这种溶解度问题的新方法是非常必要的。

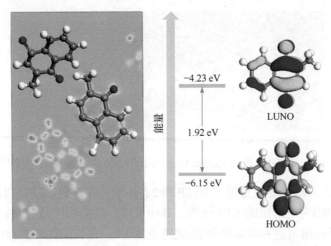

图 3-49　电子密度映射以及 VK 的 HOMO 和 LUMO 能量[150]

最近，许多研究人员证明，在醌中形成盐或引入盐来增加其分子极性是克服其缺点的有效策略。Lu 等通过简单的盐析过程成功地设计了四羟基醌的邻位二钠盐(o-$Na_2C_6H_2O_6$，2)，并发现该材料应用于 KIB 时有着良好的储钾性能，在 25 $mA \cdot g^{-1}$ 时显示出 168 $mAh \cdot g^{-1}$ 的比容量，并且在 5 $A \cdot g^{-1}$ 具有 27 $mAh \cdot g^{-1}$ 的可观的倍率性能[151]。类似地，对二钠-2,5-二羟基-1,4-苯醌(p-$Na_2C_6H_2O_6$)材料作 KIB 负极时，在 0.1 C 下具有 190 $mAh \cdot g^{-1}$ 的充电容量，而且在 20 C 下可保持 29 $mAh \cdot g^{-1}$ 的可以接受的倍率性能。

除了碳材料复合和盐碱化之外，还报道了醌材料中芳香族 p-共轭的扩展以提高其电极性能。Hu 等报道了[N,N'-双(2-蒽醌)]-苝-3,4,9,10-四羧二亚胺(PTCDI-DAQ)，这是 KIB 中报道的基于有机小分子的电极中一种很有前途的选择[152]。该化合物显示出 202 $mAh \cdot g^{-1}$ 的可逆比容量，并且在 3 $A \cdot g^{-1}$ 下经过 900 次循环后仅降低了 30%。即使 20 $A \cdot g^{-1}$ 的高电流密度下，也能保持 133 $mAh \cdot g^{-1}$ 的比容量。

羧酸盐在盐碱化后可以被认为是另一种电极材料，其储钾性能已被广泛探索。例如，对苯二甲酸钾(K_2TP)具有两个共轭羧酸酯基团，其已被用作 KIB 中的电极[153]。当其在 1,2-二甲氧基乙烷(DME)电解质中，在 1 $A \cdot g^{-1}$ 下进行 500 次循环后其容量保持率仍高达 94.6%，SEM 图像表明，电极没有显示出任何降解迹象，如图 3-50 所示。

这种优异的性能可能来自在活性碳酸酯基团中形成的强固体电解质界面 (SEI)膜、可变的层状分子结构和 DME 电解质。此外，在约 0.6 V 时可以避免 K 枝晶的形成，从而解决了安全问题。

图 3-50　K_2TP 电极在 1000 mA · g^{-1} 下循环 500 次后的 SEM 图像[153]

几乎同时，Deng 等还报道了 K_2TP 和 2,5-吡啶二甲酸钾(K_2PC)以乙烯(EC)/碳酸二甲酯(DMC)为电解质的 KIB 性能，其中 K_2TP 和 K_2PC 分别在约 0.5/0.7 V 和 0.6/0.8 V 时显示出可逆和稳定的钾化/脱钾电压[154]。在长期循环实验中，K_2TP 电池在 100 次循环后在 0.2 C 下获得了 181 mAh · g^{-1} 的比容量，而在相同条件下，基于 K_2PC 的电池仅具有 190 mAh · g^{-1} 的比容量，因为 K_2PC 中缺电子的吡啶环具有更强的电子亲和力。

Li 等扩大了羧酸盐作为 KIB 负极材料的用途，并制备了两种钾盐，分别是 1,1'联苯-4,4'-二羧酸钾(K_2BPDC)和 4,4'-E-二苯乙烯二羧酸钾(K_2SBDC)[155]。与报道的无机负极碳材料相比，两者都表现出双电子氧化还原机制，并具有更高的钾化电位(相对于 K^+/K 氧化还原电位高 0.3 V)，而且这两种材料在与少量石墨烯混合后在不同的电流密度下都显示出令人满意的比容量。2019 年，Wang 等还发现苝-3,4,9,10-四羧酸钾(K_4PTC)在 KIB 中显示出双电子氧化还原性能，因此比容量为 93 mAh · g^{-1}。重要的是，K_4PTC 和少量 CNT 的复合材料在 50 C 下经 500 次循环后保持了 100 mAh · g^{-1} 的稳定比容量[156]。

酸酐化合物是一种含有—CO—O—CO—官能团的化合物，通常会发生多电子反应，它也可以被视为 KIB 中有潜力的电极。但是，有关酸酐化合物的相关报道是相对较少的。在 2015 年，Chen 及其团队对 3,4,9,10-苝-四羧酸二酐(PTCDA)作为 KIB 正极的表现进行了研究，结果显示其比容量为 131 mAh · g^{-1}，并且在经过 200 次的循环后，其容量维持在 66.1%[157]。有趣的是，当 PTCDA 放电到 0.01 V(相对于 K/K^+)时，它可以储存大约 11 个 K^+。除此之外，Xing 等在 0.2～3.2 V 下测试了 PTCDA 的充放电性能，尽管获得了 560 mAh · g^{-1} 的高比容量(K_8PTCDA)，但不幸的是，实验结果证明了这是一个不可逆的过程，这归因于它们在有机电解质中的高溶解度。因此，Zhou 等利用 2D MXene 作电化学活性黏合剂，以制备用于高性能 PIB 的苝-3,4,9,10-四羧酸二酐(PTCDA)电极[158]。MXene 与 Super-P 颗粒结合，作为黏合剂和导电基质，促进离子和电子的快速传输，抑制 PTCDA 的溶解度，促进钾的吸附，缓解 PTCDA 在钾化过程中的体积膨胀。因此，由 MXene/Super-P 系统结合的 PTCDA 电极在 50 mA · g^{-1} 下具有

462 mAh·g⁻¹的高比容量，在 2000 mA·g⁻¹下具有 116.3 mAh·g⁻¹的优异倍率性能，在 3000 次循环中具有稳定的循环性能，每次循环的容量衰减率低至 0.0033%。

酰亚胺的一般结构为 R-C(O,S)-N(R)-C(O,S)-R，在 KIB 中也表现出优异的性能。2020 年，Blokhina 等研究了两种材料[分别命名为亚乙基磺酸(NDI1)和亚甲基羧酸(NDI2)]作为 KIB 的负极[159]。两者最初在 0.1 C 下的表面比容量为 86～96 mAh·g⁻¹，平均放电电位约为 2.2 V。Bai 等制备了 3,4,9,10-全四羧酸二亚胺(PTCDI)作为 KIB 的负极，并发现 PTCDI 电极在 500 mA·g⁻¹下可提供 310 mAh·g⁻¹的优异平均比容量[160]。而且，该工作还利用 DFT 计算揭示了放电/充电过程中的六电子储存机制，如图 3-51 所示。

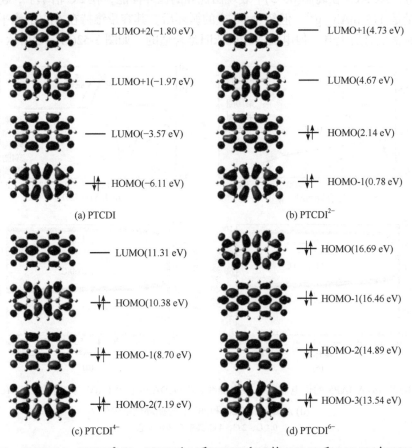

图 3-51　PTCDI(a)、PTCDI²⁻(b)、PTCDI⁴⁻(c)和 PTCDI⁶⁻(d)的 HOMO 和 LUMO(在 B3LYP/6-31G*水平上优化的结构)[160]

2. 氮化合物

偶氮化合物作为电极材料是基于N=N键的氧化还原反应，DFT计算和实验结果相结合证实了这一点。Zhu等报道了2,2-偶氮二(2-甲基丙腈)(AIBN)作为KIB的负极材料，并且在 10 mA·g^{-1} 下可贡献 200 mAh·g^{-1} 的比容量[161]。不幸的是，在循环过程中，比容量迅速下降。可能的原因是 K$^+$ 在电化学反应中占据了更多的空间，降低了转化的可逆性。

Liang等开发了偶氮苯-4,4'-二羧酸钾盐(ADAPS)作为KIB的负极[162]。在图3-52 中的恒电流充电/放电过程和循环伏安法(CV)测试中，1.5 V 处的稳定充电峰与1.46 V 和 1.55 V 处的两个相邻氧化峰重合。两个 K$^+$ 和一个偶氮基团之间存在多步反应。ADAPS 在高温(60℃)下表现出优异的循环性能，在 2 C 倍率下，初始的比容量是 113 mAh·g^{-1}，但经过 80 次的循环后，其容量维持在 81% 的水平。尽管电流密度有所上升，但电池的表现依旧是合适的，如图 3-52(c)、(d)所示。

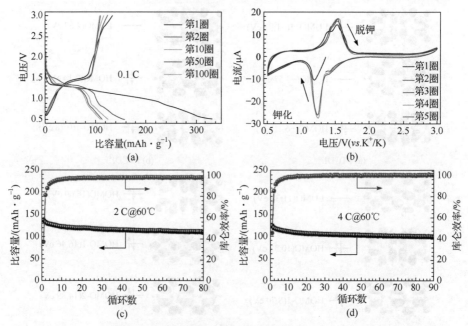

图3-52　(a) ADAPS 的恒电流充电/放电曲线；(b) ADAPS 在 0.1 mV·s^{-1} 时的 CV；(c)、
(d) ADAPS 在 2C 和 4C 下的循环性能[162]
0.1 C、2 C、4 C 其中 C 表示库仑

3. 含有不同活化中心的化合物

目前有两种类型的有机小分子功能材料的拓宽设计策略，其中一种是通过引入两个或多个活性官能团来提供更多的金属离子调节位点。例如，Slesarenko 等

试图使用理论比容量约为 665 mAh·g^{-1} 的八羟基四氮杂五苯(OHTAP)作为 KIB 的负极[163]。不幸的是，OHTAP 仅显示出 220 mAh·g^{-1} 的可逆比容量，未达到预期比容量值。这可能是由于阻止所有活性位点参与氧化还原反应的空间位阻效应。

在这种情况下，如何为 K$^+$ 设计更有利的嵌入/去嵌入材料值得未来探索。另一种类型对阴离子和阳离子都具有双重电化学活性。Kato 等探索了电子供体(p型)四氟和受体(n 型)二苯甲酮(Q-TTF-Q)的电化学性质，并通过能量色散 X 射线光谱法(EDX)进行了分析[164]。他们发现 Q-TTF-Q 可以容纳两个 PF$_6^-$ 和四个 K$^+$。有机材料的质量密度高达 531 mWh·g^{-1}，比传统的普鲁士蓝(Fe$_4$[Fe(CN)$_6$]$_3$)高出 6%。然而，如何保持材料比容量的稳定性需要进一步研究。

3.5.2 高分子聚合物

聚合物作为钾离子电池负极材料的应用相对有限，因此研究很少。Zhang 及其研究团队针对钾离子电池的负极材料进行了创新设计，开发出了一系列共轭聚合物材料。他们采用氧化聚合技术，成功制备了由纳米片构筑的 π-共轭聚丙烯纳米花结构，并将其应用于 KIB 系统。电池性能测试结果表明，这种共轭聚丙烯聚合物展现出了出色的电化学性能。具体而言，在 100 mA·g^{-1} 的电流密度下，经过 60 次循环后，材料仍维持稳定的可逆比容量达到 302 mAh·g^{-1}。即使在更高的电流密度 500 mA·g^{-1} 下，该材料也能实现高达 190 mAh·g^{-1} 的可逆比容量，表明其优异的倍率性能和循环稳定性[165]。除此之外，与未聚合单体相比，即使在 30 天后，与芘相比，聚丙烯在 KIB 的传统电解质中的溶解度也非常有限，如图 3-53 所示。

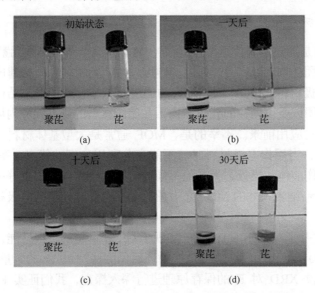

图 3-53 在不同时间间隔内分散在 KIB 电解质中的芘和聚吡咯的数字图像[165]

根据 DFT 计算，芘具有较小的 HOMO-LUMO 能隙，这意味着芘聚合后具有更高的电子电导率和更快的氧化还原动力学。因此，该共轭聚合物负极材料优异的电化学性能归因于 KIB 对传统电解质的溶解度有限、电子导电性增强和较大的 K+扩散系数($10^{-11}\sim10^{-9}$ cm$^2\cdot$s^{-1})。

不久之后，Zhang 等构建了聚苯并[1,2-b:4,5-b']二噻吩-4,8-二酮/还原氧化石墨烯(PBDTO/rGO)的复合结构，并将其作为 KIB 的负极[166]。PBDTO 作为一种具备同轴螺旋结构的共轭聚合物，其独特性质在引入 rGO 后得到了显著增强。rGO 的添加有效地降低了 PBDTO 在电解质中的溶解性，这一改进使得 PBDTO/rGO 复合材料展现出了高电导率、低溶解性以及出色的比容量特性。因此，PBDTO/rGO 显示出优异的 KIB 性能，在 100 mA·g^{-1} 的电流密度下可逆比容量为 395 mAh·g^{-1}，在 1 A·g^{-1} 的电流密度下经过 1000 次循环后比容量为 200 mAh·g^{-1}。他们的工作为 KIB 设计环保、高性能和可持续的聚合物电极材料提供了可靠的思路。

未取代共轭聚合物是一类具有大的重复平面单元和较差溶解度的聚合物。对于聚合物作为 KIB 电极的应用，有两个关键问题：有限的掺杂和死质量的增加。因此，如何设计新的聚合物来解决这些问题是一个紧迫的问题。

3.5.3　有机骨架材料

MOF 和 COF 具有大的比表面积、合适的离子通道和可设计的电化学性质的叠加优势，这也使高性能电池中应该有很大的应用。然而，迄今 MOF 和 COF 作为 KIB 电极材料的研究仍处于初级阶段。

1. 金属有机骨架

MOF 材料是通过金属位点(涵盖碱土金属、过渡金属及镧系元素等)与多样化的有机连接基团(如吡啶基、羧酸盐、咪唑、多胺等)相结合而构建的。作为一种前沿的多孔电极材料，MOF 因其巨大的比表面积、独特的形态结构、功能丰富的有机连接基团以及可调控的孔隙结构，在储能材料的研究领域内展现出了巨大的潜力和广阔的应用前景。不幸的是，MOF 通常是大型基体材料，并且稳定性和导电性较弱，当用作电极材料时，不能充分利用它们的优点。事实上，MOF 材料经常被用作前体和模板，与其他不同的材料复合，以获得更好的性能，直到最近几年，微米/纳米尺寸的 MOF 才被证明是具有优异性能的电极材料的有前途的候选者。

An 等首次基于 MIL-125(Ti)MOF 实现了 OKIB 卓越的负极性能，并发现所制造的电池在 200 mA·g^{-1}下经过 2000 次循环后仍能保持 90.2%的容量保持率[167]。通过使用非原位 XRD 对 K+的保存原理进行深入探究，我们证实 K+能够被允许逆向地嵌入其有机部分，而与 Ti 离子无关。

纳米结构的 K-MOF($[C_7H_3KNO_4]_n$)在 100 mA·g^{-1} 下 300 次循环的平均比容量为 115 mAh·g^{-1}，并保持了 92%的初始比容量。这种性能可能归因于 K-MOF 中 N-K 和 O-K 的调节，这使得它对 K^+的插入或提取非常有益。Deng 等报道了一种制造具有微孔的 Fe 基 MOF(MOF-235)的简单且低成本的方法，并原位合成 MOF-235 和多壁碳管(MCNT)的复合材料。MOF-235 和 MCNT 的复合材料在 200 mA·g^{-1} 的电流密度下经过 200 次循环后显示出 132 mAh·g^{-1} 的比容量[168]。在 2019 年，Su 及其团队研制出了一种创新的超薄碳膜@碳纳米棒@铋纳米颗粒(UCF@CNs@BiN)复合材料。在 100 mA·g^{-1} 的条件下，这种材料展现出了大约 425 mAh·g^{-1} 的卓越比容量。除了高可逆比容量外，其还展现出不俗的循环寿命，具体表现为当电流密度上升到 1 A·g^{-1} 的情况下，在之后的 700 次的循环中，每一次的衰减容量只有 0.036%。

除此之外，高温可充电电池对于高温情况下的能量储存至关重要，高温钾离子电池正引起越来越多的研究兴趣。然而，提高工作温度会加剧 KIB 负极的化学和机械不稳定性，导致容量衰减非常快。为了解决这一问题，Yang 和他的同事证明了由富氮芳香分子和 CuO_4 单元通过 π-d 共轭构建的多孔导电金属有机骨架可以提供多个可访问的氧化还原活性位点，并有望在高温下有效储存钾[169]。即使在 60℃下工作，这种 MOF 负极也可以提供高初始比容量(455 mAh·g^{-1})，并且具有令人印象深刻的倍率和非凡的循环性能(1600 次循环的容量保持率为 96.7%)，这比报道的高温 KIB 负极要好得多。机理研究表明，C/N 基团和 CuO_4 单元贡献了丰富的氧化还原活性位点；π-d 共轭特性和网状多孔结构的协同效应促进了 K^+/e^-的传输，并确保了体积变形小的不溶性电极，从而实现了稳定的高比容量钾储存。

2. 共价有机骨架

从 2005 年开始，COF 的创新研究成果为创新、稳固、有组织、可调整的多孔结构材料以及框架功能提供了新视角。COF 能够为高态电荷载流子的传输提供多样的通道，这些通道包括电子、多孔结构和离子通道，以及键合结构、堆叠之间的 p 电子云和拥有变化的化学背景的开放性通道。出于上述因素，COF 在能量的储存和转换方面已广泛被采纳。

Li 等证明了两种同源的共价三嗪框架(CTF、CTF-0 和 CTF-1)作为 KIB 的负极，并比较了它们的性能。该团队发现孔径稍小的 CTF-0 比 CTF-1 具有更好的 K^+储存比容量[170]。此外，分子模拟揭示了作用机制，其中 CTF-0 中的去离子过程是放热的，而 CTF-1 是吸热的。

2019 年，Chen 等发现 K^+和 π-共轭类石墨烯 2D COF 之间也存在 π-K^+相互作用[171]。在他们的研究中，他们证明了在 CNT 的表面上调控生长的几层 COF-10

的复合材料(COF-10@CNT)具有 π-K$^+$相互作用，将其作为 OKIB 中的负极，并发现在层中增强的 π-π 堆叠增加了活性位点的数量，缩短了离子/电子的扩散距离，并加强了 K$^+$的插入/提取动力学。同时，COF-10@CNT 的层状孔隙结构促进了 K$^+$的传输，为减弱钾化/脱钾过程中的体积变化提供了充足的空间。COF-10@CNT 的钾储存机制通过 X 射线光电子能谱(XPS)和拉曼光谱进行了研究。该复合材料在 100 mA·g^{-1}下经过 500 次循环后表现出 288 mAh·g^{-1} 的优异储钾性能，在 1 A·g^{-1}下循环 4000 次后显示出 161 mAh·g^{-1} 的长期循环寿命。

参 考 文 献

[1] Wang J, Fan L, Liu Z, et al. *In situ* alloying strategy for exceptional potassium ion batteries [J]. ACS Nano, 2019, 13(3): 3703-3713.

[2] Zhou H, Ci Y, Liu C. Progress in studies of the electrode materials for Li-ion batteries [J]. Progress in Chemistry, 1998, 10(1): 85.

[3] Xing Z, Qi Y, Jian Z, et al. Polynanocrystalline graphite: a new carbon anode with superior cycling performance for K-ion batteries [J]. ACS Applied Materials & Interfaces, 2017, 9(5): 4343-4351.

[4] 汪征东, 肖高. 钾离子电池负极材料的研发进展 [J]. 电池, 2020, 50(4): 3393-3397.

[5] Li L, Zhang W, Wang X, et al. Hollow carbon-templated few-layered V_5S_8 nanosheets enabling ultra-fast potassium storage and long-term cycling [J]. ACS Nano, 2019, 13(7): 7939-7948.

[6] Nixon D, Parry G. Formation and structure of the potassium graphites [J]. Journal of Physics D: Applied Physics, 1968, 1(3): 303.

[7] Jian Z, Luo W, Ji X. Carbon electrodes for K-ion batteries [J]. Journal of the American Chemical Society, 2015, 137(36): 11566-11569.

[8] Luo W, Wan J, Ozdemir B, et al. Potassium ion batteries with graphitic materials [J]. Nano Letters, 2015, 15(11): 7671-7677.

[9] Liu J, Ting Y, Tian B, et al. Staging: unraveling the potassium storage mechanism in graphite foam [J]. Advanced Energy Materials, 2019, 9(22): 1900579.

[10] An Y, Fei H, Zeng G, et al. Commercial expanded graphite as a low-cost, long-cycling life anode for potassium-ion batteries with conventional carbonate electrolyte [J]. Journal of Power Sources, 2018, 378: 66-72.

[11] Rahman M M, Hou C, Mateti S, et al. Documenting capacity and cyclic stability enhancements in synthetic graphite potassium-ion battery anode material modified by low-energy liquid phase ball milling [J]. Journal of Power Sources, 2020, 476: 228733.

[12] Zhao J, Zou X, Zhu Y, et al. Electrochemical intercalation of potassium into graphite [J]. Advanced Functional Materials, 2016, 26(44): 8103-8110.

[13] 雷宇, 韩达, 秦磊, 等. 钾离子电池中碳负极材料的研究进展 [J]. 新型炭材料, 2019, 34(6): 499-511.

[14] Adams R A, Varma A, Pol V G. Carbon anodes for nonaqueous alkali metal-ion batteries and their thermal safety aspects [J]. Advanced Energy Materials, 2019, 9(35): 1900550.

[15] Chen D, Zhang W, Luo K, et al. Hard carbon for sodium storage: mechanism and optimization

strategies toward commercialization [J]. Energy & Environmental Science, 2021, 14(4): 2244-2262.

[16] Dou X, Hasa I, Saurel D, et al. Hard carbons for sodium-ion batteries: structure, analysis, sustainability, and electrochemistry [J]. Materials Today, 2019, 23: 87-104.

[17] Zhang J, Han J, Yun Q, et al. What is the right carbon for practical anode in alkali metal ion batteries? [J]. Small Science, 2021, 1(3): 2000063.

[18] Xiao B, Rojo T, Li X. Hard carbon as sodium‐ion battery anodes: progress and challenges [J]. Chemistry Sustainability Energy Materials, 2019, 12(1): 133-144.

[19] Zhao L, Hu Z, Lai W, et al. Hard carbon anodes: fundamental understanding and commercial perspectives for Na-ion batteries beyond Li-ion and K-ion counterparts [J]. Advanced Energy Materials, 2021, 11(1): 2002704.

[20] Qiu S, Xiao L, Sushko M L, et al. Manipulating adsorption-insertion mechanisms in nanostructured carbon materials for high-efficiency sodium ion storage [J]. Advanced Energy Materials, 2017, 7(17): 1700403.

[21] Bommier C, Surta T W, Dolgos M, et al. New mechanistic insights on Na-ion storage in nongraphitizable carbon [J]. Nano Letters, 2015, 15(9): 5888-5892.

[22] Yu Z, Chen C, Liu Q, et al. Discovering the pore-filling of potassium ions in hard carbon anodes: revisit the low-voltage region [J]. Energy Storage Materials, 2023, 60: 102805.

[23] Zhu T, Mai B, Hu P, et al. Bagasse-derived hard carbon anode with an adsorption-intercalation mechanism for high-rate potassium storage [J]. ACS Applied Energy Materials, 2023, 6(4): 2370-2377.

[24] Cui R, Xu B, Dong H, et al. N/O dual-doped environment-friendly hard carbon as advanced anode for potassium-ion batteries [J]. Advanced Science, 2020, 7(5): 1902547.

[25] Chen M, Wang W, Liang X, et al. Sulfur/oxygen codoped porous hard carbon microspheres for high-performance potassium-ion batteries [J]. Advanced Energy Materials, 2018, 8(19): 1800171.

[26] Yang J, Ju Z, Jiang Y, et al. Enhanced capacity and rate capability of nitrogen/oxygen dual-doped hard carbon in capacitive potassium-ion storage [J]. Advanced Materials, 2018, 30(4): 1700104.

[27] Wu Y, Zhao H, Wu Z, et al. Rational design of carbon materials as anodes for potassium-ion batteries[J]. Energy Storage Materials. 2021, 34: 483-507.

[28] Lu Y, Zhao C, Qi X, et al. Pre-oxidation‐tuned microstructures of carbon anodes derived from pitch for enhancing Na storage performance [J]. Advanced Energy Materials, 2018, 8(27): 1800108.

[29] Qi X, Huang K, Wu X, et al. Novel fabrication of N-doped hierarchically porous carbon with exceptional potassium storage properties [J]. Carbon, 2018, 131: 79-85.

[30] Zhang W, Mao J, Li S, et al. Phosphorus-based alloy materials for advanced potassium-ion battery anode [J]. Journal of the American Chemical Society, 2017, 139(9): 3316-3319.

[31] Bai J, Xi B, Mao H, et al. One‐step construction of N, P-codoped porous carbon sheets/CoP hybrids with enhanced lithium and potassium storage [J]. Advanced Materials, 2018, 30(35): 1802310.

[32] Shen Y, Huang C, Li Y, et al. Enhanced sodium and potassium ions storage of soft carbon by a

S/O co-doped strategy [J]. Electrochimica Acta, 2021, 367: 137526.

[33] Liu C, Xiao N, Li H, et al. Nitrogen-doped soft carbon frameworks built of well-interconnected nanocapsules enabling a superior potassium-ion batteries anode [J]. Chenical Engineering Journal, 2020, 382: 121759.

[34] Geng X, Guo Y, Li D, et al. Interlayer catalytic exfoliation realizing scalable production of large-size pristine few-layer graphene [J]. Scientific Reports, 2013, 3(1): 1134.

[35] Zhu Y, Murali S, Stoller M D, et al. Carbon-based supercapacitors produced by activation of graphene [J]. Science, 2011, 332(6037): 1537-1541.

[36] Luo W, Wan J, Ozdemir B, et al. Potassium ion batteries with graphitic materials [J]. Nano Letters, 2015, 15(11): 7671-7677.

[37] Share K, Cohn A P, Carter R E, et al. Mechanism of potassium ion intercalation staging in few layered graphene from *in situ* Raman spectroscopy [J]. Nanoscale, 2016, 8(36): 16435-16439.

[38] Liu X, Chu J H, Wang Z X, et al. Design and optimization of carbon materials as anodes for advanced potassium-ion storage [J]. Rare Metals, 2024: 1-33.

[39] Ju Z, Zhang S, Xing Z, et al. Direct synthesis of few-layer F-doped graphene foam and its lithium/potassium storage properties [J]. ACS Applied Materials & Interfaces, 2016, 8(32): 20682-20690.

[40] Ma G, Huang K, Ma J, et al. Phosphorus and oxygen dual-doped graphene as superior anode material for room-temperature potassium-ion batteries [J]. Journal of Materials Chemistry A, 2017, 5(17): 7854-7861.

[41] Hu M, Song J, Fan H, et al. Pseudocapacitance-rich carbon nanospheres with graphene protective shield achieving favorable capacity-cyclability combinations of K-ion storage [J]. Chemical Engineering Journal, 2023, 451: 138452.

[42] Yi Y, Li J, Zhao W, et al. Temperature-mediated engineering of graphdiyne framework enabling high-performance potassium storage [J]. Advanced Functional Materials, 2020, 30(31): 2003039.

[43] Li J, Yi Y, Zuo X, et al. Graphdiyne/graphene/graphdiyne sandwiched carbonaceous anode for potassium-ion batteries [J]. ACS Nano, 2022, 16(2): 3163-3172.

[44] Wang Y, Wang Z, Chen Y, et al. Hyperporous sponge interconnected by hierarchical carbon nanotubes as a high-performance potassium-ion battery anode [J]. Advanced Materials, 2018, 30(32): 1802074.

[45] Lim J B, Na J H, Kim H J, et al. Electrospun MOF-derived N-doped mesoporous carbon fibers embedded with ultrafine vanadium oxide as an ultralong cycling stability for potassium ion storage [J]. Journal of Alloys and Compounds, 2024, 1002(15): 175507.

[46] Li W, Gao N, Cheng S, et al. Electrochemical performance of sandwich-like structured TiO_2/graphene composite as anode for potassium-ion batteries [J]. International Journal of Electrochemical Science, 2022, 17(12): 221-222.

[47] Li H, Chen J, Zhang L, et al. A metal-organic framework-derived pseudocapacitive titanium oxide/carbon core/shell heterostructure for high performance potassium ion hybrid capacitors [J]. Journal of Materials Chemistry A, 2020, 8(32): 16302-16311.

[48] Lee G, Park B, Nazarian Samani M, et al. Magnéli phase yitanium oxide as a novel anode material

for potassium-ion batteries [J]. ACS Omega, 2019, 4(3): 5304-5309.

[49] Guo S, Yi J, Sun Y, et al. Recent advances in titanium-based electrode materials for stationary sodium-ion batteries [J]. Energy & Environmental Science, 2016, 9(10): 2978-3006.

[50] Dong Y, Wu Z, Zheng S, et al. Ti_3C_2 MXene-derived sodium/potassium titanate nanoribbons for high-performance sodium/potassium ion batteries with enhanced capacities [J]. ACS Nano 2017, 11(5): 4792-4800.

[51] Han J, Xu M, Niu Y, et al. Exploration of $K_2Ti_8O_{17}$ as an anode material for potassium-ion batteries [J]. Chemical Communications, 2016, 52(75): 11274-11276.

[52] Xu S M, Ding Y C, Liu X, et al. Boosting potassium storage capacity based on stress-induced size-dependent solid-solution behavior [J]. Advanced Energy Materials, 2018, 8(32): 1802175.

[53] Dong S, Li Z, Xing Z, et al. Novel potassium-ion hybrid capacitor based on an anode of $K_2Ti_6O_{13}$ microscaffolds [J]. ACS Applied Materials & Interfaces, 2018, 10(18): 15542-15547.

[54] 孙艳茹, 彭祥倩, 朱明英, 等. 钛基聚阴离子型离子电池电极材料的研究进展[J]. 山东轻工业学院学报(自然科学版), 2015, 29(3): 7-13.

[55] Han J, Niu Y, Bao S J, et al. Nanocubic $KTi_2(PO_4)_3$ electrodes for potassium-ion batteries [J]. Chemical Communications, 2016, 52(78): 11661-11664.

[56] Yang J, Dai J, Su D, et al. NASICON-type V-doped $Ca_{0.5}Ti_2(PO_4)_3/C$ nanofibers for fast and stable potassium storage [J]. Applied Surface Science, 2023, 608: 154934.

[57] Yang J, Liu S, Luo Q, et al. Nanosheets assembled $Ca_{0.5}Ti_2(PO_4)_3$ submicron cubes embedded in carbon nanofibers as excellent anode for potassium-ion batteries [J]. Journal of Energy Storage, 2024, 97: 112899.

[58] 刘纳, 王雅婷, 修石健, 等. MXene 基复合材料的制备及其在钠、钾离子电池中的应用 [J]. 复合材料学报, 2023, 42:1-14.

[59] Lian P, Dong Y, Wu Z S, et al. Alkalized Ti_3C_2 MXene nanoribbons with expanded interlayer spacing for high-capacity sodium and potassium ion batteries [J]. Nano Energy, 2017, 40: 1-8.

[60] Feng Y, Wu K, Wu S, et al. Carbon quantum dots-derived carbon nanosphere coating on Ti_3C_2 mxene as a superior anode for high-performance potassium-ion batteries [J]. ACS Applied Materials & Interfaces, 2023, 15(2): 3077-3088.

[61] Feng Y, Wu K, Wu S, et al. Synthesis of sandwich-like structured carbon spheres@mxene as anode for high-performance potassium-ion batteries [J]. Applied Surface Science, 2023, 628: 157342.

[62] Ma Z, Li Q, Pang H, et al. $Ti_3C_2T_x$@$K_2Ti_4O_9$ composite materials by controlled oxidation and alkalization strategy for potassium ion batteries [J]. Ceramics International, 2022, 48(11): 16418-16424.

[63] Tao M, Du G, Zhang Y, et al. TiO_xN_y nanoparticles/C composites derived from mxene as anode material for potassium-ion batteries [J]. Chemical Engineering Journal, 2019, 369: 828-833.

[64] Fang Y, Hu R, Liu B, et al. MXene-derived TiO_2/reduced graphene oxide composite with an enhanced capacitive capacity for Li-ion and K-ion batteries [J]. Journal of Materials Chemistry A, 2019, 7(10): 5363-5372.

[65] Lee S, Jung S C, Han Y K. First-principles molecular dynamics study on ultrafast potassium ion

transport in silicon anode [J]. Journal of Power Sources, 2019, 415: 119-125.

[66] Loaiza L C, Monconduit L, Seznec V. Siloxene: a potential layered silicon intercalation anode for Na, Li and K ion batteries [J]. Journal of Power Sources, 2019, 417: 99-107.

[67] 徐汝辉, 姚耀春, 梁风. 磷基负极材料在金属离子电池中的现状与趋势 [J]. 化工进展, 2019, 38(9): 4142-4154.

[68] Wu Y, Hu S, Xu R, et al. Boosting potassium-ion battery performance by encapsulating red phosphorus in free-standing nitrogen-doped porous hollow carbon nanofibers [J]. Nano Letters, 2019, 19(2): 1351-1358.

[69] Li W, Chou S, Wang J, et al. Simply mixed commercial red phosphorus and carbon nanotube composite with exceptionally reversible sodium-ion storage [J]. Nano Letters, 2013, 13(11): 5480-5484.

[70] Sun J, Lee H, Pasta M, et al. Carbothermic reduction synthesis of red phosphorus-filled 3D carbon material as a high-capacity anode for sodium ion batteries [J]. Energy Storage Materials, 2016, 4: 130-136.

[71] Chang W C, Wu J H, Chen K T, et al. Red phosphorus potassium-ion battery anodes [J]. Advanced Science, 2019, 6(9): 1801354.

[72] Wu X, Zhao W, Wang H, et al. Enhanced capacity of chemically bonded phosphorus/carbon composite as an anode material for potassium-ion batteries [J]. Journal of Power Sources, 2018, 378: 460-467.

[73] Xiong P, Bai P, Tu S, et al. Red phosphorus nanoparticle@3D interconnected carbon nanosheet framework composite for potassium‐ion battery anodes [J]. Small, 2018, 14(33): 1802140.

[74] Wang F, Yang T, Feng W, et al. Homogeneous adsorption of multiple potassiation products of red phosphorus anode toward stable potassium storage [J]. ACS Nano, 2024, 18(26): 17197-17208.

[75] 常立民, 候美琪, 聂平, 等. 锂/钾离子电池锑铋基负极材料研究进展 [J]. 吉林师范大学学报(自然科学版), 2023, 44(3): 1-10.

[76] Sultana I, Ramireddy T, Rahman M M, et al. Tin-based composite anodes for potassium-ion batteries [J]. Chemical Communications, 2016, 52(59): 9279-9282.

[77] Ramireddy T, Kali R, Jangid M K, et al. Insights into electrochemical behavior, phase evolution and stability of Sn upon K-alloying/de-alloying via in situ studies [J]. Journal of the Electrochemical Society, 2017, 164(12): A2360.

[78] Huang K, Xing Z, Wang L, et al. Direct synthesis of 3D hierarchically porous carbon/Sn composites via in situ generated NaCl crystals as templates for potassium-ion batteries anode [J]. Journal of Materials Chemistry A, 2018, 6(2): 434-442.

[79] Wang H, Xing Z, Hu Z, et al. Sn-based submicron-particles encapsulated in porous reduced graphene oxide network: advanced anodes for high-rate and long life potassium-ion batteries [J]. Applied Materials Today, 2019, 15: 58-66.

[80] Li C, Bi A T, Chen H L, et al. Rational design of porous Sn nanospheres/N-doped carbon nanofibers as an ultra-stable potassium-ion battery anode material [J]. Journal of Materials Chemistry A, 2021, 9(9): 5740-5750.

[81] Pham X M, Abdul Ahad S, Patil N N, et al. Binder-free anodes for potassium-ion batteries

comprising antimony nanoparticles on carbon nanotubes obtained using electrophoretic deposition [J]. ACS Applied Materials & Interfaces, 2024, 16(27): 34809-34818.

[82] Ge X, Liu S, Qiao M, et al. Enabling superior electrochemical properties for highly efficient potassium storage by impregnating ultrafine Sb nanocrystals within nanochannel－containing carbon nanofibers [J]. Angewandte Chemie International Edition, 2019, 58(41): 14578-14583.

[83] He X, Liu Z, Liao J, et al. A three-dimensional macroporous antimony@ carbon composite as a high-performance anode material for potassium-ion batteries [J]. Journal of Materials Chemistry A, 2019, 7(16): 9629-9637.

[84] Wang T, Shen D, Liu H, et al. A Sb_2S_3 nanoflower/Mxene composite as an anode for potassium-ion batteries [J]. ACS Applied Materials & Interfaces, 2020, 12(52): 57907-15795.

[85] Lei K, Wang C, Liu L, et al. A porous network of bismuth used as the anode material for high-energy-density potassium-ion batteries [J]. Angewandte Chemie, 2018, (17): 4777-4778.

[86] Wang B, Shi L, Zhou Y, et al. 3D dense encapsulated architecture of 2D Bi nanosheets enabling potassium-ion storage with superior volumetric and areal capacities [J]. Small, 2024, 20(27): 2310736.

[87] Zhang Q, Mao J, Pang W K, et al. Boosting the potassium storage performance of alloy-based anode materials via electrolyte salt chemistry [J]. Advanced Energy Materials, 2018, 8(15): 1703288.

[88] Su S, Liu Q, Wang J, et al. Control of SEI formation for stable potassium-ion battery anodes by Bi-MOF-derived nanocomposites [J]. ACS Applied Materials & Interfaces, 2019, 11(25): 22474-22480.

[89] Cui R, Zhou H, Li J, et al. Ball-cactus-like Bi embedded in N-riched carbon nanonetworks enables the best potassium storage performance [J]. Advanced Functional Materials, 2021, 31(33): 2103067.

[90] Xiong P, Wu J, Zhou M, et al. Bismuth-antimony alloy nanoparticle@porous carbon nanosheet composite anode for high-performance potassium-ion batteries [J]. ACS Nano, 2019, 14(1): 1018-1026.

[91] Chen K, Tuan H. Bi-Sb nanocrystals embedded in phosphorus as high-performance potassium ion battery electrodes [J]. ACS Nano, 2020, 14(9): 11648-11661.

[92] Qin M, Zhang Z, Zhao Y, et al. Optimization of von mises stress distribution in mesoporous α-Fe_2O_3/C hollow bowls synergistically boosts gravimetric/volumetric capacity and high-rate stability in alkali-ion batteries [J]. Advanced Functional Materials, 2019, 29(34): 1902822.

[93] Li K, Fan C, Xu H, et al. Fe_2O_3 nanoparticles anchored on N-doped pinecone-based porous carbon as potential anode for potassium-ion battery[J]. Journal of Physics and Chemistry of Solids, 2024, 192: 112091.

[94] Cao W, Wang W, Shi H, et al. Hierarchical three-dimensional flower-like Co_3O_4 architectures with a mesocrystal structure as high capacity anode materials for long-lived lithium-ion batteries [J]. Nano Research, 2018, 11: 1437-1446.

[95] Jiang H, An Y, Tian Y, et al. Scalable and controlled synthesis of 2D nanoporous Co_3O_4 from bulk alloy for potassium ion batteries [J]. Materials Technology, 2020, 35(9-10): 594-599.

[96] Sultana I, Rahman M M, Mateti S, et al. K-ion and Na-ion storage performances of Co_3O_4-Fe_2O_3 nanoparticle-decorated super P carbon black prepared by a ball milling process [J]. Nanoscale, 2017, 9(10): 3646-3654.

[97] Adekoya D, Chen H, Hoh H Y, et al. Hierarchical Co_3O_4@N-doped carbon composite as an advanced anode material for ultrastable potassium storage [J]. ACS Nano, 2020, 14(4): 5027-5035.

[98] Hao Q, Cui G, Zhang Y, et al. Novel $MoSe_2$/MoO_2 heterostructure as an effective sulfur host for high-performance lithium/sulfur batteries [J]. Chemical Engineering Journal, 2020, 381: 122672.

[99] Bao S, Luo S, Yan S, et al. Nano-sized MoO_2 spheres interspersed three-dimensional porous carbon composite as advanced anode for reversible sodium/potassium ion storage [J]. Electrochimica Acta, 2019, 307: 293-301.

[100] Liu X, Mei P, Dou Y, et al. Heteroarchitecturing a novel three-dimensional hierarchical MoO_2/MoS_2/carbon electrode material for high-energy and long-life lithium storage [J]. Journal of Materials Chemistry A, 2021, 9(22): 13001-13007.

[101] Jin T, Li H, Li Y, et al. Intercalation pseudocapacitance in flexible and self-standing V_2O_3 porous nanofibers for high-rate and ultra-stable K-ion storage [J]. Nano Energy, 2018, 50: 462-467.

[102] Liu L, Zhang Y, Wang Y, et al. Development of V_2O_3 nanostructures for alkali metal ion batteries: a novel approach through mild metal vapor reduction and interface engineering[J]. ACS Omega, 2024, 9(31): 33815-33825.

[103] Xing L, Yu Q, Bao Y, et al. Strong (001) facet-induced growth of multi-hierarchical tremella-like Sn-doped V_2O_5 for high-performance potassium-ion batteries [J]. Journal of Materials Chemistry A, 2019, 7(45): 25993-26001.

[104] Cao K, Liu H, Li W, et al. CuO nanoplates for high-performance potassium-ion batteries [J]. Small, 2019, 15(36): 1901775.

[105] Wang Z, Dong K, Wang D, et al. Ultrafine SnO_2 nanoparticles encapsulated in 3D porous carbon as a high-performance anode material for potassium-ion batteries [J]. Journal of Power Sources, 2019, 441: 227191.

[106] Zhao Z, Hu Z, Jiao R, et al. Tailoring multi-layer architectured FeS_2@C hybrids for superior sodium, potassium and aluminum-ion storage [J]. Energy Storage Materials, 2019, 22: 228-234.

[107] Chen C, Yang Y, Tang X, et al. Graphene-encapsulated FeS_2 in carbon fibers as high reversible anodes for Na^+/K^+ batteries in a wide temperature range [J]. Small, 2019, 15(10): 1804740.

[108] Xie J, Zhu Y, Zhuang N, et al. Rational design of metal organic framework-derived FeS_2 hollow nanocages@ reduced graphene oxide for K-ion storage [J]. Nanoscale, 2018, 10(36): 17092-17098.

[109] Miao W, Zhang Y, Li H, et al. ZIF-8/ZIF-67-derived 3D amorphous carbon-encapsulated CoS/NCNTs supported on CoS-coated carbon nanofibers as an advanced potassium-ion battery anode [J]. Journal of Materials Chemistry A, 2019, 7(10): 5504-5512.

[110] Liu Y, Liu X, Liu Z. Encapsulation of CoS_2 nanoparticles in bamboo-like carbon nanotubes as advanced potassium-ion batteries anodes [J]. Journal of Alloys and Compounds, 2024, 978: 173444.

[111] Gao H, Zhou T, Zheng Y, et al. CoS quantum dot nanoclusters for high-energy potassium-ion batteries [J]. Advanced Functional Materials, 2017, 27(43): 1702634.

[112] Yang L, Hong W, Zhang Y, et al. Hierarchical NiS_2 modified with bifunctional carbon for enhanced potassium-ion storage [J]. Advanced Functional Materials, 2019, 29(50): 1903454.

[113] Yao Q, Zhang J, Li J, et al. Yolk-shell NiS_x@C nanosheets as K-ion battery anodes with high rate capability and ultralong cycle life [J]. Journal of Materials Chemistry A, 2019, 7(32): 18932-18939.

[114] 王晗. 二维 MoS_2 基电极材料的制备及储钾性能研究 [D]. 西安: 西安工业大学, 2023.

[115] Jia B, Zhao Y, Qin M, et al. Multirole organic-induced scalable synthesis of a mesoporous MoS_2-monolayer/carbon composite for high-performance lithium and potassium storage [J]. Journal of Materials Chemistry A, 2018, 6(24): 11147-11153.

[116] Jia B, Yu Q, Zhao Y, et al. Bamboo-like hollow tubes with MoS_2/N-doped C interfaces boost potassium-ion storage [J]. Advanced Functional Materials, 2018, 28(40): 1803409.

[117] Cui Y P, Liu W, Feng W T, et al. Controlled design of well-dispersed ultrathin MoS_2 nanosheets inside hollow carbon skeleton: toward fast potassium storage by constructing spacious "houses" for K-ions [J]. Advanced Functional Materials, 2020, 30(10): 1908755.

[118] Xie K, Yuan K, Li X, et al. Superior potassium ion storage via vertical MoS_2 "nano-rose" with expanded interlayers on graphene [J]. Small, 2017, 13(42): 1701471.

[119] Cao L, Zhang B, Ou X, et al. Interlayer expanded SnS_2 anchored on nitrogen-doped graphene nanosheets with enhanced potassium storage [J]. ChemElectroChem, 2019, 6(8): 2254-2263.

[120] Lakshmi V, Chen Y, Mikhaylov A A, et al. Nanocrystalline SnS_2 coated onto reduced graphene oxide: demonstrating the feasibility of a non-graphitic anode with sulfide chemistry for potassium-ion batteries [J]. Chemical Communications, 2017, 53(59): 8272-8275.

[121] Wu K, Feng Y, Jiang W, et al. Carbon quantum dots/carbon-coated SnS_2 as a high-performance potassium-ion battery cathode material[J]. Ionics, 2024, 30: 3265-3277.

[122] Xie J, Zhu Y, Zhuang N, et al. High-concentration ether-based electrolyte boosts the electrochemical performance of SnS_2-reduced graphene oxide for K-ion batteries [J]. Journal of Materials Chemistry A, 2019, 7(33): 19332-19341.

[123] Mao M, Cui C, Wu M, et al. Flexible ReS_2 nanosheets/N-doped carbon nanofibers-based paper as a universal anode for alkali (Li, Na, K) ion battery [J]. Nano Energy, 2018, 45: 346-352.

[124] Jia X, Zhang E, Yu X, et al. Facile synthesis of copper sulfide nanosheet@graphene oxide for the anode of potassium-ion batteries [J]. Energy Technology, 2020, 8(1): 1900987.

[125] Chu J, Wang W, Feng J, et al. Deeply nesting zinc sulfide dendrites in tertiary hierarchical structure for potassium ion batteries: enhanced conductivity from interior to exterior [J]. ACS Nano, 2019, 13(6): 6906-6916.

[126] Zhou J, Wang L, Yang M, et al. Hierarchical VS_2 nanosheet assemblies: a universal host material for the reversible storage of alkali metal ions [J]. Advanced Materials, 2017, 29(35): 1702061.

[127] Liu Y, Sun Z, Sun X, et al. Construction of hierarchical nanotubes assembled from ultrathin V_3S_4@C nanosheets towards alkali-ion batteries with ion-dependent electrochemical mechanisms [J]. Angewandte Chemie International Edition, 2020, 59(6): 2473-2482.

[128] Li L, Zhang W, Wang X, et al. Hollow-carbon-templated few-layered V_5S_8 nanosheets enabling ultrafast potassium storage and long-term cycling [J]. ACS Nano, 2019, 13(7): 7939-7948.

[129] Lu Y, Chen J. Robust self-supported anode by integrating Sb_2S_3 nanoparticles with S, N-codoped graphene to enhance K-storage performance [J]. Science China Chemistry, 2017, 60: 1533-1539.

[130] Liu Z, Han K, Li P, et al. Tuning metallic $Co_{0.85}Se$ quantum dots/carbon hollow polyhedrons with tertiary hierarchical structure for high-performance potassium ion batteries [J]. Nano Micro Letters, 2019, 11: 1-14.

[131] Etogo C A, Huang H, Hong H, et al. Metal-organic-frameworks-engaged formation of $Co_{0.85}Se@C$ nanoboxes embedded in carbon nanofibers film for enhanced potassium-ion storage [J]. Energy Storage Materials, 2020, 24: 167-176.

[132] Yu Q, Jiang B, Hu J, et al. Metallic octahedral $CoSe_2$ threaded by N-doped carbon nanotubes: a flexible framework for high-performance potassium-on batteries [J]. Advanced Science, 2018, 5(10): 1800782.

[133] 徐晓阳, 项嘉峻, 徐元, 等. 钠离子电池锌基负极材料研究进展[J]. 当代化工研究, 2023(4): 10-12.

[134] He Y, Wang L, Dong C, et al. In-situ rooting ZnSe/N-doped hollow carbon architectures as high-rate and long-life anode materials for half/full sodium-ion and potassium-ion batteries [J]. Energy Storage Materials, 2019, 23: 35-45.

[135] Hu Y, Lu T, Zhang Y, et al. Highly dispersed ZnSe nanoparticles embedded in N-doped porous carbon matrix as an anode for potassium ion batteries [J]. Particle & Particle Systems Characterization, 2019, 36(10): 1900199.

[136] Zeng L, Kang B, Luo F, et al. Facile synthesis of ultra-small few-layer nanostructured $MoSe_2$ embedded on N, P co-doped bio-carbon for high-performance half/full sodium-ion and potassium-ion batteries [J]. Chemistry Europe, 2019, 25(58): 13411-13421.

[137] Shen Q, Jiang P, He H, et al. Encapsulation of $MoSe_2$ in carbon fibers as anodes for potassium ion batteries and nonaqueous battery-supercapacitor hybrid devices [J]. Nanoscale, 2019, 11(28): 13511-13520.

[138] Wang W, Jiang B, Qian C, et al. Pistachio-shuck-like $MoSe_2$/C core/shell nanostructures for high-performance potassium-ion storage [J]. Advanced Materials, 2018, 30(30): 1801812.

[139] Huang H, Cui J, Liu G, et al. Carbon-coated $MoSe_2$/MXene hybrid nanosheets for superior potassium storage [J]. ACS Nano, 2019, 13(3): 3448-3456.

[140] Ge J, Fan L, Wang J, et al. $MoSe_2$/N-doped carbon as anodes for potassium-ion batteries [J]. Advanced Energy Materials, 2018, 8(29): 1801477.

[141] Ge J, Wang B, Wang J, et al. Nature of $FeSe_2$/N-C anode for high performance potassium ion hybrid capacitor [J]. Advanced Energy Materials, 2020, 10(4): 1903277.

[142] Wang J, Wang B, Liu X, et al. Prussian blue analogs (PBA) derived porous bimetal (Mn, Fe) selenide with carbon nanotubes as anode materials for sodium and potassium ion batteries [J]. Chemical Engineering Journal, 2020, 382: 123050.

[143] Chu J, Yu Q, Yang D, et al. Thickness-control of ultrathin bimetallic Fe-Mo selenide@N-doped carbon core/shell "nano-crisps" for high-performance potassium-ion batteries [J]. Applied

Materials Today, 2018, 13: 344-351.

[144] Liao Y, Chen C, Yin D, et al. Improved Na^+/K^+ storage properties of $ReSe_2$-carbon nanofibers based on graphene modifications [J]. Nano-Micro Letters, 2019, 11(22): 1-13.

[145] Xu B, Ma X, Tian J, et al. Layer-structured $NbSe_2$ anode material for sodium-ion and potassium-ion batteries [J]. Ionics, 2019, 25: 4171-4177.

[146] Lin H, Li M, Yang X, et al. Nanosheets-assembled CuSe crystal pillar as a stable and high-power anode for sodium-ion and potassium-ion batteries [J]. Advanced Energy Materials, 2019, 9(20): 1900323.

[147] Yang C, Feng J, Lv F, et al. Metallic graphene-like VSe_2 ultrathin nanosheets: superior potassium-ion storage and their working mechanism [J]. Advanced Materials, 2018, 30(27): 1800036.

[148] Xu L, Xiong P, Zeng L, et al. Electrospun $VSe_{1.5}$/CNF composite with excellent performance for alkali metal ion batteries [J]. Nanoscale, 2019, 11(35): 16308-16316.

[149] 杨子皓. 墨烯复合增强 Sb_2Se_3 负极材料的储钾性能研究[D]. 西安: 西安理工大学, 2022.

[150] Xue Q, Li D, Huang Y, et al. Vitamin K as a high-performance organic anode material for rechargeable potassium ion batteries [J]. Journal of Materials Chemistry A, 2018, 6(26): 12559-12564.

[151] Zhu Y, Wang B, Gan Q, et al. Selective edge etching to improve the rate capability of Prussian blue analogues for sodium ion batteries [J]. Inorganic Chemistry Frontiers, 2019, 6(6): 1361-1366.

[152] Hu Y, Tang W, Yu Q, et al. Novel insoluble organic cathodes for advanced organic K-ion batteries [J]. Advanced Functional Materials, 2020, 30(17): 2000675.

[153] Lei K, Li F, Mu C, et al. High K-storage performance based on the synergy of dipotassium terephthalate and ether-based electrolytes [J]. Energy & Environmental Science, 2017, 10(2): 552-557.

[154] Deng Q, Pei J, Fan C, et al. Potassium salts of para-aromatic dicarboxylates as the highly efficient organic anodes for low-cost K-ion batteries [J]. Nano Energy, 2017, 33: 350-355.

[155] Li C, Deng Q, Tan H, et al. Para-conjugated dicarboxylates with extended aromatic skeletons as the highly advanced organic anodes for K-ion battery [J]. ACS Applied Materials & Interfaces, 2017, 9(33): 27414-27420.

[156] Wang C, Tang W, Yao Z, et al. Potassium perylene-tetracarboxylate with two-electron redox behaviors as a highly stable organic anode for K-ion batteries [J]. Chemical Communications, 2019, 55(12): 1801-1804.

[157] Chen Y, Luo W, Carter R M, et al. Organic electrode for non-aqueous potassium-ion batteries [J]. Nano Energy, 2015, 18: 205-211.

[158] Zhou S, Zhang P, Li Y, et al. Ultrastable organic anode enabled by electrochemically active mxene binder toward advanced potassium ion storage [J]. ACS Nano, 2024, 18(24): 16027-16040.

[159] Blokhina A D, Kozlov A V, Klimovich I V, et al. Functionalized naphthalene diimides as low-cost organic cathodes for potassium batteries [J]. Physica Status Solidi (A)-Applications and

Materials Science, 2020, 217(12): 2000005.

[160] Bai Y, Fu W, Chen W, et al. Perylenetetracarboxylic diimide as a high-rate anode for potassium-ion batteries [J]. Journal of Materials Chemistry A, 2019, 7(42): 24454-24461.

[161] Zhu Y, Chen P, Zhou Y, et al. New family of organic anode without aromatics for energy storage [J]. Electrochimica Acta, 2019, 318: 262-271.

[162] Liang Y, Luo C, Wang F, et al. An organic anode for high temperature potassium-ion batteries [J]. Advanced Energy Materials, 2019, 9(2): 1802986.

[163] Slesarenko A, Yakuschenko I K, Ramezankhani V, et al. New tetraazapentacene-based redox-active material as a promising high-capacity organic cathode for lithium and potassium batteries [J]. Journal of Power Sources, 2019, 435: 226724.

[164] Kato M, Masese T, Yao M, et al. Organic positive-electrode material utilizing both an anion and cation: a benzoquinone-tetrathiafulvalene triad molecule, Q-TTF-Q, for rechargeable Li, Na, and K batteries [J]. New Journal of Chemistry, 2019, 43(3): 1626-1631.

[165] Li H, Wu J, Li H, et al. Designing π-conjugated polypyrene nanoflowers formed with meso and microporous nanosheets for high-performance anode of potassium ion batteries [J]. Chemical Engineering Journal, 2022, 430: 132704.

[166] Kang H, Chen Q, Ma Q, et al. Coaxial spiral structural polymer/reduced graphene oxide composite as a high-performance anode for potassium ion batteries [J]. Journal of Power Sources, 2022, 545: 231951.

[167] An Y, Fei H, Zhang Z, et al. A titanium-based metal-organic framework as an ultralong cycle-life anode for KIBs [J]. Chemical Communications, 2017, 53(59): 8360-8363.

[168] Wang Z, Tao H, Yue Y J C. Metal-organic-framework-based cathodes for enhancing the electrochemical performances of batteries: a review [J]. ChemElectroChem, 2019, 6(21): 5358-5374.

[169] Yang M, Zeng X, Xie M, et al. Conductive metal-organic framework with superior redox activity as a stable high-capacity anode for high-temperature K-ion batteries [J]. Journal of the American Chemical Society, 2024, 146(10): 6753-6762.

[170] Li S, Wu M F, Guo T, et al. Chlorine-mediated photocatalytic hydrogen production based on triazine covalent organic framework [J]. Applied Catalysis B: Environmental, 2020, 272: 118989.

[171] Chen X, Zhang H, Ci C, et al. Few-layered boronic ester based covalent organic frameworks/carbon nanotube composites for high-performance K-organic batteries [J]. ACS Nano, 2019, 13(3): 3600-3607.

第4章 电 解 质

4.1 电解质概述

在近些年里，钾离子电池因其在大规模能源储存领域的显著表现，被赋予了巨大的应用价值。作为钾离子电池系统的核心元素，电解质的性质对电池性能有着至关重要的影响。尽管迄今大部分的研究仍然聚焦在有机液体电解质上。Eftekhari 教授在 2004 年首次提出了利用 $1 \ mol \cdot L^{-1}$ KBF_4 在 EC/EMC(体积比 3：7)中作为钾离子电池电解液的设计。自从在 KPF_6/KFSI 基电解质中发现钾离子在石墨中可逆的脱出/嵌入以来，对电解液性质的大量研究工作继续展开以及相应问题得以解决的提供重要推动力。

电解液可以直接或间接地影响电池的性能(图 4-1)。在直接影响方面，电解液中的离子电导率影响反应动力学，电解液的电化学稳定性定义了工作电压范围并限制了电池的能量密度。此外，某些电池系统中可能发生溶剂共嵌入反应，即电解液的性质，如溶剂化行为、立体构型和链长直接影响可逆性、工作电压和钾离子储存动力学。至于间接影响，电解液决定了固体电解质界面(SEI)膜的性质。

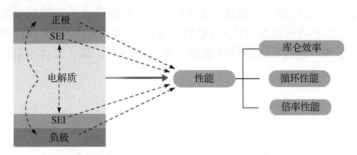

图 4-1　组件与性能之间的关系

图 4-2 展示了如何根据电解液和电极电势的能级来形成 SEI 膜。基于分子轨道理论，电解液的负极和正极稳定性受溶剂的电子态和离子(如 K⁺)的溶剂化影响。通常，如果电极的工作电压超出了电解液的电化学稳定窗口，SEI 膜将在电极表面形成。SEI 膜的性质常常对电池的性能产生重大影响。具体而言，选择合适的电解液形成稳定的 SEI 膜可以有效抑制电解液的分解和减少副反应。相反，

如果电解质选择不当，所形成的 SEI 膜可能无法有效保护电极材料免受电解质的侵蚀，导致电解质更容易分解，以及电极性能的破坏。此外，电解质需要与电极材料具有良好的兼容性，以防止不良副反应以及电池容量的快速衰减。同时，电极对电解质的高润湿性也有助于减小电池反应的极化程度。

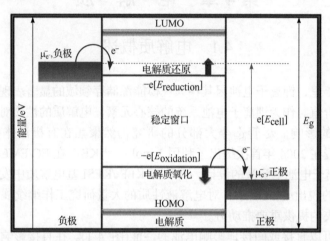

图 4-2　电解质稳定性及 HOMO 和 LUMO 能级的正负极电位极限示意图

　　所有电化学能量设备(燃料电池、电池和超级电容器)的运行都是通过分离电荷实现的，而电解质是实现这种电荷分离的必要组成部分。电解质在物理上将两个电极间直接的电子传输隔离开来，同时允许工作离子在电池中传输电荷，从而使电池反应可以持续进行。在可充电电池中，合格的电解质不仅传导离子而且隔离电子(这种性质组合称为"电解质性质")。电解质决定了电池反应的进行速度(功率密度)以及电池可以充放电的次数(可逆性)。迄今已研究了四种符合上述性质的电解质系统，包括有机液体电解质、水系电解质、离子液体电解质和固态电解质(图 4-3)。

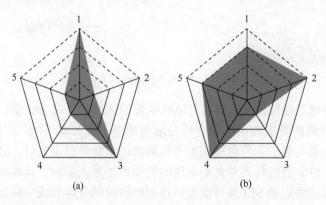

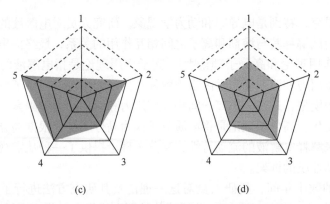

(c)   (d)

图 4-3 比较有机液体电解质(a)、离子液体电解质(b)、无机固体电解质(c)、固体聚合物电解
质(d)的物理和电化学特性的雷达图
1. 离子电导率；2. 机械强度；3. 界面相容性；4. 热稳定性；5. 电化学稳定性

调研发现，有机液体电解质具有无法逾越的优势，如高离子导电性和与电极的良好兼容性。大多数有机钾电解液基于一个或多个钾盐在混合溶剂中的溶液，还添加了少量功能性添加剂。有机溶剂具有两面性。一方面，具有高介电常数和低黏度的有机溶剂可以加快离子迁移和提高界面湿润性。另一方面，有机溶剂的活性反应、高挥发性和易燃性构成了主要的安全隐患。因此，有机液体电解质设计的主要挑战在于选择溶剂、添加剂和适当的浓度。因此，减少电池中溶剂的数量对电池技术的发展非常重要。

4.2 液体电解质的理化性质

在液体电解质中，电解液微观相互作用可以分为钾离子、溶剂分子、盐阴离子之间的作用。这些作用直接决定液体电解质的结构，从而影响其物理化学性质。具体而言，包括液体电解质的传输特性(黏度、离子电导率、阳离子迁移数以及介电常数)、稳定性(电化学以及热力学相态稳定性)和密度。

4.2.1 黏度

黏度描述了电解液在流动时遇到的阻力。具体而言，在电解液流动时，其分子间发生相对移动，导致内部产生剪切动作。在这一过程中，分子间的相互作用力会对流动造成阻碍，形成阻力；而流动的分子通过其动能来克服这些相互作用力，从而促进液体继续流动。因此，黏度的程度实际上反映了这两种力量的相对平衡状态[1-3]。

针对电解液黏度的研究可以追溯到 19 世纪，科学家开始对电解质在溶液中的行为进行研究，特别是电导率和动力学现象。研究人员对电解液的导电能力进行测试，并尝试解释其与溶剂和离子之间相互作用的关系，最终提出了两大主要理论：离子作用理论和高分子理论[4-6]。离子作用理论是指电解液的黏度可以用离子间相互作用力和溶剂动力学因素来解释；离子作用理论提供了描述离子溶液动力学行为的模型，通过考虑离子间相互作用力和溶剂动力学因素，可以解释电解液的黏度变化。高分子理论是将溶质分子视为高分子链，根据高分子链的构型和交互作用来解释电解液的流动特性；高分子理论提供了一种从宏观到微观地描述电解液流动性质的框架。

在此后的数十年间，科研人员对这一理论及其研究方法进行了持续完善。1906 年，Hermann Walther Nernst 公开了他的研究成果，并提出了被称为能斯特-爱因斯坦(Nernst-Einstein)方程的理论，这个方程描述了电解质溶液中的电导率与黏度之间的关联。这是早期研究中对电解液黏度的一种定量描述[4, 7]。到了 20 世纪 20 年代，科学家们开始采用旋转黏度计作为测量电解液黏度的工具。这种方法利用旋转圆柱体在电解液中旋转时所感受到的阻力来测量黏度，这种技术的引入使得对电解液黏度的测量更加准确和方便。20 世纪中叶，随着高分子物理学的发展，高分子理论被应用于描述电解液的黏度行为。高分子理论将电解液中的溶质分子视为高分子链，通过研究链的构型和交互作用，可以解释电解液的流动特性。近年来，随着计算机模拟和分子动力学等计算方法的发展，科学家们能够更好地理解电解液的微观结构和动力学行为。通过模拟分子间相互作用和离子溶剂动力学，可以预测电解液黏度的性质，并与实验结果进行比较。

作为电解液的重要属性，黏度极大地影响着电解液和电池的性能。一方面，黏度与电解液的输运特性密切相关，如离子扩散性、导电性和转移数。根据斯托克斯-爱因斯坦方程和能斯特-爱因斯坦方程，黏度与扩散系数和离子导电率呈反比关系。因此，高离子导电性，即低离子传输阻力的电解液和具有高速率能力的电池的主要要求就是低黏度，尤其是在低温或快速充电等恶劣条件下应用的电池。此外，先前的研究发现，溶剂的黏度在影响离子传输中超过了离子聚集和阳离子转移数，凸显了电解质黏度的重要性。另一方面，黏度影响电池中电解液对隔膜和电极的润湿性。相比低黏度液体，高黏度液体在固体表面上的湿润速度通常较慢。在组装电池过程中，特别是对于需要低电解液含量的高能量密度电池，为了实现稳定的注入和预化成过程，通常希望使用低黏度电解液来实现优异的润湿性。因此，在设计用于实际应用的先进电解液时，电解液黏度是一个不可或缺的考虑因素[8-10]。

4.2.2　离子电导率

当迈克尔·法拉第(Michael Faraday)在 19 世纪初开始研究电解液的电导现象

时，电化学这一领域还处于起步阶段。法拉第的研究奠定了电解液离子电导率研究的基础，并对电化学的发展产生了深远的影响。法拉第的实验基于对电解质溶液的电解现象的观察，当电流通过含有电解质的溶液时，电解质会分解为正负两种电荷的离子，并且离子会在溶液中移动。法拉第使用电解槽将两个电极(正极和负极)插入电解质溶液中，并通过外部电源施加电势差。他观察到在电势差的作用下，正离子(阳离子)朝正极移动，负离子(阴离子)朝负极移动，形成了电流。为了解释这些实验观察结果，法拉第提出了几个重要的概念和理论。他提出了电离理论，即电解质分子在溶液中离解生成带电的离子，这些离子分别带有负电和正电。另外，法拉第还确立了电解过程中的电荷守恒法则，即无论如何，该过程中总电荷的数量会保持恒定。基于这些理论与观察得出的结论，法拉第提供了一套基本原则来解释溶液中离子的迁移过程。他还提出了法拉第定律，该定律表明电解质溶液中的电流密度与电解质浓度、离子迁移速率和电荷数之间存在线性关系。这一定律被广泛应用于描述和解释电解液中离子的电导行为[11, 12]。

随后，众多研究者在他的基础上进行了进一步探讨和扩展，从而促进了该学科的进步[13-17]。在 19 世纪中叶，詹姆斯·克拉克·麦克斯韦引入了电磁理论，并对电解质溶液的电导性进行了深入研究。通过将电场与离子的迁移速度联系起来，麦克斯韦为电解液中离子电导性的研究立下了坚实的理论基础。斯万特·奥古斯特·阿伦尼乌斯在 19 世纪末到 20 世纪初对电解质溶液内的离子行为提出了新的动力学理论，详细解释了为什么盐类在固态下不具有导电性，而在溶解状态下却能传导电流。他利用离子理念来阐述了电解质溶液中的导电过程。

弗里德里希·威廉·奥斯特瓦尔德(Friedrich Wilhelm Ostwald)于 19 世纪末，开展了大量关于电解质溶液电导率的实验研究，并提出了奥斯特瓦尔德定律。即关于离解常数与弱电解质的离解度之间的关系：

$$K_p = \frac{c(\text{K}^+) \times c(\text{A}^-)}{c(\text{KA})} = \frac{\alpha^2}{1-\alpha} c_0 \tag{4-1}$$

$$K_c = c \times \frac{c_2^\Lambda}{(\Lambda_0 - \Lambda_c) \times \Lambda_0} \tag{4-2}$$

式中，K_p 是质子迁移常数；α 是离解度(或质子迁移度)；$c(\text{A}^-)$是阴离子浓度；$c(\text{K}^+)$是阳离子浓度；c_0 是总浓度；$c(\text{KA})$是对应电解质浓度；K_c 是离解常数；Λ_c 是等效电导率；Λ_0 是临界电导率；c 是电解质浓度。该定律描述了电解质溶液电导率与离子浓度之间的关系，对电解液离子电导率的测量和理解做出了重要贡献。

在 20 世纪中叶至后期，电解液离子电导率的研究得到进一步发展，并涉及更多的领域和方面。主要围绕着电导率(σ)的定义公式：

$$\sigma = \sum_i n_i \mu_i z_i e \tag{4-3}$$

式中，μ_i是不同离子的离子迁移率；n_i是离子数目；e是单位电荷；Z_i是电荷价。对于一定的电解质组成，离子浓度(n_i)和电荷价(Z_i)保持不变。离子迁移率(μ_i)普遍随温度降低而减小，这一趋势主要归因于黏度效应。Vogel-Fulcher-Tammann方程(缩写为 VFT 方程)描述了液体的黏度随温度的变化，尤其是在超冷区域接近玻璃转变时的强烈温度依赖性变化。由于离子迁移率(μ_i)受黏度影响，可以用VTF 方程描述 σ-T 的函数：

$$\sigma = AT^{-\frac{1}{2}} e^{-\frac{E_a}{R(T-T_0)}} \tag{4-4}$$

式中，A 是载流子数量参数；T 是温度；T_0 是理想玻璃化转变温度；E_a 是活化能；R 是气体常数。

对于离子迁移率(μ_i)，也可以用斯托克斯-爱因斯坦关系来表示(在低雷诺数，即黏滞力为主导力时)。对于半径为 r 的球形粒子，斯托克斯定律给出阻力系数：

$$\gamma = 6\pi\eta r \tag{4-5}$$

式中，η是介质的黏度。

爱因斯坦将扩散常数与离子迁移率(μ_i)建立联系，此时迁移率是阻力系数γ的倒数。即离子迁移率(μ_i)：

$$\mu_i = \frac{1}{6\pi\eta r} \tag{4-6}$$

电导率作为测量电解液性能的重要标准，对决定电极的内阻和倍率性质具有决定性的影响，较高的电导率是实现钾离子电池在低温环境下良好性能的关键因素。为了平衡钾离子电池在常温和低温下的性能，电解液系统理论上需要在广泛的温度范围内拥有良好的离子电导能力。电解液的导电特性受到多种因素的影响，如所使用的电解质盐种类、溶剂的黏度、介电常数、熔点等[18-21]。具体如下：

(1) 溶剂的介电常数对电导率的影响。

在溶剂中，阳离子和阴离子之间的相互作用力受库仑定律的指导，因此当溶剂具有较高的介电常数时，钾离子和阴离子之间相互作用的力量便会降低，从而增强了钾盐的电离倾向，释放出更多的自由离子，导致电导率提高。但是，温度下降时，溶剂的介电常数会减少，增强了离子间的静电阻力，这导致了阻碍效应的增加。

(2) 溶剂黏度对电导率的影响。

电解液中的离子迁移速度受到溶剂黏度的显著影响。依据斯托克斯方程，可以推导出黏度较高时，离子的迁移速度会降低。此外，离子溶剂化后的半径增大也会导致其迁移速度下降。而温度下降时，钾离子电池电解液的黏度会上升，进而降低电解液的电导率。

(3) 溶剂的供体数对电导率的影响。

溶剂的供体数(DN)越大，给电子能力越强，与锂离子的相互作用越强，所以供体数大的溶剂优先与锂离子溶剂化。

(4) 钾盐对电导率的影响。

随着钾盐浓度的增加，能自由移动的钾离子数量会上升，同时也会导致电解液的黏度增加，因此钾盐浓度有一个上限。从钾盐的视角来看，钾离子电池的电导率受到正负离子的电荷大小、数量和迁移速度的共同影响。所以钾离子电池电解液的电导率是由钾盐的溶解度、钾离子的溶剂化作用以及溶剂化后的离子迁移这三个过程共同决定的。当钾盐的阴离子体积更大，其电荷就更分散，从而减少了阴阳离子之间的结合程度。但是，如果钾盐的阴离子体积太大，其迁移速度低，也会相应降低电解液的电导率。

(5) 导电添加剂对电导率的影响。

导电添加剂的作用是添加剂分子与电解质离子发生配位反应，促进钾盐的溶解和电离，减小溶剂化钾离子的溶剂化半径，增加钾盐的溶解度。

4.2.3 阳离子迁移数

在电解液的设计中，一个被大多数人忽视的参数是阳离子传递数(t_+)。此参数说明了在电流传导中阳离子所贡献的部分相对于阴离子的比例。汇总离子的 t_+ 对电池工作时的极化电阻和金属枝晶的生长过程产生直接影响[22, 23]。虽然这个概念在理论上较为简单，但要准确测量非稀释电解液中的这一参数却相当困难。缺乏对离子迁移率的数据，这给评估电解质中的离子传导效率带来了实际的障碍，因为所测得的电导率反映了阴阳离子整体的迁移能力。就钾离子电池而言，仅有钾离子携带的电荷部分被认为是有效贡献。钾离子的迁移产生的电流决定了电池运行的速率，而这部分电流的大小通常由钾离子迁移数(t_k)来量化[24-26]：

$$t_k = \frac{\mu_k}{\sum_i \mu_i} \tag{4-7}$$

人们已经付出了许多努力来估算非水溶液中阳离子的传递数，通过不同方法获得的数据差异相当大。然而，通常认为在非水电解质的高度稀释溶液中，阳离子的传递数在 0.20～0.40 之间，具体取决于盐和溶剂的性质。换句话说，在非水电解质中，阴离子比阳离子更容易迁移，因为阳离子在溶剂化方面更加有利，并且必须以较慢的速度与溶剂鞘一起移动，而阴离子则可以相对"裸露"。对于阳离子和阴离子的溶剂化焓计算支持了这个观点：在典型的碳酸盐溶剂中，前者在 $20 \sim 50$ kcal · mol^{-1} 之间，而后者则低于 10 kcal · mol^{-1}[27, 28]。

明显地，如果阳离子的传递数小于 1，则会造成不利影响。这是因为它导致阴离子过度移动并在电极表面附近积聚，这在电池运行时会引发浓度极化现象，特别是在局部黏度较大的情况下，还可能在界面上产生额外的离子输运阻碍。值得庆幸的是，这种极化在液态电解质中通常不是一个严重的问题。由于缺少关于电离度和迁移率的详细数据，离子的导电能力变成了一个重要的衡量标准，它被广泛应用于电池研究与开发中，用以评估电解液的输运性能。然而，我们应该清楚，这种方便的衡量方法建立在一个暗含的假设之上，即导电性的整体提高至少部分来源于阳离子导电能力的增强。从定性上看，这个假设是成立的，因为在电池中离子导电性和倍率性能通常存在相关性，尽管在定量上阴离子和阳离子之间的这种增加的分配是未知的。

另一方面，根据斯托克斯-爱因斯坦关系，已知离子的迁移率 μ_i 与其溶剂化半径 r_i 成反比：

$$\mu_i = \frac{1}{6\pi\eta r_i} \tag{4-8}$$

式中，η 是介质的黏度；r_i 是溶剂化半径。在固定阳离子种类的情况下，这种方法似乎对增加阳离子的迁移性没有多大帮助。然而，具有较低阴离子迁移性的较大半径的阴离子可以以另一种方式应用这种方法，从而导致较高的阳离子传递数，尽管整体导电性可能会因为阴离子贡献的减少而降低。这种方法的极端情况是具有聚合物阴离子的盐，其中 t_+ 接近 1.0，但整体离子导电性大幅下降。因此，在液态电解质中，采用较大的阴离子来增强 t_+ 的方法并不被广泛采用[29]。

4.2.4　介电常数

液体的介电常数(ε)是一个调控溶质与溶剂间相互作用及其溶剂化微观结构的关键物理化学属性。材料的介电行为贡献因素包括离子传导、偶极子耦合、原子极化和电子极化等，这些因素在电场的不同频率范围内各有所长。不同于电导的指标，介电响应表征了物质热力学平衡下对外界电场的反应，并作为调节溶质与溶剂相互作用、溶剂化微结构的重要物理化学特性。介电常数影响溶液中组分的相互作用，进而影响溶液的结构和物理化学性质[30]。不过，Su 团队认为，溶剂的介电性能并不总是和其溶剂化钾离子的能力直接相关，因为介电常数不受溶剂分子特性如配位能力和体积效应的影响，而这些因素可以显著影响钾离子的溶剂化。相反，黄等研究者发现，较低的介电常数和较高的相对结合能力的共溶剂可能强化钾离子和阴离子间的结合，这有助于聚合簇的形成，促进阴离子的完全分解，形成升级的阴离子衍生 SEI[31]。而 Persson 及同事的研究证明了，具有高介电常数和高 EC 含量的电解液有助于稳定的锂沉积/脱附，从而提升循环性能。温度同样是影响电解质介电常数的一个关键因素[32]。Zhang 团队认为，由于分子的强烈运动和其在高温下克服分子间偶极-偶极相互作用能力增强，介电常数随温度升高而降低，这可以用类似于阿伦尼乌斯方程描述[33]。

4.2.5 电化学稳定性

充电电池的循环使用寿命主要由电池化学反应的可逆性决定，电解液的电化学稳定性对于保持该可逆性扮演着至关重要的角色。在电化学领域，已经开发出众多方法用于测定和评估电解液成分的电化学稳定性，其中最广泛应用的技术为循环伏安法(CV)及其衍生技术。在进行循环伏安法测试时，研究对象的电解液成分(无论是溶剂还是盐)在受控电势的电极上进行氧化或还原分解，该程序将分解产生的电流作为电位变化的函数进行记录。然而，与测量离子传导或确定相界限的过程相比，电化学分解通常是一个非常复杂的过程，不仅由热力学因素决定，更重要的是由动力学因素决定，如电极表面、扫描速率和研究物种的浓度。因此，给定物质的电化学稳定性数据严重依赖于其测量和定义的条件，文献中报告的电化学稳定性极限并不总是一致的[34]。

现阶段的电解质在化学和电化学上都是亚稳态的，因此一旦暴露在与 KIB 设计工作条件有所偏离的环境中，如高温、微量湿度以及超过安全电位窗口的过充电或过放电，它们将很容易发生不可逆的分解反应。本节总结了二次电池中电解液的不同降解机制：

(1) 电解液组分与带电电极之间发生寄生反应(大部分为不可逆的)。尽管界面提供了动力学保护，但它们在初始循环过程中并未完全形成，与许多研究人员认为的情况不同。正如 Dahn 和他的同事们所报道的，他们使用高精度库仑法技术发现，这些寄生反应实际上在整个电池的寿命期间从未完全停止，而是以一个遵循下式的一般数学关系的速率(dx/dt)放慢：

$$\frac{\mathrm{d}x}{\mathrm{d}t} = \sqrt{\frac{k}{2}} t^{-\frac{1}{2}} \tag{4-9}$$

式中，k 是每个电解液/电极系统和温度给定的常数；x 是 SEI 膜的假设厚度。值得注意的是，并非所有这些反应都会导致 SEI 膜的持续增长。这些界面反应对锂化石墨的影响尤为显著；然而，当正极电位高于 4.5 V 时，根据阻抗、光谱和高精度库仑计研究的结果，正极表面的寄生反应将占据主导地位[35]。

(2) 微量湿度的影响与正极中过渡金属的溶解以及电解液组分之间的相互作用密切相关。在极性更强的体系中，微量湿度的影响更为显著，因为其中 LiPF$_6$ 的解离加快，并且 PF_6^- 会与湿气反应生成有害的 HF，这是几乎所有商业电解液中普遍存在的杂质，它催化了许多寄生反应的发生，如正极过渡金属的溶解[36]。

(3) 电解液中活性电极材料的溶解，受酸性杂质(由微量湿气引起的 PF_6^- 水解过程中产生的 HF)的影响。特别是过渡金属如锰和镍容易受到酸性侵蚀，而 5 V 级别的 Ni-Mn 尖晶石结构的较高工作电压进一步加剧了这个问题[34]。

(4) 电解液组分之间的相互作用，如碳酸酯的转酯化反应，以及环状和非环状碳酸酯之间类似的亲核反应，导致有害的烷基二碳酸酯的形成。这些反应可能由烷氧基引发，并随后由酸性杂质催化。盐类之间也存在类似的相互作用。例如，Lucht 和他的同事们描述了添加剂 LiBOB 与 $LiPF_6$ 发生反应，通过不均分反应生成四氟草酸磷酸根离子，以及热诱导的 LiDFOB 配体交换生成 $LiBF_4$ 和 LiBOB。上述反应的真正重要之处可能不在于其中所示的化学反应，而是对电解液配方的不可靠性的警示[37]。

(5) 相间成分的溶解以及正极和负极之间可能的"电化学对话"。人们已经意识到，SEI 的关键成分，即烷基碳酸酯的锂盐，在电解液的溶剂中可溶解。根据 Tasaki 等量化结果，即使在非环状碳酸酯中，这些锂盐仍然可以在 $10^{-5} \sim 10^{-4}$ $mol \cdot L^{-1}$ 的浓度范围内溶解。如果这些物种在扩散到电池对面电极后能够被氧化/还原，那么这些看似"低"浓度的物种已经可以在 $0.2 \sim 2$ $mA \cdot L^{-1}$ 的水平上产生自放电电流。当然，溶解和沉淀这些相间物种之间存在动态平衡，因此在电极表面任何形式的电解液组分的消耗都会促使更多的相间溶解，导致最终电池阻抗的增加[38, 39]。

(6) 在极端电位下，电解液组分对电流集流体的腐蚀。这种腐蚀情况不仅包括已知的高电位(>4.0 V)下盐类阴离子如 $TFSI^-$ 对正极 Al 基底的腐蚀，还包括在电池过度放电时负极侧铜基底的腐蚀。在 OCV 为 0 V 的完全锂离子电池中，负极的电位将接近 3.0 V vs.Li，非常接近铜的氧化电位(约为 3.3 V vs.Li)。必须记住，在大型电池中，电极的卷绕配置形成了复杂的扭曲层次结构，许多电化学反应和过程实际上处于非平衡状态。因此，电池电压可能会使我们误解局部电极区域的实际化学状态，而正是在这些区域发生了腐蚀[40]。

(7) 温度效应，包括低温(零下)和高温(>40℃)。在前述情形中，界面间的 Li^+ 传输动力学相比溶液和石墨内部的传输过程显得较为缓慢，导致局部锂金属的沉积，并进一步与溶剂反应。而在后一种情况中，所有上述的降解现象会更为迅速地发生，最终表现为 SEI 层厚度的显著增加。通过离子束聚焦(FIB)、扫描电子显微镜(SEM)和 X 射线光电子能谱(XPS)等表面分析技术可见，石墨表面的 SEI 层厚度从 40nm 增加到了 150～450nm。随着温度的升高，速率常数 k 也会相应增加。在高温下电解液或界面组分热诱导的分解可能导致"热失控"，此为一种灾难性的连锁反应，因产生的热量过大而无法及时散发，最终可能导致整个电池系统的彻底燃烧。在这一燃烧过程中，正极材料作为氧化剂，而碳酸酯溶剂、聚合物黏结剂及隔膜则作为燃料[41]。现代电解质的热不稳定研究指出，问题主要是PF_6^-与电解质中的其他组分以及电极材料，尤其是锂化的石墨，发生反应。总体而言，石墨与电解液或相间的反应发生在较低的起始温度(80～120℃)下，而电解液与去锂化正极的反应产生了大部分导致热失控传播的熔变。基于这些机制，开发了各种模型来预测锂离子电池的寿命，这些模型能够重现实验观察结果，并将焦点放在石墨负极上的 SEI 生长上。Burns 等开发的一个简单模型基于对锂离子电池内寄生反应的短期测量，以高精度提供了一种实用工具，可用于选择电动汽车电池，而无需了解底层机制[42]。

4.2.6 熔点和沸点

电解液的工作温度区间取决于其成分开始蒸发的最高温度上限，以及开始结晶或冻结的最低温度下限。显然，在其他外部因素的限制之外，这一温度范围是确定电解液使用范围的关键因素。令人意外的是，虽然这一议题对实际应用极为关键，但针对电解质热性能的研究却相对缺乏。Tarascon 和 Guyomard 或许是率先尝试探索电解液温度区间的研究者[43]。在他们关于利用环形及线性碳酸酯为基础的先驱性研究中，他们通过分析 $LiPF_6/EC/DMC$ 电解液，将沸点(bp)和熔点(mp)与 EC/DMC 成分联系起来进行了测量。他们注意到，随着成分的改变，电解液的沸点显示出持续下降的趋势，从 EC 的沸点(248℃)降至 DMC 的沸点(91℃)，呈现出明显的曲率变化，导致在多数情况下，沸点主要受到较低沸点成分的控制。在一个相似的体系(PC/DEC)中，Ding 团队观察到了一个类似的现象，他发现通过增加较高沸点的成分来提高混合溶剂系统的沸点效果不明显，这归因于之前提及的依赖性[44]。换言之，在两组分的体系中，液态温度区间的上限主要由具有较低沸点的成分确定。必须指出，实际应用中电池的温域限制通常不是由液态范围的上限确定的，而是由液态范围的下限，即电解液的低温限制决定的。在实际应用中，当电解液在低温下使用时，过冷现象可能存在，并导致液态范围扩大。然而，需要强调的是，这样的扩展范围仍然很脆弱，因为过冷作为一种动力学稳定的行为在设备运行过程中高度受条件限制且不可预测。如果采用较慢的冷却速率或进行长时间低温储存，完全可能减小甚至消除过冷现象，但几乎可以肯定的是，电解液在液相线以下的长时间运行最终将发生溶剂组分的凝固，并导致性能下降。

4.2.7 密度

以前的研究忽视了电解液密度，具有理想电化学稳定性以满足高能量密度电池要求的电解液应同时具有较低的密度。电池级别上电解液的高额外质量导致特定能量密度的损失。如果使用低密度电解液代替传统电解液，则 KIB 在相同电极材料下的总体质量可以显著降低。

4.3　液体电解质的组分

有机液态电解质由于其稳定的电化学性能、高离子导电性、宽操作电压窗口和与各种电极材料的良好兼容性，在 KIB 中被广泛使用。类似于 LIB 和 SIB 中使用的有机液态电解质，KIB 中的有机液态电解质包含带有或不带有添加剂的盐和溶剂。它们的物理性质总结在表 4-1 中，它们的 LUMO 和 HOMO 能级如图 4-4 所示。LUMO 和 HOMO 能量被证明与溶剂和盐的分子性质相关，包括电离势、电子亲和能和电负性，从而可以在半定量的程度上粗略评估溶剂和盐的还原/氧化稳定性。当然，电解液的稳定性不仅取决于溶剂和盐，还取决于它们之间的相互作用。

表 4-1　KIB 电解液的有机溶剂和添加剂的物理性质

溶剂	熔点/℃	沸点/℃	闪点/℃	密度/(g·mL⁻¹)	黏度/cP	介电常数 25℃	蒸气压/mm Hg
碳酸乙烯酯 (EC)	36.4	248	160	1.32	2.1	89.8	0.5
碳酸丙烯酯 (PC)	−48.8	242	132	1.20	2.5	65.0	0.4
碳酸甲乙酯 (EMC)	−14.5	110	23	1.01	0.7	3.0	27
乙二醇二甲醚 (DME)	−69	84	0	0.87	0.5	7.2	80.6
1,3-二氧戊环 (DOL)	−95	75	1.7	1.06	—	7.1	114.6
四氢呋喃 (THF)	−108	66	110	0.89	0.5	7.1	152.4
二甲基亚砜 (DMSO)	18.4	189	89	1.10	1.99	47.2	0.8
乙腈 (AN)	−48	81	8.9	0.78	0.3	36.6	171
磷酸三甲酯 (TMP)	−46	197	107	1.20	2.0	—	0.5
磷酸三乙酯 (TEP)	−56	215	115	1.07	1.7	—	0.4
氟代碳酸乙烯酯 (FEC)	18	249	120	1.45	2.4	109.4	0.5
碳酸亚乙烯酯 (VC)	22	162	73	1.36	2.2	—	89.9
亚硫酸二乙醇酯 (ES)	−11	159	79	1.43	2.1	39.6	—
1,2-丙二醇亚硫酸盐 (PS)		92	80	1.29	—	—	1.57

注：$1cP=10^{-3}Pa·s$。

因此，在对有机液体电解质的特殊性能进行详细分析之前，应系统考虑基本组成的基本物理化学性质，以实现理想的 KIB 有机液体电解质：①高化学稳定性可以避免电池循环过程中电解质的分解，从而为电池提供稳定的工作环境。②快速电导率有助于快速离子传输和高倍率性能。③宽电化学稳定性有助于提

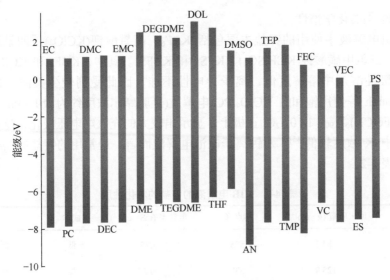

图 4-4　溶剂和添加剂的 LUMO 和 HOMO 能级

高电池能量密度。④卓越的热稳定性可以减少电池运行中的热释放和环境温度波动对 KIB 的安全威胁。⑤电解质应具有优越的界面行为，其中电解质与电极的兼容性确保电极材料的充分渗透并减少电荷转移电阻。此外，形成薄而均匀的 SEI 膜可以提高电池的循环稳定性和倍率性能。基本组成(钾盐、溶剂以及添加剂)在 SEI 膜的形成中发挥重要作用。SEI 膜的形成经历了三个主要步骤：首先，电解质中的盐阳离子和溶剂分子被还原；然后，还原产物生长成为 SEI 膜；最后，SEI 膜沉积在电极表面。

　　最近，越来越多的研究团队也开始专注于优化电解液，以提高钾离子电池中电极材料的电化学性能。截至目前，已报道的针对钾离子电池中电解液优化的策略可以分为四类：①优化钾盐；②优化溶剂；③优化电解质浓度；④引入电解质添加剂。可以看出这些策略都与基本组成(钾盐、溶剂以及添加剂)有关。接下来将详细介绍各组成部分。

4.3.1　钾盐

　　钾盐在有机电解液中起着关键作用，它是影响有机电解液性能的重要因素。钾盐包含至少两个组分：钾离子和阴离子。不同的阴离子组会引发不同的电解液特性。一般来说，钾盐与溶剂相互作用形成离子导体，用于在电极之间传递电荷。理想的钾盐应具有高溶解度、廉价、无毒，并且在化学、电化学和热稳定性方面稳定。它们还应该能够在溶液中完全溶解和解离，形成的溶剂化的离子移动能垒较低。除非需要形成 SEI 膜，钾盐应保持对其他电池组件(如电极、隔膜和电流收集器)的化学惰性。

　　有机电解液中使用的钾盐主要包括 KPF_6、高氯酸钾($KClO_4$)、四氟硼酸钾(KBF_4)、三氟甲磺酸钾(KCF_3SO_3)、KFSI 和 KTFSI。其中，KBF_4 和 $KClO_4$ 在典型的无极性溶剂中溶解度低，离子导电性不佳，因此受到较少关注。例如，Goodenough 等使用饱和的 $KClO_4$/PC 电解质(经验摩尔浓度约为 $0.1\ mol \cdot L^{-1}$)在 $K_{1.7}Mn[Fe(CN)_6]_{0.90} \cdot 1.10H_2O$ 正极上，显示出较大的充放电电压极化，这归因于电解质中 K^+浓度较低[45]。对钾离子电池电解液而言，最常用的钾盐的物化性质总结见表 4-2。

表 4-2　　KIB 电解液的钾盐的物化性质

锂盐	摩尔质量/($g \cdot mol^{-1}$)	熔点/℃	电导率/($mS \cdot cm^{-1}$)	成本	毒性
KPF_6	184.1	575	5.75	低	低
KBF_4	125.9	530	0.2	低	高
$KClO_4$	138.6	610	1.1	低	高
KFSI	219.2	102	7.2	高	轻微
KTFSI	319.2	198	6.1	高	轻微

　　为了理解钾离子电池中钾盐的影响，吴等研究了不同电解液(KFSI-DME、KTFSI-DME、KPF_6-DME 和 KPF_6-EC/DEC)中钾金属的沉积可逆性。K//Cu 半电池在 KFSI-DME 电解液中表现出高稳定性，而其他类型的电解液均显示出较差的电化学性能[46]。此外，他们发现在 KFSI-DME 电解液中电化学沉积的钾金属呈现出平坦且均匀的形态。他们认为 KFSI 电解液中 K//Cu 半电池的优越稳定性和钾金属有序表面形态可能归因于 SEI 膜有机和无机成分的协同作用。

　　Komaba 组比较了 KPF_6、KFSA、KTFSA、$KClO_4$ 和 KBF_4 盐在 PC 中的溶解度[47]。他们发现 KFSA、KTFSA 和 KPF_6 盐在 PC 中的摩尔溶解度比 $KClO_4$ 和 KBF_4 高得多，$KClO_4$ 和 KBF_4 几乎在室温下不溶于 PC 溶剂(图 4-5)。此外，钾离子和 BF_4^- 之间的强烈相互作用降低了 KBF_4 基电解液的导电性。由于对 ClO_4^- 的还原容易引起安全问题，$KClO_4$ 也很少使用。因此，可以得出结论：KBF_4 和 $KClO_4$ 不是适用于钾离子电池的钾盐。相反，KPF_6、KTFSI 和 KFSI 形成了无沉淀的清晰溶液，这表明它们在 PC 中的溶解度高于 $0.5\ mol \cdot L^{-1}$。符合预期的溶解度结果，KPF_6、KTFSI 和 KFSI 电解液的离子导电率在 $5.5 \sim 8\ mS \cdot cm^{-1}$ 之间，远高于 $KClO_4$ 和 KBF_4，它们被认为是首选的钾盐，可应用于 KIB。值得注意的是，常见的钾盐通常含有氟化的阴离子，因为这些阴离子的共振电荷和氟原子的吸电子特性确保了这些盐在有机无质子溶剂中的高溶解度。

　　毫无疑问，选择的盐类对钾离子电池的
电化学表现产生着关键性影响。据 Wang 团队
研究者所述，与 KPF$_6$ 电解液相比，KFSI 电
解液因含有更多与溶剂相互作用的钾离子而
具有更高的溶剂化能力，这有助于减少不必
要的副反应[48]。Komaba 团队通过研究观察
到，含有 KPF$_6$ 和 KFSI 双盐的电解液相较于
单一的 KPF$_6$ 电解液(80%)让石墨负极得到了

图 4-5　KPF$_6$、KFSA、KTFSA、
KClO$_4$ 和 KBF$_4$ 盐在 PC 中的溶解[47]

更高的初始库仑效率(89%)[49]。这是由于添加了 KFSI 之后在电解液和电极界面
上形成了更加稳定且导电性更好的薄膜。Zhang 等研究者深入探讨了 Bi/rGO 负
极在使用不同钾盐(KPF$_6$ 与 KFSI)的电解液中形成的 SEI 膜的机制[50]。他们注意
到在 KPF$_6$ 电解液中形成的 SEI 膜要比使用 KFSI 电解液中形成得更厚。这主要是
因为在 KPF$_6$ 条件下，Bi 纳米颗粒的断裂导致 SEI 膜频繁更新，消耗了更多电解
液。相较而言，KFSI 电解液形成的 SEI 膜则更整齐且更薄。他们还分析了不同
钾盐条件下 SEI 膜的成分，发现由 KPF$_6$ 形成的主要是由有机物组成的 SEI，可
能主要源自溶剂的还原。然而，在 KFSI 条件下形成的 SEI 膜是无机与有机混合
物，来源于盐和溶剂的还原产物。相比有机成分，无机盐展现出更佳的机械稳定
性，能够适应体积的显著变化，因此形成的 SEI 膜更为稳定。

　　综上，无论是电解液中 K$^+$ 的溶剂化结构，还是固态电解质界面膜的形成，
钾盐对电解液的理化性质具有不可忽视的影响。下面将对各类的钾盐的详细影响
一一介绍。

1. KPF$_6$ 盐

　　由于 KPF$_6$ 在碳酸盐中的溶解度适中，并且 KPF$_6$ 具有较高的热稳定性，能对
铝箔起到钝化作用，因此以其为基础的电解液得到广泛研究。KPF$_6$ 基电解液的
主要目标是调整功能性溶剂和添加剂。Lu 等通过高温预循环步骤来调节 KPF$_6$ 基
电解液中 K$^+$-溶剂的溶剂化结构，显著改善了石墨负极的循环稳定性[51]。然而，
KPF$_6$ 对氧气和水极其敏感，容易分解产生 HF、PF$_5$ 和 POF$_3$，以及这种电解液通常
具有较低的电荷传递效率和高的不可逆比容量，电极表面形成不稳定的 SEI 膜。

　　由于与各种正极和负极材料，特别是与石墨负极的优异相容性，LiPF$_6$ 已成
为商业 LIB 电解液中最重要的锂盐。因此，KPF$_6$ 也成为研究人员最早关注的钾
盐。基于 KPF$_6$ 在酯类溶剂中的良好性能，KPF$_6$ 基电解液已广泛研究并应用于钾
离子电池中。但是在基于 KPF$_6$ 的电解液中，低库仑效率可能会阻碍其实际应
用。王春生等认为通过优化溶剂可以缓解这种困境，与 EC : DEC 和 EC : DMC
相比，KPF$_6$ 在 EC : PC 中的电解液中实现了较高的库仑效率和改进的循环稳定

性，这是由于 DEC 和 DMC 在低电压下严重分解，EC：DEC 和 EC：DMC 中不可逆比容量的被归因于这种严重的分解[52]。类似地，Chihara 等研究了 KPF_6 在 EC：DEC 和 PC 基的电解液对 $KVPO_4F$、$KVOPO_4$ 和 $K_{1.92}Fe[Fe(CN)_6]_{0.94}$ 正极电化学性能的影响，并发现它们在 PC 基的电解液中显示出更高的库仑效率，这归因于在高电压范围内的较少的副反应[53]。

此外，KPF_6 在醚类溶剂中具有较好的相容性，可以形成薄而坚固的 SEI 膜。因此，在使用 $1\ mol \cdot L^{-1}\ KPF_6$/DME 及 DEGDME 电解液的情况下，$K_2TP$、Bi 和 SnSb 作为负极材料的钾离子电池展现出了优异的性能，包括高库仑效率和出色的循环性能。特别值得注意的是，在含醚类化合物的电解液中，钾离子与醚类分子之间的结合强度超过了与酯类分子的结合，而且钾离子与醚类溶剂分子形成的复合物的最低未占据分子轨道(LUMO)能级高于石墨的费米能级，这使得钾离子可以与醚基电解液共同进入石墨的层间空间(图 4-6)。这种共插层机制和阶段石墨插层化合物的形成通过原位拉曼光谱和 X 射线衍射以及外部傅里叶变换红外(FTIR)光谱以及第一性原理计算进行了验证。在无脱溶过程的情况下，K^+-溶剂复合物的快速扩散动力学和醚基电解液中可忽略的 SEI 层显示出高初始库仑效率，优越的倍率和出色的循环性能。

然而，在 KPF_6 电解液通常存在较低的库仑效率和大的不可逆比容量，因为它倾向于在电极表面形成不稳定的界面膜。Fan 等在 KPF_6 电解液中组装了一种新型的基于钾的双离子全电池(KDIB)，其中石墨作为负极，聚三苯胺(PTPAn)作为正极[54]。该电池在 $50\ mA \cdot g^{-1}$ 下提供了高可逆比容量为 $60\ mAh \cdot g^{-1}$，并且在 $100\ mA \cdot g^{-1}$ 下可以稳定循环 500 次，容量保持率为 75.5%。KDIB 的性能应归因于 PF_6^- 与 PTPAn 正极中的氮原子之间的相互作用。

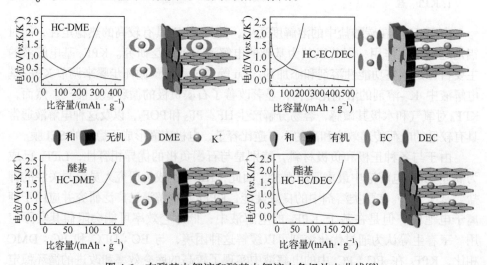

图 4-6　在酯基电解液和醚基电解液中负极放电曲线[53]

而 Li 等则在 KPF₆-DME 电解液中测试了大块 Bi 电极的电化学性能，并发现大块 Bi 逐渐发展成为一个 3D 多孔网络，这提高了 K⁺ 传输动力学，耐受了 Bi 的体积变化，并确保了稳定的循环性能[55]。刘等使用 1.0 mol·L⁻¹ KPF₆ 在 EC/DEC/PC 中作为电解液，测试了 K₂Ni₀.₅Fe₀.₅[Fe(CN)₆]//石墨全电池电池的性能，结果全电池展现出高能量密度(282.7 Wh·kg⁻¹)和良好的循环稳定性[56]。这个发现展示了 KPF₆ 在未来潜在的 KIB 制造中的巨大潜力。然而，对于许多电池系统来说，KPF₆ 并不是最突出的钾盐。KPF₆ 具有相对较高的离子导电性等优点，但也存在一些缺点，包括易受水解和不理想的热稳定性。因此，取得这些理化性质之间的平衡，才能实现 KPF₆ 的广泛应用。

2. KFSI 和 KTFSI 盐

作为一种新兴的钾盐类型，KFSI 和 KTFSI 等因其在酯类和醚类溶剂中的高溶解性引起了广泛关注。这两种盐的性质相似，但 KTFSI 电解液可以形成一层膜，有效隔绝溶剂和氧气，不过这也导致了 K⁺ 的导电性降低。在一些 KIB 系统中，基于 KFSI 或 KTFSI 电解液的电导率和电化学稳定性也被发现优于 KPF₆ 电解液。新型的酰胺类钾盐(KFSI、KTFSI)被认为具有较大的负极优势。特别是，Komaba 等证明了 3.9 mol·L⁻¹ KFSI/DME 电解液实现了最小的 25 mV 的钾金属极化[57]。KFSI/DME 电解液也可以通过构建高度稳定的 SEI 膜显著改善碳材料、合金和硫化物负极等电极的电化学性能。然而，低浓度的 KFSI 基电解液在约 4.0 V 的电位下会导致铝腐蚀。

KFSI 基电解液在电导率和电化学稳定性方面，相较于以 KPF₆ 为基础的电解液，表现出了更优的性能。此外，无论是酯类还是醚类溶剂，KFSI 基电解液均展现出更高的溶解性。以 KFSI 和 DME 组成的电解液为例，它在钾金属的沉积和剥离过程中显示了高度的反转性，这一过程获得了高达约 99% 的库仑效率，其成功主要得益于由 FSI⁻ 衍生出的稳定的 SEI 薄膜。然后，通过使用 KFSI 基电解液，进一步验证了 KFSI 对钾金属、过渡金属硫化物、合金基、铌基和碳基负极的稳定效果，包括 Sn₄P₃、Bi、Sn、Sb、GeP₅、红磷、MoS₂、NiCo₂.₅S₄、K₄Nb₆O₁₇、MoSe₂/N 掺杂碳、石墨和氮掺杂石墨泡沫等[50, 57-65]。KFSI 电解液在使用其他合金电极材料、过渡金属硫化物、碳材料和钾金属时，表现出增强的库仑效率和出色的循环性能。一方面，它们的长循环寿命可以归因于 FSI⁻，它在防止电解液分解方面起着重要作用，通过形成稳定的 SEI 膜改变电极/电解液界面，缓解了电极在循环过程中的电解液消耗。另一方面，KFSI 有效地抑制钾金属枝晶的生长和副反应的发生。然而，典型的 KFSI 电解液在 >4.0 V 时会导致铝集流体的严重腐蚀。此外，如果使用醚类溶剂，由于醚分子的 HOMO 能级较高，电解液在相对较低电压下更容易分解，这阻碍了电解液在高压正极和全电池生产中的应用。

除了负极外，基于 KFSI 的电解液还可用于提高邻苯二酐-3,4,9,10-四羧酸二酐(PTCDA)和蒽醌-1,5-二磺酸钠盐(AQDS)等有机正极的性能[66]。然而，典型的 KFSI 基电解液在正极极化(⩾4.0 V $vs.$ K$^+$/K)时对铝箔显示出严重的腐蚀效应。相比之下，KPF$_6$ 具有氧化稳定性、铝箔的钝化作用和低成本等几个优点。研究发现，普鲁士蓝类似物正极在 KPF$_6$ 电解液中具有更高的容量、更低的电压极化和更稳定的循环，这归因于 KPF$_6$ 在高电位下具有更好的钝化作用。

KTFSI 在酯类和醚类溶剂中也具有较高的溶解性，与 KFSI 相比，其离子导电性较低，但 KTFSI 具有较高的溶解度。KTFSI 的浓度效应最近得到了研究，随着 KTFSI 浓度在 DEGDME 电解液中增加到 5 mol · L^{-1}，硫化物的溶解和穿梭行为得到有效抑制，从而实现了高性能的钾-硫化物化学反应[67]。在浓缩的 KTFSI 基电解液中也成功抑制了有机电极(PTCDA)的溶解行为[68]。由于 TFSI$^-$衍生的 KF 富集的稳定 SEI 膜，实现了全有机 K$_2$TP//PTCDA 全电池，具有优异的循环稳定性和能量密度。

最近，Guo 等也证明了优化钾盐可以有效提高钾金属的电化学性能[48]。他们利用拉曼光谱研究了电解液中盐类和溶剂的相互作用(图 4-7)。结果显示，KFSI 的溶剂化作用比 KPF$_6$ 更强。强的溶剂化作用会降低电解液中的自由溶剂的含量，这有助于减少钾金属与溶剂分子之间的副反应。因此，使用 KFSI 电解液的对称 K//K 电池显示出比使用 KPF$_6$ 电解液更好的电化学性能。此外，在基于 KFSI 的碳酸酯电解液的情况下，红磷/碳纳米管@还原石墨烯(RP/C)负极也显示出良好的循环稳定性。为了理解 RP/C 负极在基于 KFSI 碳酸酯电解液中的优越电化学性能，利用 X 射线光电子能谱(XPS)研究了 RP/C 负极表面的 SEI 膜的成分。与基于 KPF$_6$ 碳酸酯电解液的 SEI 膜相比，基于 KFSI 碳酸酯电解液的 SEI 膜产生了更多的无机盐组分。稳定且富含氟化钾的有机-无机 SEI 膜有助于适应电极的体积变化。进一步地，通过采用密度泛函理论的计算方法，探究了 KFSI 碳酸盐电解液中稳定 SEI 膜形成的机制。相较于 KPF$_6$ 基电解液，以 KFSI 为基础的电解液展示了更高的溶剂化能力。在 KFSI 基电解液中较少出现的游离溶剂分子有助于降低副反应的发生。另外，添加 EC/DEC 的 KFSI 基电解液表现出了较低的溶剂化能，这表明溶剂与钾离子间的相互作用相对较弱。较低的溶剂化能促使钾离子更容易解离和扩散，从而在电化学过程中提升了动力学性能。

图 4-8 显示了各种电解液中盐-溶剂复合物和溶剂化 K$^+$ 的最高占据分子轨道(HOMO)和最低未占据分子轨道(LUMO)的分子能级。基于 KFSI-EC/DEC 的 LUMO 能级低于基于 KPF$_6$-EC/DEC 的能级。结果表明，KFSI 的分解优先于 KPF$_6$。这些结果表明，基于 KFSI 碳酸盐电解液有利于在电极表面形成稳定且富含氟化钾的有机-无机 SEI 层。然而，此项研究限于半电池系统内对电解液效果

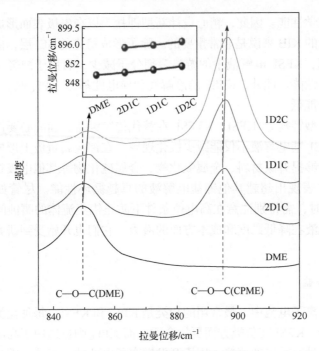

图 4-7 酯基电解液的拉曼光谱[67]

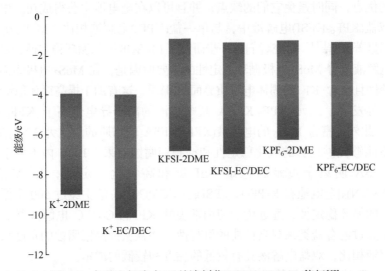

图 4-8 各种电解液中 K⁺的溶剂化 LUMO-HOMO 能级[68]

的探索，目前尚未明确盐类的选择对工作电极或钾金属本身是否存在显著影响。因此，开展全电池系统下的电解液研究成为必要。基于在 KIB 中关于钾盐的先前研究，钾盐在 SEI 层的形成过程中扮演关键角色。稳定的 SEI 层有助于改善电极材料的电化学性能。因此，精心设计新型钾盐，以在电极表面形成稳定的 SEI 层，对高性能的 KIB 来说是非常重要的。除了形成稳定的 SEI 层，由于钾离子的强溶剂化作用，KFSI 电解液中的游离溶剂分子减少，有助于减轻寄生反应，从而实现更高的性能。此外，KFSI 的溶解性和导电性都比 KPF$_6$ 高，这是由于 K$^+$ 和 FSI$^-$ 的结合能低。

考虑到新型钾盐如 KFSI、KTFSI 在替代传统钾盐方面的必要性日益凸显。KFSI 和 KTFSI 基电解液不仅能减少极化现象、在钾金属负极上形成坚固稳定的 SEI 膜，还能够提升碳材料、金属氧化物、金属硫化物等其他电极材料的电化学性能，且往往表现出超越其他钾盐电解液的卓越循环性能。尽管如此，在使用 KFSI 电解液时，需特别注意在高电位条件下防止铝集流体的腐蚀问题。此外，鉴于双盐电解液在降低黏度和成本方面的潜力，它们也开始受到研究者们的广泛关注。

3. 二元钾盐

目前在钾离子电池中，最常用的盐类是 KPF$_6$ 和 KFSI，每种盐类都有其自身的优势和劣势。KFSI 在负极方面更加合适，而 KPF$_6$ 则更适用于高电压正极。混合盐溶液是一种有前途的策略，用于开发钾离子电池的电解液，因为它可以保留两种盐的优点，同时避免它们的缺点，并且可以在全电池中获得成功。朱等报告称，在双盐(KPF$_6$-KFSI)电解液中，与单一盐(KPF$_6$)电解液相比，MoS$_2$ 电极的稳定性得到显著改善[58]。研究者们进一步研究了 MoS$_2$ 电极的循环稳定性，发现使用二元盐电解液改善 MoS$_2$ 电极循环稳定性的主要原因是，在 MoS$_2$ 电极表面形成稳定、保护性且富含 KF 的固体电解质界面(SEI)膜，这有助于提高循环稳定性[69]。Komaba 等发现，二元 KPF$_6$-KFSA 盐电解液的离子导电性高于 KPF$_6$ 电解液(图 4-9)。此外，富含 KPF$_6$ 的电解液(KPF$_6$/KFSA 的物质的量比为 3：1)在 4.6 V 的条件下能够提供足够的氧化稳定性和抑制铝腐蚀效果，100h 内不发生腐蚀。由于有 FSA$^-$ 阴离子贡献的稳定 SEI 膜和高氧化稳定性，3.6 V 的石墨//K$_2$Mn[Fe(CN)$_6$]全电池在 K(PF$_6$)$_{0.75}$(FSI)$_{0.25}$/EC/PC 电解液中经过 500 个循环后显示出优异的循环稳定性，远远优于使用常规的 KPF$_6$/EC/DEC 电解液[49]。这项工作证明了通过混合盐类来提高性能的可行性，并且从抑制铝腐蚀的角度来看，与浓缩电解液相比，双盐电解液具有较低的黏度和较低的成本。

Zhang 及其团队通过简易的溶液法成功制备了 Bi@rGO 纳米结构复合材料作为钾离子电池的负极，并且将其与不同的二元钾盐电解液(如 KPF$_6$ 和 KFSI)结合使用[70]。他们的发现表明，在 KFSI 电解液中生成的 SEI 层的厚度较 KPF$_6$ 电解液中的要薄。在 KPF$_6$ 电解液中，由于 Bi 纳米颗粒的断裂以及较弱的 SEI 层，不断新生成的 SEI 层使得界面层厚度逐渐增加，致使电解液的耗损加剧。而在 KFSI

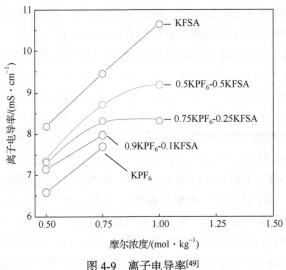

图 4-9 离子电导率[49]

电解液中，所形成的 SEI 层不仅更加坚固，而且也更薄。此外，他们还探究了不同钾盐电解液生成的 SEI 层的成分差异。KPF$_6$ 电解液中形成的 SEI 层主要由溶剂还原反应生成的有机成分构成。与此相反，KFSI 电解液中形成的 SEI 层是由无机与有机混合物构成，来源于盐和溶剂的还原。鉴于无机成分通常具备更优异的机械性能，它们有助于承受更大的体积变化，因此可以形成更为稳定的 SEI 层。

4.3.2 溶剂

溶剂是电解液的另一个重要组成部分。用于钾离子电池电解液的溶剂应满足以下要求：①溶解足够浓度的金属盐，即具有较高的介电常数(g，即高极性)；②具有必要的流动性，即具有较低的黏度(η)以确保高离子迁移率，以便促进钾离子的传输；③在运行状态下，电解液中的溶剂应对正极和负极均呈惰性，避免发生反应；④确保溶剂在宽广的温度区间内保持液态，意味着其需要具有较高的沸点(TB)和较低的熔点(TM)；⑤理想的溶剂还应具备高闪点(TF)、低毒性和经济实惠的价格；⑥在整个电池操作过程中，需要保持电极材料在较宽电位范围的化学稳定性。

此外，在钾离子电池首次充放电时，电极材料和电解液在界面上的反应会形成一个钝化层，遮蔽电极表面。这层钝化层具备固态电解质的属性，既是电子的绝缘层，又是钾离子的传导通道，允许钾离子自由地插入或脱离电极。因其类似电解质的功能，这种钝化层被称 SEI 膜。通常情况下，SEI 层中的有机成分来源于溶剂的分解，因而 SEI 膜的化学性质与溶剂类似。正因如此，有机溶剂不仅在钾离子电池电解液中得以广泛应用，同样也是用于下一代电池技术中不可或缺的材料。电解液中使用的有机溶剂主要分为有机酯类和有机醚类。

不同类型的电解液溶剂会影响 KIB 中电极材料的电化学性能。在 2016 年，Xu 等测试了在不同电解液溶剂(EC∶PC、EC∶DEC 和 EC∶DMC)中的 KPF_6 盐下石墨负极的电化学性能[52]。如图 4-10 所示，在 KPF_6-EC∶PC 电解液中的石墨负极表现出卓越的循环稳定性和高库仑效率。研究人员认为，KPF_6-EC∶DEC 和 KPF_6-EC∶DMC 电解液的相对较弱电化学性能是由于它们与 KPF_6-EC∶PC 电解液相比，后者在形成更稳定的 SEI 膜方面具有优势。此外，Guo 等研究者探究了不同溶剂(DMC、DEC、EC/DEC)对 KIB 中 $SnSb_2Te_4$/G 负极电化学性能的影响[71]。结果显示，KFSI-DMC 电解液相较于 KFSI-DEC 和 KFSI-EC/DEC 电解液，展现了更佳的循环稳定性。这一发现突出了电解液溶剂在影响 SEI 层形成及最终影响电极材料电化学性能方面的重要性。最近，基于醚类电解液的钾离子电池(KIB)电解液因在各种电极材料上展示出优异的电化学性能而被广泛研究。例如，Chen 所在团队报道了使用 DME 基电解液对苯二甲酸二钾($K_2C_8H_4O_4$，简称 K_2TP)在 KIB 中的卓越电化学性能[72]。K_2TP 电极在 50 mA·g^{-1} 的电流密度下显示了高达 260 mAh·g^{-1} 的可逆比容量，以及在 1000 mA·g^{-1} 下具有良好的倍率性能(185 mAh·g^{-1})，且在 500 次循环后容量保持率高达 94.6%。进一步分析指出，K_2TP 电极的卓越电化学性能可以归因于在 DME 基电解液中形成的坚固且具有高离子传导性的 SEI 膜。

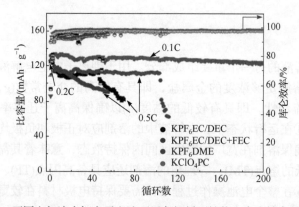

图 4-10　不同电解液中钾离子电池石墨负极循环性能和库仑效率的比较[72]

1. 碳酸酯类溶剂

基于碳酸酯的电解液因其出色的电化学性质、较高的离子电导率以及相对较低的成本，在各类碱金属离子电池中广泛商业运用。其中常见的酯类溶剂包括：碳酸乙烯酯(EC)、碳酸丙烯酯(PC)、碳酸二甲酯(DMC)、碳酸二乙酯(DEC)和碳酸甲乙酯(EMC)。一般采用的双组分溶剂系统通过优点互补，能够实现更加卓越的电化学性能，如组合 EC+PC 或 EC+DEC。王春生等研究人员探讨了石墨在三种不同的电解液中(EC+DEC，EC+PC，EC+DMC)储存钾离子的电化学性能[52]。结果发现，当以六氟磷酸钾(KPF$_6$)作溶质并配以 EC+DEC 和 EC+DMC 作为溶剂的时候，电池的初次库仑效率非常低；尤其是在 KPF$_6$/EC+DMC 电解液中，库仑效率低于 90%，并且在 70 次充放电循环后容量迅速衰减。这些研究为电解液的选择和优化在提高离子电池性能方面提供了重要参考。这种现象应归因于不稳定 SEI 膜的形成，导致溶剂持续分解。但是，当使用 KPF$_6$/EC+PC 作为电解液时，性能显著改善。此外，其库仑效率在三种电解液中最高，在几个循环后稳定约 100%。因此，电解液的溶剂匹配对电池性能也起着至关重要的作用。

同时碳酸酯溶剂也具有高电化学稳定性和优异的碱金属(Li$^+$、Na$^+$、K$^+$等)盐溶解能力。目前，最广泛使用的溶剂通常基于两种碳酸酯。环状碳酸酯(EC 和 PC)和线性碳酸酯(DMC，DEC 和 EMC)中，EC 具有最高的介电常数(89.8)，表明它对溶解盐的能力最强。EC 还有助于在各种电极表面形成坚固的保护层，有效提高 KIB 的库仑效率(CE)和可逆比容量。通常 EC 作为一种常用的酯类电解液，可以通过增加钾盐的溶解来扩大离子导电性，从而提高钾离子电池的可逆比容量。Pham 等计算了 K$^+$、Na$^+$和 Li$^+$在 EC 中的溶解能，EC 的分子动力学模拟研究揭示了 K$^+$在 EC 中的行为(图 4-11)，并观察到 K$^+$在这三种离子中表现出最弱的溶剂化结构[73]。较小的脱溶剂化能意味着电解液中离子的传输速度更快，性能更好。然而，所有事物都是一把双刃剑。K$^+$的低溶剂化能也意味着很难获得浓缩的基于 EC 的电解液[73]。他们的模拟结果同时显示，与 Li$^+$相比，K$^+$在 EC 中表现出更为无序和灵活的溶剂结构。溶剂结构的差异显著影响了离子动力学，这是 K$^+$扩散系数较大的原因。

图 4-11　Li$^+$/Na$^+$/K$^+$在 EC 溶剂中的典型溶剂化结构[73]

由于 EC 具有高熔点(36℃)，在室温下是固体，通常不能单独作为溶剂使用，因此，其他碳酸酯溶剂通常用作 EC 的共溶剂。混合物的共晶效应改变了混合溶剂的熔点，从而使电解液在室温下工作，并提高了离子导电性[53]。

截至目前，除了少数电解液使用 PC 的研究外，KIB 的大多数电解液中都使用了二元或三元碳酸酯溶剂，几乎没有使用单一溶剂配方[74]。已经研究的二元溶剂系统电解液主要包括 EC+PC、EC+DEC 和 EC+DMC。其他常用的配方是三元溶剂，如 EC+DEC+PC 和 EC+PC+DMC。最近，研究者们报道了一种新型电解液，其中 EC 和 DME 的混合物作为溶剂，KPF_6 作为溶质[51]。由于 EC 和 DME 在 50℃时的优异协同效应，可以在石墨表面形成稳定而均匀的有机富集 SEI 膜，而在传统电解液中则无法实现。这一结果证实了通过形成醚类和酯类溶剂的组合而提高电池性能的可能性。

此外，需要特别注意的是，与 Li/Na 负极相比，钾元素较高的反应性导致其与电解液之间可能发生更为严重的副反应。Zhao 等研究者对比研究了三种传统的酯类电解液(EC/PC、EC/DEC 和 EC/DMC)的电化学性能[52]。结果显示，EC/DMC 电解液在 70 个充放电循环后显示出库仑效率的快速下降，这主要是因为 DMC 在较低电位下大量分解以及还原产物电化学稳定性较差。然而，在 EC/PC 和 EC/DEC 电解液中，电池展现出 200 圈以上的可逆循环，具有较高的库仑效率和容量。根据最新的综述，尽管 EC/DEC 表现出较为宽广的电化学稳定窗口，但我们应该认识到 SEI 的稳定性不仅与溶剂的活性相关，也与反应产物的稳定性密切相关。显然，负极与电解液之间的界面稳定性是需要进一步研究的一个领域[75]。

最近，Park 团队开发了 SnP_3@C 纳米复合材料，将其作为高性能的负极材料，并利用含有 0.75 mol·L^{-1} KPF_6 的 EC/DEC 作为电解液进行了电化学性能评估[76]。该电池在 50 mA·g^{-1} 的电流密度下展示了 410 mAh·g^{-1} 的初始可逆比容量，并且在 50 个充放电循环后比容量维持在 408 mAh·g^{-1}，说明了其卓越的循环稳定性，同时也显示出良好的倍率性能。此外，研究者提出了该材料的钾合金化及脱合金化的机制，如图 4-12 所示。采用同样的电解液，介孔碳(OPDMC-1000)作为负极材料也进行了测试。在较高的比电流 500 mA·g^{-1} 下，OPDMC-1000 表现出了令人印象深刻的长循环寿命，3000 个循环后保持了 112 mAh·g^{-1} 的可逆比容量，同时保持了接近100%的库仑效率。然而，若想将这类电池推向

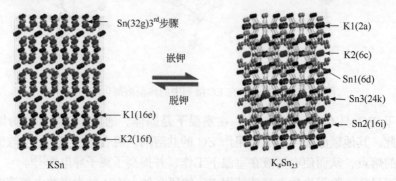

图 4-12　SnP_3/C 的反应机理[76]

市场实际应用，还需要对其热稳定性、电化学稳定性及安全性等方面做进一步的优化和改进。这些研究成果不仅推动了钾离子电池技术的进步，同样也为设计更高效的电池系统提供了重要的理论和实践依据。

2. 磷酸酯类溶剂

安全性对 KIB 的实际应用非常重要。溶剂的另一个重要功能是作为阻燃剂，需要具有高热稳定性、低毒性和低挥发性。常见的碳酸盐基溶剂在加热时会产生氢自由基，而由此产生的氢自由基可以进一步与氧气反应产生氧自由基。这可能引发更多自由基的产生，最终导致自燃。因此，基于碳酸酯的传统电解液具有高挥发性和易燃性，存在引发火灾和严重安全问题的高风险(图 4-13)。高浓度和局部高浓度电解液具有较低的火灾危险性，提高了电池的安全性。这对 KIB 来说尤为重要，因为钾金属与氧气和水的反应性剧烈。但在一些极端环境下，使用具有高蒸气压和低闪点的传统有机溶剂的浓缩电解液仍然难以避免火灾事故。磷酸酯基溶剂在电解液分解过程中生成的磷自由基能与氢自由基进行反应，有效抑制了自由基的连续链式反应，从而有助于防止电解液溶剂的燃烧。鉴于磷酸酯类溶剂与碳酸酯类溶剂有相似的物理和化学特性，开发基于磷酸酯的非易燃或阻燃电解液成为解决电池安全性问题的一个可行方法。此外，同 LIB 一样，KIB 也采用了阻燃的磷酸酯溶剂，如磷酸三乙酯(TEP)、磷酸三甲酯(TMP)和二甲基甲基磷酸酯(DMMP)。尽管如此，由于溶剂的持续分解和 SEI 层形态的不稳定，稀释的磷酸酯电解液在性能上不是特别理想。最近，刘等研究人员开发了一种非易燃的 $(CH_3O)_3PO(TMP)$ 溶剂，以增强钾离子电池的安全性[77]。这种 TMP 溶剂展现了多方面的优势，包括阻燃能力、宽温工作范围、低黏度和高介电常数。这些特性使得 TMP 溶剂成为提升钾离子电池安全性能的有力候选物。这项创新不仅解决了钾离子电池在使用过程中可能出现的安全问题，同时也为开发新型、安全可靠的电池电解液提供了重要参考。这种经过优化的非易燃性高浓度电解液，KFSI：TMP 物质的量比为 3：8，适用于石墨电极。石墨电极在 0.2 C 的充放电循环中保持了高达 279 mAh·g^{-1} 的高比容量，在 2000 个循环后具有高达 99.6%的高库仑效率。高循环稳定性归因于形成了均匀稳定的富氟 SEI 膜，显著抑制了电解液的分解。均匀 SEI 层的形成取决于电解质盐的组成。在盐溶剂比为 1：8(KFSI：TEM)的电解液中，由于溶剂结构，K$^+$未完全溶解，导致充电过程中溶剂严重分解和不可逆比容量损失。将物质的量比提高到 3：8(KFSI：TEM)，所有 TMP 分子都固定在 K$^+$的主要溶剂化鞘中，形成了均匀稳定的 SEI 膜。此外，研究使用了优化的非易燃性电解液测试钾//钾对称电池的电化学性能，发现在非易燃性高浓度电解液中，钾金属具有稳定的沉积和剥离，并且较其他电解液有更小的极化电位 0.12 V。

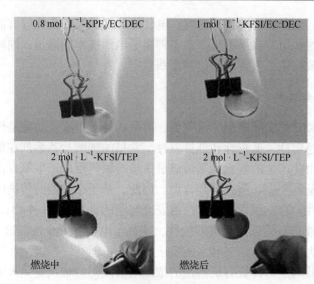

图 4-13　电解液的燃烧实验[77]

在 2019 年，Feng 等也证明了石墨在 3.3 mol·L^{-1} KFSI/TMP 电解液中可以稳定循环 80 次以上[78]。而 Guo 的团队对不同磷酸酯(TEP、TMP 和 DMMP)基电解液以及对 K 金属和石墨负极的影响进行了系统研究[79, 80]。发现由于 K$^+$阳离子和磷酸酯相对较弱的溶剂化作用，钾电解液具有较低的黏度和较高的导电性。经过优化，适度浓缩的 2 mol·L^{-1} KFSI/TEP 电解液能够在超过 500 个循环中实现无树枝状的钾金属沉积，其库仑效率(CE)超过 99.6%，并在 0.2 C 下提供石墨负极的接近理论比容量和超过 300 个循环的稳定循环。相比之下，基于磷酸酯溶剂的 LiFSI 和 NaFSI 的电解液在 2 mol·L^{-1} 以下不能实现可逆，而需要高浓度的盐(>3 mol·L^{-1})来实现高性能。这种非易燃的 2 mol·L^{-1} KFSI/TEP 电解液的成功归因于其溶剂化结构，导致 TMP 的高溶剂化比率(69.4%)和形成坚固的 KFSI 盐源 SEI 膜，膜厚约为 10 nm。磷酸酯溶剂分子的溶剂化比率可以在 KFSI/TMP 电解液中进一步提高，当盐/溶剂物质的量比为 3 : 8 时，几乎达到 100%的溶剂化比率，这是由于 TMP 的较高介电常数。

而且，这种电解液与石墨负极高度相容，并显示出前所未有的优异的化学稳定性。经过以 0.2 C 倍率进行两年的循环后，其容量仍保持了 74%。除了不可燃特性外，这种电解液主要由接近 100%溶剂化的 TMP 和稳定的 FSI$^-$阴离子衍生的富含氟的固体电解质界面(SEI)组成，这有效地防止了电解液分解并促进了可逆性。最近，Chen 等在 TEP 基电解液(2.0 mol·L^{-1} KFSI 在 TEP 中)中研究了 ZnP$_2$ 作为负极材料的电化学性能[81]。除了 TEP 基电解液固有的不可燃优势外，作者发现在 TEP 基电解液中，KFSI 在 SEI 中的分解形成的含硫物种可以通过充放电过程可逆地演变和转化，而不是在 EC/DEC 基电解液中的反复形成和降解。这种有趣的可逆

SEI 有助于提高电极的循环稳定性。Liu 等提出了一种 KFSI-TEP 电解液，它有助于钾金属负极的稳定沉积，500 个循环内具有 99.6%的高库仑效率和小电压滞后[82]。

此外，磷酸酯，包括磷酸三乙酯(TEP)、磷酸三甲酯(TMP)和甲基磷酸二甲酯(DMMP)，也被广泛用作层状氧化物(LTMO)的正极溶剂，以防止由 EC 插层引起的层状氧化物正极($K_{0.5}MnO_2$)的剥离，实现了 $K_{0.5}MnO_2$//石墨全电池的出色的电化学性能[83]。与 EC/DEC 电解液相比，在 TEP 电解液中的 $K_{0.5}MnO_2$ 在循环过程中可以保持原始的块体结构，而在 EC/DEC 电解液中则会出现严重的剥落和断裂现象。因此，在 TEP 电解液中，$K_{0.5}MnO_2$ 正极可以在 2.0~4.2 V($vs.$ K^+/K)下工作良好，提供大的可逆比容量(120 mAh · g^{-1})和 400 个循环后 84%的高容量保持率。Zhu 等进行了密度泛函理论(DFT)计算，阐明了 TEP 和 EC 插入 $K_{0.5}MnO_2$ 正极的过程(图 4-14)[83]。EC-K^+的 Sterimol 参数(D_{K-M})约为 1.22 Å，这样一个较小的有效体积使得 EC 能够轻松插入去钾化的 $K_{0.5}MnO_2$ 中，导致严重的电极剥离。相比之下，K^+-TEP 具有较大的 DK-M 值(4.48 Å)，防止 TEP 分子的插入，从而保持 $K_{0.5}MnO_2$ 的结构完整性。一些后续研究也证实了以磷酸盐为基础溶剂时，支撑过渡金属氧化物作为正极的出色性能。近期，徐等也证实了以 2.5 mol · L^{-1} KFSI 在 TEP 中作为电解液，层状 K_xMnO_2 正极表现出优异的钾储存性能，具有高度可逆性和显著的循环稳定性[84]。因此，非易燃电解液在实际 KIB 中显示出巨大的潜力[85]。

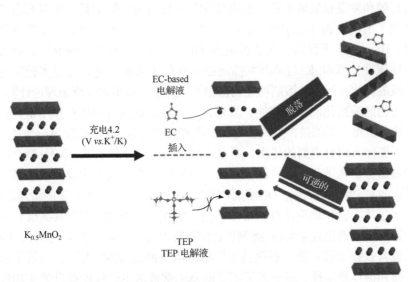

图 4-14　TEP 基解液中 $K_{0.5}MnO_2$ 的结构变化示意图[83]

3. 醚类溶剂

与酯基电解液相比，醚基电解液最显著的特点是强的溶剂化作用。常见的醚类溶剂包括乙二醇二甲醚(DME)、二乙二醇二甲醚(DEGDME)、三乙二醇二甲醚(TEGDME)和 1,3-二氧戊烷(DOL)。具体而言，醚溶剂中极性醚基团的氧原子孤对电子可以通过静电相互作用与 K^+ 形成配位。如果醚溶剂与 K^+ 之间的相互作用强于阴离子与 K^+ 之间的相互作用，则钾盐将解离，从而使 K^+ 被"溶剂化"包围。因此，基于醚的电解液因其较高的溶解性而被广泛应用于 LIB 和 SIB，并且在 KIB 中也应用广泛[86, 87]。一项研究报道，与 $1\ mol \cdot L^{-1}$ $KPF_6/EC+DMC$ 电解液相比，在基于醚的电解液($1\ mol \cdot L^{-1}$ KPF_6/DME)中，层状 TiS_2 正极材料的储钾的比容量和倍率性能表现优异。此后，电流间歇滴定技术测试结果显示，基于醚的电解液提供了更高的电荷转移速率和 K^+ 扩散速率，这是由于线性的 DME 分子具有更多的电子供体[88]。此外，Li 的团队还比较了石墨作为 KIB 负极在 $1\ mol \cdot L^{-1}$ $KPF_6/EC+DMC$ 和 $1\ mol \cdot L^{-1}$ KPF_6/DME 电解液中的电化学性能[89]。与基于 EC+DMC 的电解液相比，基于 DME 的电解液中的石墨负极具有更高的工作电压，以及几乎可以忽略不计的固体电解质界面和较小的体积膨胀(图 4-15)。在基于二甲醚(DME)的电解液中，钾离子与石墨的交互并非通过简单的插层形式形成 KC_8，而是钾离子与醚分子共同插层入石墨，产生电荷屏蔽效应。这种共插层现象可能导致石墨间的相互作用减弱，从而带来更高的工作电压、增加的钾离子扩散速率以及减小的体积膨胀。因此，石墨电极的电化学行为，如反应机制、比容量和工作电压等方面，会有显著的变化。Pint 等展示了醚基电解液中，钾离子在天然石墨和多层石墨烯电极上的电化学共插层行为。特别是，多层石墨烯泡沫电极展现了出色的循环稳定性(1000 次循环后容量保持率达 95%)和良好的倍率性能(在 $10\ A \cdot g^{-1}$ 下保持最大比容量的 80%)。最近，陈军的研究团队通过实验与第一性原理计算对 K^+ 与溶剂共插层条件进行了系统研究。通过实验观察到，石墨电极的钾储存行为与溶剂种类紧密相关。接着，利用密度泛函理论计算了 K^+-溶剂配合物的溶剂化能和脱溶能，发现钾离子与溶剂强烈的相互作用是共插层发生的关键。值得一提的是，发现在 PC 基电解液中的 K^+-溶剂共插层行为是不可逆的。为了更深入理解溶剂的作用，通过密度泛函理论计算了[K-溶剂]+复合离子的最低未占据分子轨道(LUMO)能级以及与石墨的费米能级的比较。结果显示，要实现可逆的 K^+-溶剂共插层，[K-溶剂]$^+$的 LUMO 能级必须高于石墨的费米能级。

　　基于这些实验和理论计算，得出结论，实现可逆的 K^+-溶剂共插层状态需要强烈的钾离子溶剂化现象和[K-溶剂]$^+$复合物的较高 LUMO 能级。此外，Pint 等研制的包含普鲁士蓝正极、石墨负极和醚基电解液的 KIB 系统，展示了出色的倍率性能和循环稳定性，进一步证实了醚基电解液对电池性能提升的实用性和重要性。然而，醚基电解液通常表现出较差的氧化稳定性，这将影响它们与高电压正极材料的兼容性。因此，寻找一些有效的方法来提高醚基电解液的氧化稳定性是必要的。

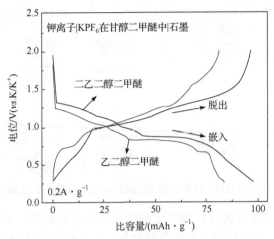

图 4-15　不同电解液中石墨电极的充放电曲线[90]

　　由于溶剂化层的还原产物是 SEI 膜的主要组成部分，溶剂化层的结构决定了 SEI 膜的形成和组成。一般来说，溶剂和阴离子的相对量决定了 SEI 膜的组成是有机还是无机。溶剂和阴离子的分解顺序也会影响 SEI 膜的均匀性。由于醚溶剂具有较强的溶剂化能力和高正极稳定性，在低电位下不容易分解，从而形成薄的 SEI 层，显著缩短了 K^+ 的扩散路径，提高了电池的倍率性能[91-92]。Xu 等研究了醚基电解液和酯基电解液中 HOMO 和 LUMO 的分子能级(图 4-16)[93]。作者认为 FSI^- 的 LUMO 能级比 DME 低得多。在 EC/DEC 电解液中，FSI^-、EC 和 DEC 的 LUMO 能级相近。根据以上结果，作者认为 KFSI 在 DME 基电解液中倾向于优先分解，形成富无机组分的 SEI 膜，而在 EC/DEC 基电解液中，FSI^-、EC 和 DEC 几乎同时开始分解。此外，在 EC/DEC 基电解液中，无机/有机成分在 SEI 薄膜中的随机分布以及 EC/DEC 的持续分解导致循环性能较差。因此，基于醚类电解液能显著提高各种负极材料的电化学性能，包括碳材料、金属、金属氧化物和金属硫化物。例如，Chen 团队报道了在使用乙二醇二甲醚(DME)基电解液时，对苯二甲酸钾($K_2C_8H_4O_4$，K_2TP)在 KIB 中表现出卓越的电化学性能[72]。K_2TP 电极显示出高的可逆比容量(50 $mA \cdot g^{-1}$ 时为 260 $mAh \cdot g^{-1}$)，良好的倍率性能(1000 $mA \cdot g^{-1}$ 时为 185 $mAh \cdot g^{-1}$)和优越的循环稳定性(500 个循环后容量保持率为 94.6%)。K_2TP 电极的优越电化学性能也归因于在 DME 基电解液中形成的坚固且高 K^+ 离子导电性的 SEI 膜。

　　酯类和醚类电解液作为两种主要的电池电解液溶剂，其物理性质对电解液的综合性能产生显著影响。以 KFSI-DME 电解液为例，该电解液因其低黏度、高电离子导电性能、持久的循环寿命以及卓越的倍率性能而备受推崇。对钾离子电池而言，SEI 的形成对保持良好的循环性能至关重要。Wang 等研究人员同样对

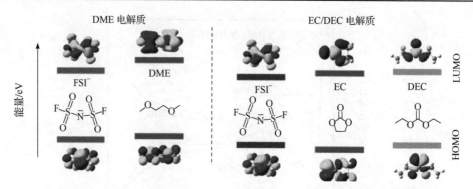

图 4-16　FSI⁻在 DME 和 FSI⁻在 EC/DEC 中的 HOMO 和 LUMO 能级[93]

酯类和醚类电解液在石墨负极的电化学性能进行了评估[88]。他们发现，在使用 DME 和 EC/DMC 电解液时，石墨负极的初始电荷传递效率分别达到了 87.4%和 69.6%。这一差异凸显了不同电解液溶剂种类对电池性能的潜在影响。这些研究结果揭示了选择合适的电解液溶剂对提升钾离子电池性能的重要性，同时也指出了固态电解质界面在电池循环性能中的关键作用。通过深入理解电解液溶剂对 SEI 层影响的机制，可以为设计更高效、更安全的钾离子电池提供理论支持和实验依据。此外，他们通过溶液法制备了三维 N 掺杂 SnSb 纳米复合材料，并研究了其作为 KIB 负极的性能。研究人员发现，基于 DME 的电解质的界面电阻比 EC/DEC 电解液低，因为它形成了均匀稳定的 SEI。此外，Wang 等通过循环伏安法评估了 DME 基和 EC/DEC 基电解液[94]。循环伏安法结果证实，线性分子DME 具有更高的电子数，而在 DME 中 K^+ 的斯托克斯半径较 EC/DEC 中的斯托克斯半径小，从而导致更好的动力学性能。因此，醚类电解也因其优越的热力学稳定性和更好的动力学而提高了循环寿命和倍率性能。然而，我们应该意识到，不同溶剂的 SEI 形成机制仍不清楚，需要进一步探索。此外，由于醚类溶剂的抗氧化性较弱，基于醚类的电解液不适用于高电位(>4.0 V)的全电池。改进其高电位稳定性可能是下一步需要考虑的策略。提高高电位稳定性应该是未来这个领域的研究方向。

　　随后，徐等对在 DME 基电解液中蒽醌-1,5-二磺酸钠盐(AQDS)正极的优越电化学性能进行了系统研究[95]。通过恒流间歇滴定技术和电化学阻抗谱测试，研究了 AQDS 电极在不同电解液中的反应动力学。结果显示，DME 基电解液比 EC/DEC 基电解液具有更快的反应动力学。为了更好地了解 SEI 膜在 AQDS 电极的电化学性能中的作用，他们通过扫描电子显微镜(SEM)、透射电子显微镜(TEM)、X射线光电子能谱(XPS)和原子力显微镜(AFM)等多种表征方法，系统地研究了不同电解液中的 SEI 膜。SEM 和 TEM 观察到在 DME 电解液中形成了一层薄而稳定的 SEI 膜。与 EC/DEC 基电解液相比，在 DME 基电解液中产生了更多的无机成分。此外，通过 Ar$^+$ 刻蚀证明，在 DME 基电解液中形成了富含无机成分的内层 SEI 膜。AFM 结果显示，在 DME 电解液中，AQDS 电极的平均杨氏模量(10.1 GPa)高于 EC/DEC 电解液(3.3 GPa)。这些结果揭示了在 DME 基电解液中形成了致密且稳定的 SEI 膜，从而导致了优越的性能。

除了有机材料，一些无机材料在使用以醚为基础的电解液时也展现了卓越的电化学性能。Chen 研究团队进一步展示了，通过将传统的酯基电解液替换为醚基电解液，能够显著提升商用 Bi 材料在电化学性能方面的表现[55]。不同于在 PC 基电解液中易发生粉碎的现象，DME 基电解液中的 Bi 却能形成三维的多孔网络结构。通过密度泛函理论的计算，研究表明 DME 分子对 Bi 的强化学吸附作用是促进这种独特三维多孔结构形成的关键因素。这项发现不仅揭示了醚基电解液在提升某些无机材料电化学性能方面的潜力，也为钾离子电池等能量储存设备中材料的选择和电解液的设计提供了新的思路。通过优化电解液组成，可以进一步激发电极材料的电化学活性，并影响其微观结构的形成，从而为开发高性能电池技术开拓新的可能性。多孔结构有助于适应大体积变化，并促进电解液与 Bi 电极的接触。因此，Bi 负极在 1 mol · L^{-1} KPF$_6$/DME 电解液中表现出高的初始放电比容量(0.5 C 时为 496.0 mAh · g^{-1})、优异的循环稳定性(300 次循环后容量保持率为 86.9%)和良好的倍率性能(3 C 时为 321.9 mAh · g^{-1})。

由于其快速的离子传输、低黏度以及促进稳定的 SEI 膜形成的能力，迄今乙二醇二甲醚(DME)是电池应用中研究最广泛的醚溶剂。Wang 等研究了 DME 基电解液中石墨的 K$^+$储存性能，并实现了高达约 0.7 V 的操作电压[89]。他们发现 K$^+$ 在酯基电解液中的插层行为与在醚基电解液中不同。在 EC/DMC 基电解液中，K$^+$插入石墨并形成 KC$_8$；然而，在 DME 基电解液中，K$^+$与醚溶剂形成配合物共同插入石墨。这种共插层行为避免了完全脱溶剂化的能量损耗，导致高插入电位，而石墨与插入物种之间的弱相互作用有助于 K$^+$扩散。最近，卢及其同事还提出了关于溶剂对电池性能影响的新视角。他们进行了密度泛函理论(DFT)计算，研究了阳离子-溶剂之间的相互作用。与 DME 基系统相比，在 1,2-二乙氧基乙烷(DEE)基系统中所需的脱溶剂化能较少，表明 K$^+$-DEE 相互作用较弱[96]。石墨负极在 DEE 基电解液中的优异电化学性能表明，通过减弱阳离子-溶剂之间的相互作用，可以阻止共插层行为，并提高电解液的氧化稳定性。此外，Xiao 等报道了高浓度 KFSI-DME 电解液与稀释的 KFSI-DME 电解液相比展现出优异负极稳定性[46]。根据理论计算，DME 在浓缩电解液中倾向于紧密结合 K$^+$，降低了 HOMO 能级，减缓了电解液的氧化分解。因此，高浓度 DME 基电解液与高压(约 5 V)正极兼容。一些随后的研究也证实了这些结果。

另外，醚类溶剂的溶解度比传统的酯类电解液更高。在高浓度的醚类电解液中，醚分子紧密结合在盐离子上，使得系统的稳定性增加。DME 作为常见的醚类溶剂已经得到广泛研究。Hosaka 等报道了在高浓度 KFSI-DME 电解液中的石墨负极表现出优异的离子导电性并有助于形成稳定的 SEI 膜[97]。石墨负极的电荷传递效率达到了 99.3%，石墨//$K_2Mn[Fe(CN)_6]$全电池在 101 个循环后保持了 85% 的容量保留率。Xiao 等也采用了类似的方法，评估了高浓度(KFSI-DME)电解液的对称 K//K 电池和全电池的性能。对比稀释电解液，高浓度电解液能够提供更出色的氧化稳定性。最近，Zhang 等研究人员制备了多个不同浓度的 KTFSI 与 DEGDME(二乙二醇二甲醚)电解液，并对 Bi@C(碳包覆的铋)负极材料的循环性能和倍率性能进行了评估[98]。结果显示，Bi@C 电极在经过 600 个充放电循环后表现出优异的循环寿命，容量保持率达 85%。并且，随着电解液浓度的增加，电解液的还原反应电流减少，这导致 Bi@C 电极的可逆持容量有所上升。Xie 及其研究团队也报道了使用高浓度醚类电解液能够有效地抑制金属枝晶的生长，并且在电极表面形成均匀稳定的 SEI 层，显著改善了电池的电化学性能。这提供了一条提高钾离子电池性能的途径，即增加电解液的浓度以稳定电极界面，抑制不良反应，并改进电池的充放电周期稳定性。这些研究成果有助于指导未来钾离子电池电解液和电极材料的优化设计，为实现高能量密度和高安全性的钾离子电池的商业化应用奠定基础[93]。

　　DEGDME 和 TEGDME 在结构上与 DME 相似，但具有较高的分子量。一般来说，随着链长的增加，溶剂化能力会提高。因此，TEGDME 在这三种电解液中具有最强的溶剂化能力，这也保证了它具有较高的沸点和强的螯合能力。然而，其高的分子量导致的体积庞大的空间构型和高黏度使得 TEGDME-K^+具有较慢的离子传输和高的脱溶剂化能垒，从而限制了其高倍率性能。DEGDME 在化学稳定性、黏度和配位结构方面适中，因此表现出较高的倍率性能。综合考虑这些因素，DEGDME 比 TEGDME 更适合用于 KIB。Li 等报道了在 DEGDME 基电解液中，P2-$K_{0.67}MnO_2$ 上形成的两层界面层的充电过程(图 4-17)[99]。在高电压(4.0 V)下，由聚集的 FSI$^-$阴离子和 DEGDME 分子分解形成的 SEI 膜。周等优化了 KNiHCF 电极在 DEGDME 基和 EC/DEC 基电解液中的电化学性能。KNiHCF 在 DEGDME 基电解液中表现出小的过电位(41 mV)、可逆放电比容量(62.8 mAh·g^{-1})和高放电电压(3.82 V)[100]。Kang 和他的合作者通过使用典型的 K/石墨半电池，系统地研究了 SEI 膜对比容量衰减的影响。根据他们的研究，EC/DEC 溶剂的分解导致 SEI 膜不断增厚，这是 EC/DEC 基电解液中 K/石墨半电池快速比容量衰减的主要原因[101]。相比之下，DEGDME 电解液中形成的 SEI 膜较薄且更稳定。这一结果还通过对 DEGDME 电解液中 K 金属电极的钝化层组分进行深度剖析 XPS 分析后获得了进一步证实。

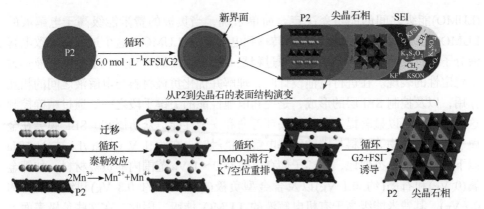

图 4-17　双相间层形成的示意图[99]

4. 其他类溶剂

在 2021 年，Tang 等在研究不同钾盐在各种溶剂中的溶解性后，制备了一种通过在四亚甲基砜(TMS)中溶解 KFSI 制备的电解液[102]。这种电解液具有较高的氧化电位，可以承受比酯基电解液更高的电压(6.0 V)。此外，FSI⁻阴离子在石墨正极处的插层可逆性得到增强，从而显著提高了钾双离子电池的能量密度。受到这项工作的启发，Zhou 等比较了 KVP 在 EC/PC 和 TMS 基电解液中的钾储存性能，发现在使用 TMS 时，负极起始电位增加到约 4.9 V，这意味着显著增强的氧化稳定性[103]。尽管 KVP 的工作电压较高(4.1 V)，但在 TMS 基电解液中，KVP 正极显示出较小的极化程度和较低的电压滞后(126 mV *vs.* 277 mV)。KVP//插层钛酸钾组合的全电池显示了在 600 个循环后 81.9%的高容量保持率，展示了 TMS 基电解液在高压 KIB 中的巨大潜力。

4.3.3　添加剂与界面

电解液添加剂也是改善钾离子电池电极材料电化学性能的有效策略。电解液添加剂通常以质量或体积低于 5%的含量被添加到电解液中，以提高电化学性能。即使是微量的电解液添加剂也能在很大程度上改变电解液的电化学性能。这些添加剂主要通过参与 SEI 膜的形成、改变 K⁺的溶剂化结构、增加电解液润湿性、降低黏度、预防过充电和提高热稳定性等方式影响钾离子电池。根据以往的研究，添加剂多以改善 SEI 膜的形成过程为主。

自 20 世纪 70 年代固态电解质界面(SEI)层在负极表面形成的概念首次被提出以来，SEI 层已经成为影响二次电池，尤其是锂离子电池性能的关键因素之一。SEI 层相当于一个"保护层"，它覆盖在负极材料的表面，可以阻止电极材料的进一步分解，同时允许锂离子透过，从而实现电池的充放电循环。SEI 层的形成与否，以及其质量，主要由负极材料的费米能级与电解液中最低未占据分子轨道

(LUMO)能级之间的能量差决定。简单来说，当负极的费米能级高于电解液的 LUMO 能级时，负极就能将电子转移到电解液的 LUMO，这个过程会导致电解液分子的自发还原反应。这个还原过程是 SEI 层形成的始动力，也是电解液热力学稳定性的表现。在进行电池设计时，理解并优化负极材料与电解液之间的相互作用，以及控制 SEI 层的形成，是提高电池性能的关键手段之一。通过精确控制这一过程，可以显著提升电池的循环寿命和安全性能。众所周知，SEI 膜会在金属、碳和氧化物等材料与碳酸酯基电解液接触时，在约 1 V $vs.$ Li⁺/Li 或 Na⁺/Na 以下自发形成。类似地，钾离子储存电位在 $0\sim1$ V_K 范围内的负极材料，如钾金属(0 V_K)和石墨(约 0.1 V_K)以及合金型负极(锑(Sb)，约 0.8 V_K)和红磷(P，约 0.7 V_K)，其费米能级高于有机电解液的 LUMO 能级。因此，在这些负极表面上的电解液电化学还原是热力学驱动的。

与此同时，阳离子-溶剂或阳离子-阴离子相互作用的性质对溶剂/阴离子的还原稳定性产生很大影响，因为它影响了阳离子中心周围的溶剂化结构和溶剂配位数。当溶剂或阴离子与阳离子配位时，它们的 LUMO 能级会降低，因为它们将电子对捐赠给阳离子。因此，溶剂化和离子对形成甚至可能促进电解液的分解。LUMO 能级是使用 DFT 计算得出的，所有离子-溶剂复合物，包括 EC、DEC、FEC、PC、DOL 和 DME，与纯溶剂相比，都表现出较低的LUMO能级(图 4-18)。碳酸酯溶剂的 LUMO 能级降低大小顺序为 Li⁺>Na⁺>K⁺，并且与结合能有线性关系。然而，醚类溶剂的 LUMO 能级变化较大，且顺序为 Na⁺>K⁺>Li⁺。对于酯类和醚类电解液的不同规律需要对每个系统进行未来的细致研究，考虑到阳离子对溶剂还原稳定性的影响是复杂的。可以得出结论，电解液的还原稳定性和 SEI 层的形成都受到电解液中的阳离子影响，这强调了理解 KIB 与广泛研究的 LIB 和 NIB 之间 SEI 层差异的必要性。

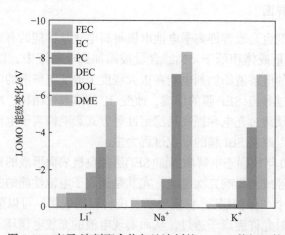

图 4-18　离子-溶剂配合物与纯溶剂的 LUMO 能级比较

众所周知，K+的氧化还原电位比 Li+稍高($\Delta E \approx 0.1$ V)，因此从热力学角度来看，电解液还原在负极端可能会略有抑制。然而，文献研究表明，钾电池化学性质与锂电池的差异要比预期的大得多。考虑到钠电池化学性质，这种差异变得更加显著。独特的 K 化学性质可能导致钾离子 SEI 的化学成分、形态、结构和力学稳定性与锂和钠离子 SEI 有所不同。

2001 年，Moshkovich 等首次指出表面还原产物的溶解度对 SEI 膜的稳定性有很大影响[104]。他们发现在含有锂和钾盐(LiClO₄ 和 KClO₄)的 PC 中形成的贵金属表面膜比在 Na 盐(NaClO₄)溶液中形成的膜要稳定得多。这一结果被归因于含钠化合物在 PC 中的溶解度比锂和钾化合物高。这一事实可能起源于碱金属离子的 Lewis 酸性差异，顺序为 Li+>Na+>K+。一般来说，较强的 Lewis 酸与溶剂或负电荷物种的库仑相互作用更为显著。因此，其盐的溶解度更高。事实上，NaClO₄ 在 PC 中的溶解度比 KClO₄ 更高。然而，由于 Li+的尺寸较小，锂化合物在极性非质子溶剂中的溶解度受到异常的影响；锂氧化物、氢氧化物和碳酸盐中的强的键限制了它们在这类溶剂中的溶解度。与此同时，钠电解液中非聚合有机 SEI 膜成分导致了表面物种的溶解度增加。与钠相比，锂形成更稳定的聚合或交联 SEI 膜成分，如有机金属化合物，因此锂体系中的 SEI 稳定性显得更为显著。

考虑到 K+比 Na+具有较弱的 Lewis 酸性，可以想象钾化合物在 SEI 层中的溶解度低于钠化合物。然而，问题仍然存在：钾离子 SEI 膜是否与钠离子 SEI 膜一样不聚合？如果不是，钾离子 SEI 膜的机械强度是否与锂离子 SEI 膜相当？到目前为止，关于这个问题的实验或模拟结果非常有限。

与早期使用贵金属的研究类似，硬碳电极上形成的 SEI 膜也预计会有所不同。Komaba 等通过硬 X 射线光电子能谱(HAXPES)和飞行时间二次离子质谱(TOF-SIMS)比较研究了硬碳在 Li、Na 和 K 电池中的 SEI 膜[105]。硬碳电极在 1 mol · L⁻¹ AFSI(A=Li, Na, K)PC 电解液中循环，首次库仑效率分别为 78%、91% 和 84%，初始可逆比容量分别为 270 mAh · g⁻¹、263 mAh · g⁻¹ 和 215 mAh · g⁻¹。如图 4-19 所示，与钠电池相比，在锂和钾电池中形成的 SEI 膜显示出更高的峰值强度。特别是，在锂和钾电池中的有机组分的量，主要是由于 PC 分解产生的烷基碳酸盐和烷氧基化合物，比钠电池中的量显著增加。这一结果与贵金属的研究结果一致。

此外，钾电池中的 SEI 膜与锂电池中的 SEI 膜具有不同的化学成分，特别是在无机物种的含量上有明显差异。在钾电池中，—SOₓF 物种的含量最多，而 KF 的含量相对较小，比锂电池中的 LiF 含量要少。值得注意的是，只有在钾电池中才观察到 S⁰ 和 KₓSᵧ 的峰值。与—SOₓF 物种不同，S⁰ 和 KₓSᵧ 的存在表明阴离子的分解更为显著。在 Li 和 Na 电池中，这些特征性的阴离子衍生 SEI 膜组分仅在高浓度的 FSI⁻或 TFSI⁻电解液中观察到。然而，在 1 mol · L⁻¹ KFSI/PC 稀释电解液中出现了这些 SEI 膜组分。这些结果表明钾离子 SEI 的形成机制不同。

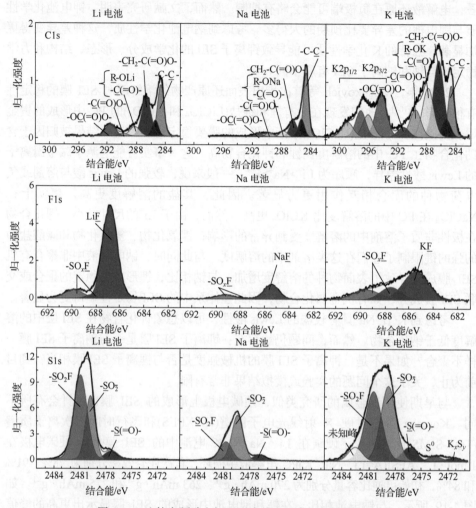

图 4-19　比较在硬碳电极上形成的 SEI 膜的化学成分[104]

　　TOF-SIMS 进一步证明了 SEI 膜组分的差异。考虑到探测深度约为 1 nm，TOF-SIMS 谱代表了 SEI 膜的最外表面。在锂电池中，同时存在有机(如 C_2H_7 和 C_2H_6OLi)和无机(如 Li_2F 和 Li_3O)组分。相反，在钠和钾电池的 TOF-SIMS 谱中，大部分组分(如 Na_2O、NaF、K_2O 和 KF)都被归属为无机片段。尽管在 K 电池的 HAXPES 谱中确认了大量的有机成分，但最外层 SEI 膜中明显缺少有机成分。这表明钾离子 SEI 膜与锂离子 SEI 膜在成分分布和结构上存在差异。这种差异可能源于电解液的还原稳定性和分解产物的溶解度。这一现象进一步表明了钾离子 SEI 膜的独特性。此外，通过电化学测试还可以识别不同碱金属离子的 SEI 膜差异，电化学阻抗谱是一种方便且强大的诊断 SEI 膜的技术。然而，Hess 指出，这种考虑在碱金属离子电池中不成立[106]。EC/DMC(1∶1 wt)和相应的 APF_6(A=Li, Na, K)盐的对称 Li、Na 和 K 电池的过电位显示出非线性行为。与未施加电流的情况相比，$0.7~mA \cdot cm^{-2}$ 处的偏移分别为 32 mV、152 mV 和 227 mV，而 $0.7~mA \cdot cm^{-2}$ 和 $28~mA \cdot cm^{-2}$ 之间的过电位差略有变化，分别为 495 mV、694 mV 和 628 mV。Na 和 K 相对于 Li 的过电位增加，特别是在低电流密度下，归因于 Na 离子和 K 离子 SEI 膜的离子导电性较差。电化学阻抗谱(EIS)明显显示了阻抗值从 45 Ω(Li)增加到 244 Ω(Na)和 2771 Ω(K)的数量级的增加，说明了 KIB 的显著劣势，并迫切需要改善 KIB 的 SEI 膜的电化学性质。

为了促进 SEI 的形成，理想添加剂的费米能级应该使其在电极表面上优先被还原或氧化。氟代碳酸乙烯酯(FEC)已广泛应用于锂离子电池和钠离子电池的电解液添加剂，并且在钾离子电池中也越来越受到关注。尽管其含氟分子结构具有高介电常数、适当的熔点和良好的润湿性，但由于其较高的价格，FEC 很少用作溶剂。得益于含氟结构的强氧化抗性，FEC 通常用于高电压电解液的添加剂。

Jin 及其合作者通过调节碳酸酯基电解液中的 FEC 浓度，研究了 FEC 引发的 SEI 膜对碳基电极材料的影响[107]。他们发现 FEC 添加剂在约 1.4 V 时发生电化学反应分解，并在碳表面形成 KF 的无机层。这层 KF 有效地阻止了溶剂分子的渗透，并增强了循环稳定性。当添加的 FEC 浓度过高(5.0 wt%)时，形成的无机 KF 层变得非常致密，从而限制了 K^+ 的传输。在许多负极材料中，特别是插层型和合金型负极中，添加 FEC 会导致较差的电化学性能。例如，Marbella 等研究了 FEC 存在下硬碳负极上沉积的 SEI。他们发现 FEC 分解形成了具有较差离子导电性的无机化合物(KF 和 K_2CO_3)，导致界面电阻增加和比容量衰减[108]。在这种情况下，KF 的作用与 Jin 等描述的相反。因此，FEC 在 KIB 中的作用需要进一步研究。Nazar 的研究小组研究了 FEC 添加剂对 EC/DEC 电解液中 KFHCF 正极电化学性能的影响。添加 5% FEC 的电解液显示比不含 FEC 的电解液具有更高的库仑效率。KFHCF 正极在添加 5% FEC 的电解液中表现出优越的循环稳定性(300 次循环后容量保持率为 60%)。优越的电化学性能归因于 FEC 的引入，有效抑制了电解液的副反应[94]。随后，王的研究小组还发现 FEC 可以抑制树枝状枝晶的形成。在 $1~mol \cdot L^{-1}$ KPF_6 DME 电解液中，经过 5 次循环后明显出现了钾枝晶。在将 FEC 引入电解液后，经过 5 次循环后，钾金属表面仍然保持大致平坦[109]。随后，Guo 的小组系统地研究了 FEC 添加剂在 KIB 中的作用[65]。在引入 FEC 的电解液中，GeP_5 负极显示出较差的电化学性能。为了解 FEC 添加剂对引起较差电化学性能的原因，通过密度泛函理论计算了溶解能(图 4-20)。与无 FEC 电解液中的溶解能相比，添加 FEC 的电解液显示出更高的溶解能(1.281 eV)。因此，在无 FEC 电解液中，钾离子的扩散和脱溶更容易发生。此外，傅里叶变换红外光谱映射揭示了在添加 FEC 的电解液中形成非均匀且厚的 SEI 层。因此，GeP_5 负极在添加 FEC 的电解液中显示出较差的电化学性能。

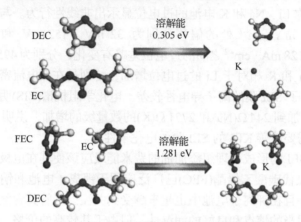

图 4-20　在电解液中的溶剂化能[64]

近期，Guo 的小组还发现 FEC 的引入会增加电极极化[64]。此外，他们认为 FEC 可以促进电解液的分解，从而恶化 Sn_4P_3 电极的电化学性能。FEC 对负极的影响也被 Zhang 等研究过[65]。他们指出，含有 FEC 的电解液的溶剂化能大于不含 FEC 的电解液，这可以抑制钾离子的脱溶剂化并扩散到电解液中。在另一项研究中，Sn_4P_3@碳纤维负极在 0.05~2 V 电位范围内的 FEC 电解液中在几个循环后其特定比容量显著下降[64]。他们解释说，FEC 引起了严重的极化，导致界面的弱点，破坏了低电位下正极半电池的循环性能。这些结果表明，FEC 对钾离子电池的影响与对锂/钠离子电池的影响不同。这些研究结果揭示了 FEC 对钾离子电池的影响是复杂的，并且与钠离子和锂离子电池的行为有所不同。在设计和优化钾离子电池的电解液中，需要综合考虑 FEC 对正极和负极的影响，以实现更好的电池性能和循环稳定性。

已有研究表明当 FEC 作为单一添加剂用于 K 金属和其他负极，如石墨、GeP_5、Sn_4P_3 和 $NiCo_{2.5}S_4$ 时，会导致过多的副反应发生，从而导致较大的电压滞后、较大的不可逆比容量和快速的比容量衰减。类似地，单一的双氟代碳酸乙烯酯(DFEC)或碳酸亚乙烯酯(VC)添加剂也会导致 K 沉积的极化增加，而亚硫酸乙酯(ES)添加剂则没有显著差异。FEC 添加剂对碱金属离子电池循环稳定性的影响是存在争议的，因为一些研究表明 FEC 添加剂可以提高库仑效率，但不能完全阻止副反应，并可能引起较大的极化现象。因此，寻找能够提高碱金属离子电池电化学性能的合理电解液和添加剂是非常重要的。

近年来研究表明，基于 FEC 的电解液对高电位下的正极电极有益。Komaba 等研究了 FEC 对 $K_{1.75}Mn[Fe(CN)_6]_{0.93} \cdot 0.16H_2O$ 正极的影响[110]。当将 2%的 FEC

添加到 0.7 mol · L^{-1} KPF$_6$-EC/DEC 电解质中时，在 2.0～4.3 V 电位范围内，正极
的初始库仑效率显著提高，从 61% 增加到 90%。类似地，He 和 Nazar 发现，在
电解液中添加 5% FEC 时，K$_2$Fe[Fe(CN)$_6$] 正极的库仑效率可达到 98%。他们证明
FEC 的分解有助于形成稳定的正极电解质界面(CEI)，这可以有效抑制进一步的
副反应[94]。他们发现在 0.5 mol · L^{-1} KPF$_6$/EC+DEC 电解液中，充放电过程逐渐
变得不稳定，约 80 个循环后电池失效。然而，当在电解液中引入 5% FEC 添加
剂时，库仑效率和循环性能显著改善，表明了添加剂的有益效果。对于普鲁士蓝
类的正极，氟代碳酸乙烯酯(FEC)已被选为 EC∶DEC 和 PC 基电解液中的有效添
加剂，以提高库仑效率。Chen 等的研究小组最近进行了更详细的机制分析。他
们提出 FEC 可以增加钾在沉积过程中电极表面的活性位点，这可以防止树枝状
生长并实现稳定的沉积。然而，比容量衰减是不可避免的，因为在循环过程中
添加剂会逐渐消耗[111]。尽管 FEC 的添加能够提高正极的库仑效率和稳定性，但
由于循环过程中 FEC 被逐渐消耗，比容量衰减。因此，需要进一步研究如何优
化 FEC 的使用方式，以提高钾离子电池的长期循环性能。

最近，硫酸乙烯酯(DTD)、二氟磷酸盐(KDFP)和碳酸亚乙烯酯(VC)也被证
明是 KIB 的有效添加剂。Ming 等发现添加 DTD 使 1.0 mol · L^{-1} KFSI 在 TMP 中
的电解液与石墨负极兼容[112]。有无 DTD 添加的电解液性能之间的强烈对比确认
了其有利效果。在这种电解液中，石墨负极能够提供高达 260 mAh · g^{-1} 的高比容
量，并且表现出良好的循环性能。作者认为 DTD 可以通过将 PC 溶剂从第一溶
剂结构中推出来，使 TMP 溶剂远离 K$^+$，从而抑制 K$^+$-TMP 与石墨的共插入。相
反，如果电解液中没有足够的 DTD，更容易共插入的 K$^+$-TMP 物种将聚集在石
墨界面附近，导致石墨结构的剥离。在另一项研究中，同一研究组证实了这个结
论，并提供了理解电解液添加剂作用的新视角(图 4-21)[113]。在这个模型中，他
们解释了 K$^+$-溶剂-阴离子解离和 K$^+$-溶剂共插入，从 K$^+$-溶剂相互作用的稳定性
和强度角度出发。DTD 的引入不仅改变了 K$^+$ 的溶剂结构，还改变了 K$^+$-溶剂界
面行为。Komaba 等发现，在 0.8 mol · L^{-1} KPF$_6$/EC∶DEC 中添加 1 wt% 的 DTD
添加剂可以将对称 K//K 电池的极化降低到约 20 mV[114]。DTD 的添加可以对钾金
属表面进行钝化，抑制电解液可溶性碳酸酯的形成。否则，碳酸酯将被转移到正
极并被氧化，导致不可逆比容量。因此，添加 DTD 的 K//K$_2$Mn[Fe(CN)$_6$] 电池显
示出比不添加 DTD 的电池更大的可逆比容量。

在 2020 年，Matsumoto 等系统地研究了 KPF$_6$ 基电解液中 KDFP 添加剂的影
响[115]。证明了磷酸氟钾(KDFP)添加剂可以增加石墨的循环稳定性(在 KDFP 电解
液中 400 次循环后保持 76.8% 的比容量，而不添加 KDFP 的电解液 100 次循环后
只保持 27.4% 的容量)。分析结果显示，形成的 SEI 膜富含 KF 和 PO$_x$ 物种，从而
改善了电极的界面特性，减少了嵌入/脱出过电位，增强了石墨的循环稳定性和

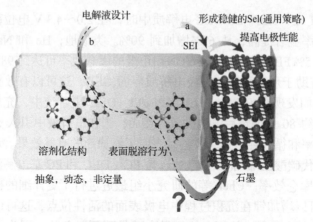

图 4-21　K⁺溶剂化结构的脱溶和界面模型的形成[113]

充放电效率。Stevenson 等探索了碳酸酯基电解液中硬碳负极上的 SEI 膜形成过程，并添加 VC 作为添加剂。在纯净的电解液中，SEI 膜主要由无机组分组成，而添加 VC 则引入聚合物有机组分到 SEI 膜中，从而增加了硬碳在电化学循环过程中的弹性和抗断裂稳定性。此外，$LiNO_3$ 在锂金属电池中被广泛使用作为一种有效的添加剂。KNO_3 也被引入到醚基电解液($2.3 \ mol \cdot L^{-1}$ KFSI/二甲醚)中，通过 NO_3^- 和 FSI⁻的分解形成稳定的 N/F 富集 SEI，使得钾沉积密集且均匀。总的来说，电解液添加剂的工程化是一种简单有效的提高电解液性能的方法。然而，由于不断的 SEI 修复，添加剂可能会在循环过程中逐渐耗尽，并且它们的功能应在实际条件下进行评估。与锂离子电池一样，大量的添加剂及其组合对进一步提高钾离子电池性能有很大的潜力。

　　了解 SEI 膜的形成机制和调控其在循环中的生长将有助于开发实用、商业化的 KIB。研究 SEI 膜以了解其动态性质应该优先考虑，这是指导 SEI 膜设计和修改策略的基础。SEI 膜中的一些组分可能会在适度电压下溶解到电解液中或被氧化。有些组分可能会在 SEI 膜形成后重新排列，即使没有法拉第过程。同时，体积变化可能会在 K⁺插入/提取过程中导致 SEI 膜的开裂和修复。SEI 膜的动态特性包括 SEI 膜形成动力学和 K⁺在 SEI 膜中的传输过程。因此，需要开发和应用各种原位/原位操作表征技术，以高灵敏度和快速性在真实电池工作条件下捕捉动态信息。对于锂离子 SEI 膜已经具备很成熟的高级表征技术，如原位原子力显微镜、原位透射电子显微镜、低温透射电子显微镜、X 射线断层显微镜、中子深度剖面技术等。然而，目前却很少用于 KIB 的 SEI 膜表征。尽管对锂离子 SEI 膜的先前知识可以作为指导，但缺乏这些技术仍然阻碍了对 KIB 负极界面化学反应和演变的理解。

　　电解液优化可能是解决 KIB 界面反应问题的一个有前景的近期解决方案。

这种相对简单的方法不需要改变任何现有电池配置，可以轻松实施。然而，最大的挑战是金属钾的界面化学性质。必须记住，高反应性的钾金属可能导致严重的电解液降解。因此，在半电池中无法合理评估电解液优化的有效性，因为当前的基础研究通常是使用包含钾金属作为对/参考电极的半电池进行的。最近在 KIB 中成功尝试使用离子液体创造了新的机会，以充分发挥 KIB 的性能，其优点包括化学和电化学稳定性，形成膜以及对铝的防腐蚀特性。另一方面，人工 SEI 方法有潜力阻止反应性钾和电解液的接触，可能从根本上解决不稳定的 SEI 形成难题。因此，未来应特别关注这个问题。

总的来说，固体电解质相界面是 KIB 中一个至关重要的问题，但是对于界面现象的深入基础理解和改善界面性质的实际策略仍处于初级阶段。需要紧急进行基于先进表征和综合策略的深入研究，以促进其进一步发展。

4.4 新型电解质体系

4.4.1 高浓和局部高浓电解液

提升盐的浓度将增强阳离子、阴离子与溶剂间的互动，并减少自由溶剂分子的比例。当浓度超过一定阈值(大约在 $3\sim5$ mol·L^{-1}，具体依盐与溶剂的类型而异)，自由溶剂分子将不复存在，进而促使一种具备特殊三维溶液结构的新电解液种类的形成，这类电解液被定义为高浓度电解液(HCE)。这种浓集的电解液呈现出与常规低浓度电解液截然不同的特别物理化学及电化学行为。作为核心变化，新的溶液结构使得最低未占据分子轨道(LUMO)的位置从溶剂转移到盐，导致盐在低电位下先于溶剂发生还原性分解。局部高浓电解液(LHCE)继承了高浓度电解液接触离子对(CIP)和离子聚集体(AGG)的溶剂化结构的特点，同时也避免了高盐浓度引起的润湿性差和高黏度等问题。

与酯类电解液不同，醚类通常具有较高的溶解度。浓缩的醚类电解液将确保醚分子与盐离子紧密结合，并增加系统的稳定性。乙二醇二甲醚(DME)作为高浓度电解液常用的醚类溶剂已经被许多研究人员探索过。Hosaka 等报道了高浓度的 KFSI-DME 电解液在石墨负极中具有高离子导电性和稳定的 SEI 膜[47]。使用该电解液，石墨负极的平均库仑效率可以达到 99.3%，在经过 101 个循环后，全电池(石墨//K$_2$Mn[Fe(CN)$_6$])的容量保持率超过 85%。值得注意的是，除了醚类溶剂，另一个区别是在这里使用了高浓度的电解液。Mai 和合作者发现界面极化电阻与 KFSI 的浓度成反比[116]。此外，Xiao 等证明，与稀释的 KFSI-DME 电解液相比，高浓度的 KFSI-DME 电解液具有优异的氧化耐久性[117]。根据理论计算，DME 倾向于在浓缩电解液中与 K$^+$紧密结合，这将降低最高占据分子轨道

(HOMO)，并减缓电解液的氧化分解过程。

一方面，浓缩电解液中的醚分子倾向于将其氧孤对电子捐赠给 K^+，因此其 HOMO 能级低于游离醚类分子，从而增强了电解液的氧化电位。另一方面，游离醚类溶剂减少了其与 Al^{3+} 的溶剂化，使得 $Al(FSI)_3$ 复合物成为 Al 表面的主要形成物。该复合物极不可能在游离溶剂不足的溶液中溶解和扩散，从而降低了铝的腐蚀[118, 119]。因此，吴等展示了浓缩 KFSI/DME($6\ mol \cdot L^{-1}$)电解液的 5 V 氧化耐久性，实现了 K//普鲁士蓝(PB)全电池的稳定性能[46]。利用这种电解质，实现了一个 4 V 的 $K_{1.56}Mn[Fe(CN)_6]_{1.08}$/石墨烯//Sn@3D-K 电池，具有超低过电位(0.01 V)和高比容量($147.2\ mAh \cdot g^{-1}$)[120]。使用 $5\ mol \cdot L^{-1}$ KFSI/EC：DMC 电解液成功展示了一个石墨双离子电池，其平均放电电压为 4.7 V。特别地，与稀释电解液中的石墨负极中的$[K-DME_x]^+$共插入驱动机制不同，使用浓缩 KFSI/DME 电解液提供了一个去溶剂化的 K^+ 插入行为，并形成 KC_8，提供可逆比容量为 $232\ mAh \cdot g^{-1}$[121]。基于这一机制，Komaba 的研究团队利用 $7\ mol \cdot L^{-1}$ KFSI/DME 电解液实现了一个 4 V 石墨//$K_2Mn[Fe(CN)_6]$全电池，其库仑效率和循环稳定性优于 KPF_6/碳酸盐电解液[122]。该电解液也对另一个 4 V 的分层无机-有机开放框架正极 $K_2[(VOHPO_4)_2(C_2O_4)]$表现良好。

在此说明，在不同盐浓度下，阴离子、阳离子和溶剂分子之间的相互作用方式发生了显著变化。具体而言，在稀释电解液中，K^+完全溶解并与阴离子分离，此时的电解液结构为溶剂分离型离子对(SSIP)。在高浓度下，几乎所有的溶剂分子都与阳离子配位，此时的结构为接触离子对和聚集体(图 4-22)。相对组成的变化和结构重排有效地影响了所得电解液的物理化学性质。由于 KFSI 比 KPF_6具有更好的溶解性，当前的高浓度电解液(HCE)主要是基于 KFSI 的。Wu 等首次报告了高浓度 KFSI-DME 电解液能够实现高度可逆的钾沉积，这归因于在钾金属表面形成了均匀稳定的 SEI 膜。随后，Lu 的研究小组证明，使用 $3\ mol \cdot L^{-1}$ KFSI-DME 电解液可以显著提高苝二酸酐(PTCDA)的循环性能[66]。在高浓度电解液中，自由 DME 分子的数量相对较少，这抑制了有机电极的溶解。因此，一些其他有机材料在高浓度电解液中也表现出优异的循环稳定性。在传统的电解液环境下，具有高比容量的合金负极材料会因充放电过程中显著的体积膨胀而导致 SEI 膜的不稳定性增强，进而引起快速的比容量下降。最新的一项研究由 Sun 团队进行，他们探讨了电解液浓度对 Bi@C 负极在电化学性能上(包括循环稳定性和倍率性能)的作用。研究结果揭示电化学性能与电解液的浓度密切相关。当使用 $5\ mol \cdot L^{-1}$ KTFSI/DEGDME 电解液时，Bi@C 负极展现了更高的比容量、更好的循环稳定性、优秀的倍率性能和更小的电位差异。观察到 $5\ mol \cdot L^{-1}$ 电解液在还原反应过程中产生了较低的电流，预示着 $5\ mol \cdot L^{-1}$ 电解液能够有效地抑制副反应。之后，Wang 团队就 Sb@CSN 在 $4\ mol \cdot L^{-1}$ KTFSI/EC+DEC 电解液中的卓越循环性能做出了报告。为了深入理解电解液浓度的影响,通过结合 XPS 和 Ar⁺刻蚀技术研究了 Sb@CSN 表面在不同电解液中形成的 SEI 的化学成分,发现在 4 mol·L⁻¹ KTFSI 电解液中形成的 SEI 层更为致密和薄,且富含 KF。这种富含 KF 的 SEI 层有效地减少了电极材料与电解液的副反应,并且能够适应 Sb@CSN 在充放电过程中的体积变化,因此在 4 mol·L⁻¹ KTFSI 电解液中,Sb@CSN 电极展现了卓越的电化学性能[123]。Chen 等还报道了在 KFeHCF//KFSI-DME 电解液//Sb@C-3DP 配置下组装的全电池的研究成果[124]。这些全电池在 1.0~4.05 V 范围内表现出优异的循环稳定性,显示了高浓度 KFSI-DME 电解液在高电压下的出色性能。此外,KFSI 基和 KTFSI 基电解液在负极材料中使用的优势在 HCE 中可以进一步增强。例如,Guo 等评估了各种电解液对其与金属磷化物电极配对性能的影响[125]。浓缩电解液,即 4.0 mol·L⁻¹ KFSI 在 DME 中,表现出显著的可逆性和循环稳定性。相比之下,1.0 mol·L⁻¹ KFSI 的电解液则出现严重的比容量衰减。4.0 mol·L⁻¹ KFSI 的增强性能可以归因于浓缩电解液中形成的以无机化合物为主导的 SEI 膜。稳定的 SEI 膜能够有效地承受由体积变化引起的应力,保持电极的完整性,并防止电解液的持续消耗。

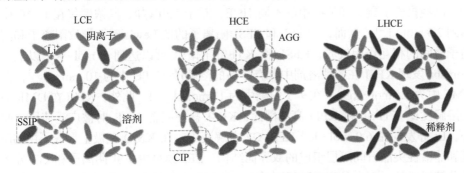

图 4-22 LCE 和 HCE 的溶剂化结构[122]

然而,与标准浓度电解液相比,高浓度电解液(HCE)也存在一些缺点,例如,高黏度、低导电性、润湿性差和高成本,这限制了它们的实际应用。一个有效的解决方案是使用不参与溶解过程的稀释剂来稀释 HCE,形成局部高浓度电解液(LHCE)。与传统稀释电解液和 HCE 相比,LHCE 的一个关键特点是其独特的溶解结构:高浓度的盐-溶剂团簇分布在非溶剂(稀释剂)分子中。因此,形成 HCE 是 LHCE 功能的基础,而添加非溶剂稀释剂则是形成 LHCE 的关键。稀释剂的引入不会破坏电解液中的接触离子对,但有效地降低了黏度和有效盐浓度。2019 年,Wu 等使用 1,1,2,2-四氟乙基-2,2,2-三氟乙基醚(HFE)作为经济有效的共溶剂来稀释浓缩的 KFSI/DME 电解液[126]。与 HCE 一样,LHCE 具有高氧化抗性、低易燃性和高离子导电性,这归功于其独特的溶解结构。并且 LHCE 实现了更高的氧化稳定性(高达 5.3 V *vs.* K⁺/K)、更低的易燃性和更高的离子导电性(13.6 mS·cm⁻¹)。另一方面，在局部高浓度电解液(LHCE)中，溶剂分子并未与钾离子共同插入，这促进了钾离子在石墨层间的高效可逆脱嵌。Zhang 团队将这一新型电解液策略应用于合金型负极材料。他们选用了具有较高闪点和对负极具有良好稳定性的 TMP 溶剂，成功配制出高达 6.6 mol·L⁻¹ 的高浓度电解液。同时，他们通过融入 HFE 溶剂作为稀释剂在制备的 LHCE 中，显著增强了黑磷负极的稳定性。近期，吴研究团队通过向 KFSI-TEP 高浓度电解液中添加了 1,1,2,2-四氟乙基-2,2,3,3-四氟丙基醚(TTE)作稀释剂，制得了阻燃效果的 LHCE。该LHCE 对应的溶解简化模型显示，阳离子和阴离子主要以接触离子对和聚集体的形式存在，并被 TTE 分子所环绕。由此形成的 SEI 膜薄而稳定，为石墨负极带来了更佳的电化学性能。

从 SEI 膜的角度来看，增强电解液浓度也是提高电池性能的有效策略。这个想法起源于锂离子电池的研究。与稀释电解液相比，高浓度电解液(HCE)减少了游离溶剂分子和与阳离子配位的溶剂分子的数量，并使盐的阴离子进入主要溶剂化层，导致溶剂化结构的变化和盐阴离子衍生的 SEI 膜形成[126]。在钾离子电池中，已经报告了醚类和酯类中的不同 HCE。对于 KPF₆ 盐，其浓度仅在 DME 中达到 2.5 mol·L⁻¹。然而，由 FSI⁻ 和 TFSI⁻ 阴离子的低 Lewis 碱性导致阳离子和阴离子之间的相互作用较弱，KFSI 和 KTFSI 的浓度可以达到 5 mol·L⁻¹ 以上。Komaba 发现 KFSI 在各种溶剂中具有较高的溶解性(在 PC 中为 10 mol·kg⁻¹，在DME 中为 7.5 mol·kg⁻¹，在 γ-丁内酯中为 12 mol·kg⁻¹)。此外，KFSI 在 DME 中的溶解度比 KTFSI 和 KPF₆ 高。因此，KFSI 盐在制备 HCE 时被广泛使用。此外，Li 等发现在 6.0 mol·L⁻¹ KFSI/G2 电解液中，在 KMO 正极上形成了由 SEI膜和非活性尖晶石间隔层组成的双界面结构。SEI 膜是由 FSI⁻ 阴离子和 G2 分子的分解形成的，而尖晶石间隔层则是由 Mn³⁺ 的 Jahn-Teller 畸变形成。它们共同实现了可逆相变并减轻了锰的损失，从而实现了 KIB 的稳定电化学性能。Guo 的团队还发现通过耦合黏结剂和电解液可以产生协同效应，以维持合金负极在大体积变化下的电极/界面稳定性。通过交联羧甲基纤维素(CMC)、聚丙烯酸(PAA)黏结剂和 3 mol·L⁻¹ KFSI/DME 电解液，微米级 SnSb/C 负极可以在 50 mA·g⁻¹ 条件下提供高达 419 mAh·g⁻¹ 的比容量，并在 600 个循环后保持 84.3%的比容量，在 1000 mA·g⁻¹ 条件下提供 340 mAh·g⁻¹ 的比容量，并在 800 个循环后保持80.7%的比容量[82]。

基于 KFSI 的电解液因其能形成稳固的 SEI 膜，对负极材料尤为有利。在高浓度电解液中，这一优点得到了进一步增强。研究指出，在较低浓度电解液中生成的 SEI 膜主要是由盐中阴离子及溶剂分解所形成的有机与无机混合物质构成。然而，在高浓度电解液中构成的 SEI 膜主要包含无机成分，这些无机成分大多源自盐中阴离子的分解。高浓度电解液中特殊的溶剂化作用和 SEI 膜的形成，给许多电极材料带去了出色的电化学性能。此外，高浓度电解液还能有效防止醚类溶剂进入石墨层间共插入现象。例如，在 7 mol·kg^{-1} KFSI/DME 的电解液中，石墨能稳定运作超过 150 个循环。高浓度电解液同样能有效遏制多硫化物的溶解及穿梭现象，并且在 5 mol·L^{-1} KTFSI/DEGDME 电解液中，实现了硫的高度可逆化学反应。

HCE 为 KIB 带来了一种有效的电解液策略。然而，与标准浓度电解液相比，HCE 仍具有一些缺点，如降低了离子导电性，增加了黏度和成本。因此，人们认为通过用另一种溶剂稀释 HCE，从而发展出了局部高浓度电解液 (LHCE)。引入的共溶剂不参与溶剂化过程，但有效降低了电解液的黏度，提高了离子电导率。

4.4.2 固态电解质

近年来，固态电解质因其固有的安全性、热稳定性、环境友好性和易于加工的特点引起了广泛关注。尽管固态锂离子电池的发展仍面临许多挑战，但它们有望实现安全和高能量密度的电池。最近，固态钾离子电池也开始受到关注，涉及两种类型的电解质，即无机固态电解质和凝胶/固态聚合物电解质。

1. 无机固态电解质

随着电池技术的快速发展，一些新型电解质逐渐被开发出来。固态电解质是一种特殊类型的电解质，与传统液态电解质(如溶液或液体电解质)不同，固态电解质在室温下呈固态或凝固态。这意味着固态电解质无须液体载体来传递离子，而是通过固体材料中的离子传导来实现电解质的功能[127]。固态电解质通常由一种或多种固态材料构成，其中一部分或全部材料中含有可移动的离子。这些可移动的离子能够在固态材料中传递电荷，从而实现离子在电解质中的传导[128]。其中，β''-氧化铝固体电解质由于其高离子电导率，在钠硫电池的电解质系统中已大规模商业化。因此，Lu 等开发了一种新型的 K-S 电池，其中 K-β''-氧化铝用作电解质，表现出出色的循环稳定性[129]。即使在 1000 个循环后，其比容量仍可达到 402 mAh·g^{-1}，比容量衰减几乎可以忽略不计。优异的性能归因于致密的 β''-氧化铝膜，它阻止了电极之间的相互扩散，并抑制了副反应的发生。此外，K-β''-氧化铝与液态 K 金属具有优越的润湿性，使得 K-S 电池能够在比传统 Na-S 电池更低的温度下工作。这种优异的润湿性归因于液态钾金属较低的表面张力以及液态钾金属与 β''-氧化铝原子之间的强烈相互作用。然而，由于离子传输与原子结构之间的复杂关系，开发具有高离子电导率的固体导体具有很大的挑战。因此，理想的无机固体电解质需要具有高离子电导率。Eremin 等通过高通量几何拓扑方法和精确的 DFT 建模获得了具有较低 K^+ 迁移能的 $K_2Al_2Sb_2O_7$ 和 $K_4V_2O_7$，非常适用于固态钾离子电池的制备[130]。此外，Wang 等开发了一种新型的无机固体电解质 KNH_2 用于碱金属离子电池[131]。该电解质的电导率在 100℃和 150℃时分别可达 0.9×10^{-4} S·cm^{-1} 和 3.56×10^{-4} S·cm^{-1}。后来，他们发现电解质的离子电导率与氮缺陷浓度有关。他们的工作为无机固体电解质的研究开辟了一条新的道路。

无机固态电解质通常具有较高的室温离子导电率，使它们适用于构建固态钾离子电池。除了 K-β''-氧化铝，一些具有开放框架的离子晶体被报道具有较好的 K^+ 导电性，这是由于其钾离子导电通道的结构所实现的，如 $K_3Cr_3(AsO_4)_4$、$KAlO_2$、$K_3Bi_2(AsO_4)_3$、$K_3Bi_5(AsO_4)_6$ 和 $K_3Sb_4O_{10}(BO_3)$等。然而，由于离子传输与原子结构之间的复杂关系，开发高离子导电性的固态导体是相当具有挑战性的。因此，高通量计算技术被用来从广泛的可能性中筛选候选材料。研究发现，$K_2Al_2Sb_2O_7$、$K_4V_2O_7$、K_2CdO_2 和 Al 掺杂的 K_2CdO_2 显示出低的钾离子迁移能，因此它们是固态钾离子电池的有希望的选择。掺杂 Al 的 K_2CdO_2 导体在 300 K 下的估计离子导电率约为 2.2×10^{-5} S·cm^{-1}。

与固体聚合物电解质(solid polymer electrolyte，SPE)相比，无机固体电解质(ISE)通常具有较高的离子导电性(在室温下大于 0.1 mS·cm^{-1})、良好的热稳定性和宽的电化学稳定窗口(大于 4.0 V)[132]。已经研究了各种具有适当 1D、2D 或 3D 通道的ISE，这些通道中，K^+ 移动迅速。由于 K^+ 的半径较大，它在固体中难以迁移，因此常用于 LIB 的 ISE 不能用于 KIB。以氧化物基 ISE 为例，对于 Li^+ 导体，Li^+ 可以通过氧化物材料中常见的 O3 亚稳态位点迁移。对于 K^+ 导体，K^+ 只能通过六角形的 O6 或八角形的 O8 位点迁移。然而，O6 或 O8 位点在固体氧化物中并不常见，只存在于一些特殊的结构中[133]。此外，与电解质的界面稳定性和兼容性差是钾基 ISE 的主要挑战。因此，研究钾基 ISE 仍有很长的路要走，到目前为止，只有少数 K^+ 导体得到了开发。Quarez 等制备了 $K_3Sb_4O_{10}(BO_3)$化合物，它在 40℃下表现出较高的离子导电性 $(1.5\times10^{-4}$ S·$cm^{-1})$，且活化能较低(0.325 eV)。K^+ 通过相互连接的 1D 通道的位移赋予 $K_3Sb_4O_{10}(BO_3)$良好的性能。在 2018 年，Feng 等通过水热法制备了一个 3D 开放框架的 $K_2Fe_4O_7$，其中开放通道杂乱填充着 K^+(图 4-23)[134]。该框架中的 FeO_6 八面体和 FeO_4 四面体单元共享顶点和边，使许多高迁移率的钾离子能够快速通过通道。值得注意的是，$K_2Fe_4O_7$ 实现了 5.0×10^{-2} S·cm^{-1} 的高离子导电性和 5 V 的宽工作电压窗口。以 PBA 为正极的全固态钾金属电池提供了高达 21.75 A·g^{-1} 的高充放电速率。此外，Masese 等提出了具有 $K_2M_2TeO_6$ 的碲酸盐化合物[135]。他们探索了 $K_2Mg_2TeO_6$ 的体电导率随温度的变化规律，发现随着温度升高，离子导电性增加。与 KIB 的其他固体电解质相比，碲酸盐化合物显示出非常高的 K^+ 导电性。

近期，Chen 的研究团队开发了一种新的无机酰胺作为钾离子固体电解质[131]。经过机械化学处理后，离子导电性可以达 3.56×10^{-4} S·cm^{-1}。KC$_8$//KNH$_2$//石墨全电池的恒定电流测试验证了 K$^+$ 插入到石墨中，这反映了电压在逐渐降低。

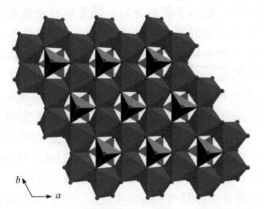

图 4-23　3D 开放框架的 K$_2$Fe$_4$O$_7$ 结构示意图[134]

　　相较于锂离子和钠离子，固态钾离子导体的研究较为稀缺。目前，大部分研究努力提升固态钾离子导体的离子传导率，而其他关键电化学特性如机械性能、离子选择性、电化学稳定性及相关的设备组装技术却鲜有充分评估。因此，能成功运行的固态钾离子全电池实例寥寥可数。然而，考虑到固态电解质在锂离子电池领域已成为一个极其关键的研究方向，有理由相信在未来几年，KIB 领域的固态电解质将同样迎来其繁荣期。

　　2. 凝胶/固态聚合物电解质

　　固态聚合物电解质是一种离子导电的聚合物材料，可以用于电池等能量储存设备中作为电解质。它最早的研究始于 1973 年，由 Wright 等发现了聚氧化乙烯(PEO)与碱金属离子形成配合物后具有导电性。随后，法国的 Armand 等在 1979 年报道了 PEO 碱金属盐配合物在 $40\sim60℃$ 时的离子电导率达到 10^{-5} S·cm^{-1}，并且具有良好的成膜性，适合作为锂离子电池的电解质。PEO 类聚合物电解质因其质轻、成膜性好、黏弹性和稳定性等优点，得到了迅速发展，并成为国内外研究最多、最广泛的聚合物电解质类型。然而，由于 PEO 具有一定的结晶性，室温下其离子电导率较低，大约在 $10^{-7}\sim10^{-8}$ S·cm^{-1} 数量级，这限制了其在某些应用中的表现。为了改进聚合物电解质的性能，凝胶聚合物电解液(GPE)被提出并广泛研究。GPE 可以被看作是液态电解液的一种特殊变体，其中只使用少量的聚合物作为承载体，并且基本上被液态电解液所浸润。相较于传统的 PEO 类固体聚合物电解质，GPE 在离子导电性和兼容性方面显示出改进的性能。然而，GPE 中仍然存在枝晶的生长问题，这可能导致设备的安全隐患。

虽然目前已发现或开发出许多高离子导电性的无机固态电解质，但其固有的硬度和脆性问题导致了电极与电解质界面的兼容性差，这一点严重影响了电池的整体性能。与此相对，聚合物材料由于其良好的机械柔性和韧性，为解决电解质的强度和界面不匹配问题提供了新的方向。随着科技发展和经济因素的推动，对于碱金属离子电池电解质的研究已经从简单的小分子体系扩展至多样的固态聚合物材料。这些聚合物电解质不仅展现了优异的机械性能，还具备高电离子导电能力，被广泛认为是碱金属离子电池理想的电解质选择。Zheng 等通过简便的合成方法制备了一种新型的单钾离子导电聚合物—聚((三氟甲基)磺酰)(4-乙烯基苯基)酰胺钾(KPSTFSA)[136]。该电解质在 20℃下实现了高离子电导率为 1.3×10^{-2} mS·cm^{-1}，并且 K$^+$迁移数达到 0.87，比常规 KPF$_6$-DME 液态电解质高 0.11。研究人员使用 KC$_8$ 代替金属钾，研究了 KPSTFSA 凝胶电解质与金属钾电极的反应，并对反应产物进行了表征。结果显示，KPSTFSA 中的聚苯乙烯结构是分子中最不稳定的部分，容易与 KC$_8$ 发生反应。他们的研究提示未来在设计固体聚合物电解质时应避免聚苯乙烯结构。尽管以往的研究中已经开发出许多具有高级别离子电导能力的无机固态电解质，但因为这类材料的硬度高，常在电池充放电期间造成 SEI 膜的不稳定，影响电池的性能表现。而另一方面，因其卓越的机械柔韧性，聚合物类电解质被寄望能够解决 SEI 膜不稳定的问题。最新的进展包括，研究人员开发了具有高效电导性的聚苯胺正极材料以及交联聚甲基丙烯酸甲酯(PMMA)制成的聚合物凝胶电解质，并将其应用于 KIB。PMMA 的良好润湿性和其交联结构提供的可调微孔能够有效地限制枝晶沉积，帮助形成了稳定的 SEI 膜，从而提升了所制备 KIB 的循环稳定性。这一成果为研发新型 KIB 电解质系统开辟了新的研究路径。

Goodenough 的研究小组报道了一种基于交联聚甲基丙烯酸甲酯(PMMA)和 0.8 mol·L^{-1} KPF$_6$/EC：DEC：FEC 的聚合物凝胶电解质，其离子导电率高达 4.3×10^{-3} S·cm^{-1}，与液体电解质相当(图 4-24)[137]。构建了相对稳定的电极/电解质界面，有助于抑制树枝状生长并提高 K//聚苯胺电池的安全性。最近，开发了一种独特的阳离子模板辅助的环聚合方法，用于制备具有热稳定性和机械柔性特性的通用碱金属离子(Li$^+$、Na$^+$或 K$^+$)导电聚合物电解质。电解质由定制的聚合物和功能化 PEO 基体组成，其中聚合物伪冠醚空腔可以与阳离子配位并提供阳离子扩散通道。优化后的 K 基电解质在 20℃下的离子导电率为 2.82×10^{-5} S·cm^{-1} [138]。

此外，Fei 等通过将 PTCDA 正极与聚丙烯碳酸酯(PPC)-KFSI 固态聚合物电解质(PPCB-SPE)结合，实现了一种安全的全固态 KIB。在 20℃下的离子导电率为 1.36×10^{-5} S·cm^{-1}，并抑制了活性物质的溶解，这种全固态电池具有平均放电电压为 2.3 V、初始比容量为 118 mAh·g^{-1} 以及稳定的循环性能[139]。随后，他们

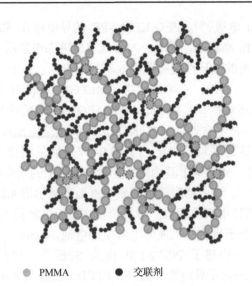

● PMMA　　　● 交联剂

图 4-24　交联 PMMA 在聚合凝胶中的示意图[137]

进一步报告了一种以聚(氧化乙烯)-KFSI 为基础的固态聚合物电解质，解决了由有机液体电解质中多硫化物的高溶解性引起的 Ni$_3$S$_2$ 电极比容量衰减问题，实现了全固态 Ni$_3$S$_2$//K 电池[140]。电池的性能高度依赖于电解质。如果在 KIB 中使用不同的电解质，即使是相同的电极材料，其电化学性能也会有显著差异。

固体聚合物电解质通常由有机聚合物和钾盐组成。聚合物应具有溶解钾盐和与钾离子结合的能力。离子的传导通常只发生在聚合物的无定形区域内，从一个无定形聚合物链的配位位点移动到另一个位点。在熔融转变温度以上，增加无定形区域会增加电解质的离子导电性。因此，聚合物电解质的离子导电性与聚合物材料的结晶度成反比。此外，钾盐在聚合物中的溶解性和解离能力也会影响聚合物电解质的性能。选择合适的钾盐和对聚合物进行改性是获得高性能 SPE 的两种主要方法。应用于 KIB 的聚合物研究主要集中在聚醚氧化物(PEO)、聚偏氟乙烯(PVDF)、聚丙烯腈(PAN)和聚甲基丙烯酸甲酯(PMMA)等方面。其中，PEO 基电解质是最常研究的聚合物电解质。已经证明，钾盐含量的变化可以改变聚合物的无定形组分和结构。例如，Chandra 等使用无溶剂/热压法合成了热压成型的 K$^+$导电 SPE：(1−x)PEO：xKBr[141]。当 x=0.3 时，可以实现约 5.01×10^{-7} S·cm^{-1} 的导电率，比纯 PEO 高两个数量级。随着 x 值的进一步增加，由于离子键结，导电率下降。当 x 值大于 0.5 时，聚合物电解质变得脆弱。此外，还研究了其他无机盐对 PEO 的影响，如 CH$_3$COOK 和 KBrO$_3$。结果表明，PEO 基 SPE 的导电性与钾盐的类型和比例有关。

由于 KFSI 具有较高的离子导电性和强大的溶解性，将 KFSI 引入聚合物中已被证明是提高导电性的有效方法。Feng 等制备了 PEO-KFSI SPE，并将其用于

KIB 中的 $Ni_3S_2@Ni$ 电极[140]。PEO-KFSI SPE 的导电率在 60℃时达到 $2.7×10^{-4}$ $S·cm^{-1}$，比 PEO-KBr 高得多。同时，与传统有机液态电解质相比，使用 PEO 基 SPE 的 $Ni_3S_2@Ni$ 电极的循环性能和库仑效率都更出色。最近，Komaba 等通过混合 P(EO/MEEGE/AGE)(EO：乙烯氧化物；MEEGE：2-(2-甲氧基乙氧基)乙基环氧；AGE：烯丙基环氧烷)和 KFSI，以[K]/[EO]=0.06 的物质的量比例制备了 SPE[142]。并组装了一种不含钾金属的 KFeHCF//石墨全电池作为全固态钾离子聚合物电池，该全电池的平均放电电压为 3.04 V、能量密度为 116 $Wh·kg^{-1}$。Goodenough 等证明，交联聚甲基丙烯酸甲酯(PMMA)的聚合物凝胶电解质可以抑制钾枝晶的生长[137]。聚合物凝胶电解质在室温下显示出 $4.3×10^{-3}$ $S·cm^{-1}$ 的离子导电性，与有机液体电解质相似。带有聚合物凝胶电解质的钾对称电池的钾电镀时间(172.3h)远远长于带有有机液体电解质的电池。Feng 等使用聚丙烯碳酸酯(PPC)作为聚合物，并构建了 PPC-KFSI 作为 SPE[139]。他们在 20℃下实现了 $1.36×10^{-5}$ $S·cm^{-1}$ 的高离子导电性。此外，PTCDA 正极与 PPC-KFSI SPE 配对提供了 2.3 V 对 K/K^+ 的平均放电电压和高达 118 $mAh·g^{-1}$ 的初始比容量。

4.4.3 离子液体电解质

离子液体电解液是由有机阴阳离子和可溶性钾盐组成的液态物质。这些相反的离子是通过热熔融而不是溶剂溶解来实现的，使得它们具有出色的电化学和热稳定性、低挥发性以及阻燃性。然而，室温下的离子液体电解液在 K^+ 导电率方面存在一些挑战，这是因为黏度较高且电荷传递数较多。通过调控阴阳离子的结构，可以获得 Li/Na/K 盐等的离子液体电解液，满足高离子电导率、宽电化学稳定窗口、稳定的界面性质等不同需求。离子液体电解质的电化学特性与其构成的阳离子和阴离子结构紧密相关。例如，随着阳离子半径的扩大，电解质的黏度有所提高，而离子的导电能力则会出现下降；引入含有醚官能团的有机阳离子能够生成更低黏度的离子液态物质。尽管如此，目前实际应用于电解液中的离子液体种类仍然相对较少。

离子液体(IL)电解质在 KIB 中的应用也已经得到了报道。Pasta 等使用 $1mol·L^{-1}$ KFSI 在 N-丁基-N-甲基吡咯烷双氟磺酰基亚胺(Pyr1,3FSI)的离子液体中作为电解质[143]。他们观察到在这种电解质中，钾锰六氰合亚铁(KMF)在高工作电压(4.02 V vs. K^+/K)下表现良好。此外，离子液体电解质可以确保 K^+ 插层到石墨中。组装的 KMF//KFSI in Pyr1,3FSI//石墨全电池首次库仑效率为 67.7%和放电比容量为 198 $mAh·g^{-1}$。Komaba 等将钾金属在 300 μL 1 mol·L^{-1} K[FSA]/[C3C1pyrr][FSA]离子液体中浸泡 2 天，然后组装 $K_2Mn[Fe(CN)_6]$//石墨全电池[144]。预处理过程中形成的分解产物有助于在全电池结构的石墨表面上迅速形成 SEI 膜。因此，使用这种预处理电解质组装的全电池显示出令人印象深刻的容量效率和稳定性。

Placke 等报道了一种以 0.3 mol · L^{-1} KTFSI 溶于 N-丁基-N-甲基双三氟甲磺酰亚胺 (Pyr14TFSI)+2 wt%乙烯磺酸酯(ES)为添加剂的电解质中的钾离子双石墨电池[145]。在这种电池系统中实现了约 230 mA h · g^{-1} 的高可逆比容量和超过 99%的容量效率。到目前为止，使用离子液体作为电解质的 KIB 仍处于起步阶段。

离子液体(IL)是有机盐或混合无机-有机盐，通常在室温下处于熔融状态。与有机液体电解质和水电解质相比，IL 具有更好的热力学稳定性和更宽的电化学窗口。离子液体是一类特殊的液体，其主要特点是在相对较低的温度下存在着离子化的状态。传统的液体通常是由分子组成的，而离子液体则是由正负离子组成的，使其具有较高的离子电导率。这种特质使得离子液体广泛应用于电解质或电导体领域。离子液体电解质在电化学、能源储存与转换、催化作用、传感技术等多个领域扮演着至关重要的角色。得益于它们的高离子导电性和广泛的电化学稳定窗口，离子液体电解质在超级电容器、各类碱金属电池、燃料电池等能源储存与转换设备中显示了优异的性能。此外，离子液体还被用于金属提取、催化剂制备和生物传感器等不同的应用场景中。

在 KIB 中，离子液体电解质研究较少，主要包括以 KFSI 和 KTFSI 为基础的电解质。Yamamoto 等研究了 C$_3$C$_1$pyrrFSA 二元离子液体中的 KFSA 的物化性质和电化学性质(图 4-25)。在 298K 时，它在 KFSA=0.20 的物质的量比下提供了 4.8 mS · cm^{-1} 的离子导电率，高于 Li(3.6 mS · cm^{-1})和 Na(3.6 mS · cm^{-1})对应物，并且电化学窗口也更宽(5.72 V)，相比之下 Li(5.48 V)和 Na(5.42 V)。这些结果表明 KIB 在离子液体电解质中可以在更高的工作电压下具有更好的动力学性能[146]。相图表明 C$_3$C$_1$pyrrFSA 二元离子液体的熔点在 x(K[FSA])=0~0.25 的组成范围内低于室温，这对电池应用非常重要。通过三电极进行循环伏安测试，在 M[FSA]$^-$C$_3$C$_1$pyrr[FSA](M=K、Na 或 Li)电解质中的循环伏安测试结果表明，K$^+$、Na$^+$和 Li$^+$体系的初始容量效率分别为 72.7%、19.7%和 84.4%，表明基于钾的 C$_3$C$_1$pyrrFSA 二元离子液体具有高的正极稳定性。2021 年，Yamamoto 和同事又报告了一种高导电性的 IL 电解质，其结构式为 K[FSA]$^-$[C$_2$C$_1$im][FSA]。在室温下，该 IL 电解质表现出高达 10.1 mS · cm^{-1} 的离子导电率[147]。最近，该团队进一步探索了 K[FSA]$^-$[C$_3$C$_1$pyrr][FSA] 离子液体中石墨负极的 K$^+$储存机制[148]。原位 XRD 图谱显示在首次放电过程中形成了几种 K-石墨插层化合物，包括 3 级 KC$_{36}$、2 级 KC$_{24}$ 和 1 级 KC$_8$。K//石墨电池在 0.5 C 和 1 C 的倍率下显示出高的放电比容量，分别为 255 mAh · g^{-1} 和 232 mAh · g^{-1}。在 5 次和 25 次循环时，重叠的充放电曲线表明在高电流速率下进行循环时，石墨电极的比容量衰减可以忽略不计。

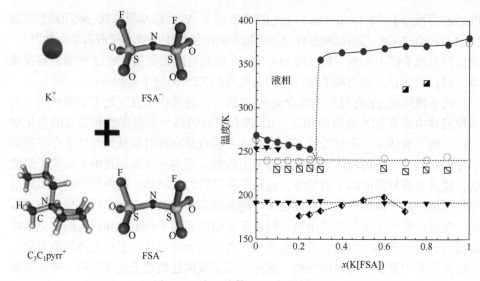

图 4-25　离子液体电解质的结构[146]

随后，Yoshii 等将三氟甲磺酰亚胺钾(KTFSI)与 1-甲基-1-丙基吡咯烷二三氟甲磺酰亚胺(Pyr$_{13}$TFSI)离子液体电解质组合用于碱金属离子电池，同时采用了一种新型高压层状正极材料。电化学测试表明，0.5 mol · L^{-1} KTFSI/Pyr$_{13}$TFSI 的氧化还原电位低于锂和钠的电解质，且电解质具有高达 6 V 的高电压窗口。他们的研究不仅优化了层状正极材料的性能，而且加速了离子液体盐用于高能量密度钾离子能源储存系统的研究。Placke 等报道了一种新型的基于钾离子的双石墨电池，使用 0.3 mol · L^{-1} KTFSI 在 N-丁基-N-甲基双(三氟甲磺酰)亚胺(Pyr$_{14}$TFSI)+2 wt% ES 的离子液体电解质[145]。这里，ES 作为有效的 SEI 膜成膜剂，防止 Pyr$_{14}^+$ 阳离子与石墨共同插入，并提高电池性能。因此，实现了高可逆比容量 (44 mAh · g^{-1})、高工作电压(>4.5 V)、超过 99%的库仑效率和长期循环性能。此外，0.5 mol · L^{-1} KTFSI/Pyr$_{14}$TFSI 也与质子离子液体 0.5 mol · L^{-1} KTFSI/1-丁基吡咯烷双(三氟甲磺酰)亚胺(PyrH$_4$TFSI)进行了硬碳储钾性能的比较。尽管这两种离子液体电解质的电导率和黏度相似，但只有 Pyr$_{14}$TFSI 表现出了可逆的 K$^+$插入/脱出行为。相比之下，K$^+$在 PyrH$_4$TFSI 电解质中插入/脱出不可逆，因为 PyrH$_4^+$ 阳离子的分解导致了不稳定的界面。这些对于确定电池性能是重要的。另一种 KTFSI/Pyr$_{13}$TFSI 离子液体电解质在与高电压层状正极 (如 K$_2$Ni$_2$TeO$_6$ 和 K$_{2/3}$Ni$_{1/3}$Co$_{1/3}$Te$_{1/3}$O$_2$)耦合时，表现出稳定的电化学性能。

为了筛选适用于 KIB 的潜在离子液体电解质，研究者采用了计算辅助筛选方法，包括分子动力学(MD)模拟、密度泛函理论(DFT)计算、机器学习和大数据分析等。例如，研究者进行了 MD 模拟来研究聚合物离子液体三元电解质的离子输运性能，通过优化 K$^+$[B(CN)$_4$]$^-$ 和 PEO$_6$ 的浓度，该电解质的性能得到了改善。

这些结果显示了离子液体电解质在高性能 KIB 方面的潜在可能性。尽管离子液体电解质具有低可燃性、低挥发性等优点，但值得注意的是，其高成本和高黏度可能会影响其在碱金属离子电池中的商业应用。因此，未来需要努力开发低成本的离子液体，以便推动其商业化进程。

参 考 文 献

[1] Abbasov H. A new model for the relative viscosity of aqueous electrolyte solutions [J]. Chemical Physics Letters, 2022, 800: 139670.

[2] Wang H, Zhai D, Kang F. Solid electrolyte interphase (SEI) in potassium ion batteries [J]. Energy & Environmental Science, 2020, 13(12): 4583-4608.

[3] Fan L, Xie H, Hu Y, et al. A tailored electrolyte for safe and durable potassium ion batteries [J]. Energy & Environmental Science, 2023, 16(1): 305-315.

[4] Verma R, Didwal P N, Hwang J Y, et al. Recent progress in electrolyte development and design strategies for next-generation potassium-ion batteries [J]. Batteries & Supercaps, 2021, 4(9): 1428-1450.

[5] Mao J, Wang C, Lyu Y, et al. Organic electrolyte design for practical potassium-ion batteries [J]. Journal of Materials Chemistry A, 2022, 10(37): 19090-19106.

[6] Zhang J, Cao Z, Zhou L, et al. Model-based design of stable electrolytes for potassium ion batteries [J]. ACS Energy Letters, 2020, 5(10): 3124-3131.

[7] Yin H, Han C, Liu Q, et al. Recent advances and perspectives on the polymer electrolytes for sodium/potassium-ion batteries [J]. Small, 2021, 17(31): 2006627.

[8] Piao N, Gao X, Yang H, et al. Challenges and development of lithium ion batteries for low temperature environments [J]. Etransportation, 2022, 11: 100145.

[9] Yao N, Yu L, Fu Z H, et al. Probing the origin of viscosity of liquid electrolytes for lithium batteries [J]. Angewandte Chemie International Edition, 2023, 135(41): e202305331.

[10] Zheng H, Xiang H, Jiang F, et al. Lithium difluorophosphate‐based dual‐salt low concentration electrolytes for lithium metal batteries [J]. Advanced Energy Materials, 2020, 10(30): 2001440.

[11] 周思飞, 李骏, 王小飞, 等. 锂电池电解液电导率模型研究进展[J]. 储能科学与技术, 2022, 11(11): 3688-3698.

[12] Chen B, Sarkar S, Palakkathodi K S, et al. Li-stuffed garnet electrolytes: Structure, ionic conductivity, chemical stability, interface, and applications[J]. Canadian Journal of Chemistry, 2022, 100(5): 311-319.

[13] 王轩臣, 王达, 刘朝孟, 等. 钾离子电池电解液的研究进展及展望[J]. 储能科学与技术, 2023, 12(5): 1409-1426.

[14] Jiang L, Lu Y C. Building a long-lifespan aqueous K-ion battery operating at −35 ℃[J]. ACS Energy Letters, 2024, 9(3): 985-991.

[15] 曲文会, 常立民, 聂平. 局部高浓度电解液应用于钾/钠离子电池的研究进展[J]. 金属功能材料, 2023, 30(4): 27-34.

[16] Guo R, Han W. The effects of electrolytes, electrolyte/electrode interphase, and binders on

lithium-ion batteries at low temperature [J]. Materials Today Sustainability, 2022: 19: 151-159.

[17] Xu Y, Ding T, Sun D, et al. Recent advances in electrolytes for potassium-ion batteries [J]. Advanced Functional Materials, 2023, 33(6): 2211290.

[18] Lin W, Zhu M, Fan Y, et al. Low temperature lithium-ion batteries electrolytes: rational design, advancements, and future perspectives [J]. Journal of Alloys and Compounds, 2022, 905: 164163.

[19] Mizuhata M. Electrical conductivity measurement of electrolyte solution [J]. Electrochemistry, 2022, 90(10): 102011.

[20] Piao N, Gao X, Yang H, et al. Challenges and development of lithium-ion batteries for low temperature environments [J]. eTransportation, 2022, 11: 100145.

[21] Shcherbakov V V, Artemkina Y M, Akimova I A, et al. Dielectric characteristics, electrical conductivity and solvation of ions in electrolyte solutions [J]. Materials (Basel), 2021, 14(19): 5617.

[22] Hu Y, Fu H, Geng Y, et al. Chloro-functionalized ether-based electrolyte for high-voltage and stable potassium-ion batteries [J]. Angewandte Chemie International Edition, 2024, 136(23): e202403269.

[23] Diederichsen K M, McShane E J, McCloskey B D. Promising routes to a high Li^+ transference number electrolyte for lithium ion batteries [J]. ACS Energy Letters, 2017, 2(11): 2563-2575.

[24] Yi S, Zhou W, Wang Z, et al. Layered $K_2Mg_2TeO_6$ solid electrolyte enables long-life solid-state potassium batteries [J]. ACS Energy Letters, 2024, 9: 2626-2632.

[25] Landesfeind J, Gasteiger H A. Temperature and concentration dependence of the ionic transport properties of lithium-ion battery electrolytes [J]. Journal of the Electrochemical Society, 2019, 166(14): A3079-A3097.

[26] Luo W, Yu D, Yang J, et al. Regulating ion-solvent chemistry enables fast conversion reaction of tellurium electrode for potassium-ion storage [J]. Chemical Engineering Journal, 2023, 473: 145312.

[27] Li J, Hu Y, Xie H, et al. Weak cation-solvent interactions in ether-based electrolytes stabilizing potassium-ion batteries[J]. Angewandte Chemie International Edition, 2022, 61(33): e202208291.

[28] Villaluenga I, Pesko D M, Timachova K, et al. Negative stefan-maxwell diffusion coefficients and complete electrochemical transport characterization of homopolymer and block copolymer electrolytes [J]. Journal of the Electrochemical Society, 2018, 165(11): A2766-A2773.

[29] Xu K. Electrolytes and interphases in Li-ion batteries and beyond [J]. Chemical Reviews, 2014, 114(23): 11503-11618.

[30] Kim J Y, Shin D O, Chang T, et al. Effect of the dielectric constant of a liquid electrolyte on lithium metal anodes [J]. Electrochim Acta, 2019, 300: 299-305.

[31] Ding J F, Xu R, Yao N, et al. Non-solvating and low-dielectricity cosolvent for anion-derived solid electrolyte interphases in lithium metal batteries [J]. Angewandte Chemie International Edition, 2021, 60(20): 11442-11447.

[32] Persson R A. On the dielectric decrement of electrolyte solutions: a dressed-ion theory analysis [J]. Physical Chemistry Chemical Physics, 2017, 19(3): 1982-1987.

[33] Yao N, Chen X, Shen X, et al. An atomic insight into the chemical origin and variation of the

dielectric constant in liquid electrolytes [J]. Angewandte Chemie International Edition, 2021, 60(39): 21473-21478.

[34] Abouimrane A, Odom S A, Tavassol H, et al. 3-hexylthiophene as a stabilizing additive for high voltage cathodes in Lithium-ion batteries [J]. Journal of the Electrochemical Society, 2012, 160(2): A268-A271.

[35] Yang Y, Huang C, Zhang Y, et al. Processable potassium-carbon nanotube film with a three-dimensional structure for ultrastable metallic potassium anodes [J]. ACS Applied Materials & Interfaces, 2022, 14(50): 55577-55586.

[36] Fenske H, Lombardo T, Gerstenberg J, et al. Influence of moisture on the electrochemical performance of prelithiated graphite/SiO_x composite anodes for Li-ion batteries [J]. Journal of the Electrochemical Society, 2024, 171(4): 040511.

[37] Tan S, Zhang Z, Li Y, et al. Tris(hexafluoro-iso-propyl)phosphate as an SEI-forming additive on improving the electrochemical performance of the $Li[Li_{0.2}Mn_{0.56}Ni_{0.16}Co_{0.08}]O_2$ cathode material [J]. Journal of the Electrochemical Society, 2012, 160(2): A285-A292.

[38] Vedhanarayanan B, Seetha Lakshmi K C. Beyond lithium-ion: emerging frontiers in next-generation battery technologies [J].Frontiers in Batteries and Electrochemistry, 2024, 3: 1377192.

[39] Li M, Lu J, Chen Z, et al. 30 years of lithium‐ion batteries [J]. Advanced Materials, 2018, 30(33): 1800561.

[40] Xu Y, Ding T, Sun D, et al. Recent advances in electrolytes for potassium-ion batteries [J]. Advanced Functional Materials, 2023, 33(6): 2211290.

[41] Wang L, Zhang S, Li N, et al. Prospects and challenges of practical nonaqueous potassium‐ion batteries [J]. Advanced Functional Materials, 2024: 2408965.

[42] Wu Z, Zou J, Shabanian S, et al. The roles of electrolyte chemistry in hard carbon anode for potassium-ion batteries [J]. Chemical Engineering Journal, 2022, 427: 130972.

[43] Arnaiz M, Bothe A, Dsoke S, et al. Aprotic and protic ionic liquids combined with olive pits derived hard carbon for potassium-ion batteries [J]. Journal of the Electrochemical Society, 2019, 166(14): A3504-A3510.

[44] Souza R M, Siqueira L J A, Karttunen M, et al. Molecular dynamics simulations of polymer-ionic liquid (1-ethyl-3-methylimidazolium tetracyanoborate) ternary electrolyte for sodium and potassium ion batteries [J]. Journal of Chemical Information and Modeling, 2020, 60(2): 485-499.

[45] Xue L, Li Y, Gao H, et al. Low-cost high-energy potassium cathode [J]. Journal of the American Chemical Society, 2017, 139(6): 2164-2167.

[46] Xiao N, McCulloch W D, Wu Y. Reversible dendrite-free potassium plating and stripping electrochemistry for potassium secondary batteries [J]. Journal of the American Chemical Society, 2017, 139(28): 9475-9478.

[47] Hosaka T, Kubota K, Kojima H, et al. Highly concentrated electrolyte solutions for 4 V class potassium-ion batteries [J]. Chemical Communications, 2018, 54(60): 8387-8390.

[48] Wang H, Yu D, Wang X, et al. Electrolyte chemistry enables simultaneous stabilization of potassium metal and alloying anode for potassium‐ion batteries [J]. Angewandte Chemie International Edition, 2019, 58(46): 16451-16455.

[49] Hosaka T, Matsuyama T, Kubota K, et al. Development of $KPF_6/KFSA$ binary-salt solutions for long-life and high-voltage K-ion batteries [J]. ACS Applied Materials & Interfaces, 2020, 12(31): 34873-34881.

[50] Zhang Q, Mao J, Pang W K, et al. Boosting the potassium storage performance of alloy‐based anode materials via electrolyte salt chemistry [J]. Advanced Energy Materials, 2018, 8(15): 1703288.

[51] Gu M, Fan L, Zhou J, et al. Regulating solvent molecule coordination with KPF_6 for superstable graphite potassium anodes [J]. ACS Nano, 2021, 15(5): 9167-9175.

[52] Ma X, Fu H, Shen J, et al. Green ether electrolytes for sustainable high-voltage potassium ion batteries [J]. Angewandte Chemie International Edition, 2023, 62(49): e202312973.

[53] Chihara K, Katogi A, Kubota K, et al. $KVPO_4F$ and $KVOPO_4$ toward 4 volt-class potassium-ion batteries [J]. Chemical Communications, 2017, 53(37): 5208-5211.

[54] Xu J, Cai X, Cai S, et al. High-energy lithium-ion batteries: recent progress and a promising future in applications [J]. Energy & Environmental Materials, 2023, 6(5): e12450.

[55] Lei K, Wang C, Liu L, et al. A porous network of bismuth used as the anode material for high-energy-density potassium-ion batteries [J]. Angewandte Chemie International Edition, 2018, 57(17): 4687-4691.

[56] Chong S, Yang J, Sun L, et al. Potassium nickel iron hexacyanoferrate as ultra-long-life cathode material for potassium-ion batteries with high energy density [J]. ACS Nano, 2020, 14(8): 9807-9818.

[57] Hosaka T, Muratsubaki S, Kubota K, et al. Potassium metal as reliable reference electrodes of nonaqueous potassium cells [J]. Journal of Physical Chemistry Letters, 2019, 10(12): 3296-3300.

[58] Zhang X, Xiong T, He B, et al. Recent advances and perspectives in aqueous potassium-ion batteries [J]. Energy & Environmental Science, 2022, 15(9): 3750-3774.

[59] Fan L, Chen S, Ma R, et al. Ultrastable potassium storage performance realized by highly effective solid electrolyte interphase layer [J]. Small, 2018, 14(30): e1801806.

[60] Bates A M, Preger Y, Torres C L, et al. Are solid state batteries safer than lithium-ion batteries? [J]. Joule, 2022, 6(4): 742-755.

[61] Liu Q, Fan L, Ma R, et al. Super long-life potassium-ion batteries based on an antimony@carbon composite anode [J]. Chemical Communications, 2018, 54(83): 11773-11776.

[62] Xie J, Li X, Lai H, et al. A robust solid electrolyte interphase layer augments the ion storage capacity of bimetallic-sulfide-containing potassium-ion batteries [J]. Angewandte Chemie International Edition, 2019, 58(41): 14740-14747.

[63] Zhang S, Fan Q, Liu Y, et al. Dehydration-triggered ionic channel engineering in potassium niobate for Li/K-ion storage [J]. Advanced Materials, 2020, 32(22): e2000380.

[64] Zhang W, Pang W K, Sencadas V, et al. Understanding high-energy-density Sn_4P_3 anodes for potassium-ion batteries [J]. Joule, 2018, 2(8): 1534-1547.

[65] Zhang W, Wu Z, Zhang J, et al. Unraveling the effect of salt chemistry on long-durability high-phosphorus-concentration anode for potassium ion batteries [J]. Nano Energy, 2018, 53: 967-974.

[66] Fan L, Ma R, Wang J, et al. An ultrafast and highly stable potassium-organic battery [J]. Advanced

Materials, 2018, 30(51): e1805486.

[67] Wang L, Bao J, Liu Q, et al. Concentrated electrolytes unlock the full energy potential of potassium-sulfur battery chemistry [J]. Energy Storage Materials, 2019, 18: 470-475.

[68] Tong Z, Tian S, Wang H, et al. Tailored redox kinetics, electronic structures and electrode/electrolyte interfaces for fast and high energy‐density potassium‐organic battery [J]. Advanced Functional Materials, 2019, 30(5): 1907656.

[69] Yoshii K, Masese T, Kato M, et al. Sulfonylamide‐based ionic liquids for high‐voltage potassium‐ion batteries with honeycomb layered cathode oxides [J]. ChemElectroChem, 2019, 6(15): 3901-3910.

[70] Wang H, Yu D, Wang X, et al. Electrolyte chemistry enables simultaneous stabilization of potassium metal and alloying anode for potassium-ion batteries [J]. Angewandte Chemie International Edition, 2019, 58(46): 16451-16455.

[71] Wu Z, Liang G, Pang W K, et al. Coupling topological insulator SnSb$_2$Te$_4$ nanodots with highly doped graphene for high-rate energy storage [J]. Advanced Materials, 2020, 32(2): e1905632.

[72] Lei K, Li F, Mu C, et al. High K-storage performance based on the synergy of dipotassium terephthalate and ether-based electrolytes [J]. Energy & Environmental Science, 2017, 10(2): 552-557.

[73] Pham T A, Kweon K E, Samanta A, et al. Solvation and dynamics of sodium and potassium in ethylene carbonate from ab initio molecular dynamics simulations [J]. Journal of Physical Chemistry C, 2017, 121(40): 21913-21920.

[74] Liao J, Hu Q, He X, et al. A long lifespan potassium-ion full battery based on KVPO$_4$F cathode and VPO$_4$ anode [J]. Journal of Power Sources, 2020, 451: 227739.

[75] Zhang Y, Yi X, Fu H, et al. Reticular elastic solid electrolyte interface enabled by an industrial dye for ultrastable potassium-ion batteries [J]. Small Structures, 2024, 5(1): 2300232.

[76] Verma R, Didwal P N, Ki H S, et al. SnP$_3$/carbon nanocomposite as an anode material for potassium-ion batteries [J]. ACS Applied Materials & Interfaces, 2019, 11(30): 26976-26984.

[77] Zhang E, Jia X, Wang B, et al. Carbon dots@rGO paper as freestanding and flexible potassium-ion batteries anode [J]. Advanced Science, 2020, 7(15): 2000470.

[78] Zeng G, Xiong S, Qian Y, et al. Non-flammable phosphate electrolyte with high salt-to-solvent ratios for safe potassium-ion battery [J]. Journal of the Electrochemical Society, 2019, 166(6): A1217-A1222.

[79] Liu S, Mao J, Zhang L, et al. Manipulating the solvation structure of nonflammable electrolyte and interface to enable unprecedented stability of graphite anodes beyond 2 years for safe potassium-ion batteries [J]. Advanced Materials, 2021, 33(1): 2006313.

[80] Liu S, Mao J, Zhang Q, et al. An intrinsically non-flammable electrolyte for high-performance potassium batteries [J]. Angewandte Chemie International Edition, 2020, 59(9): 3638-3644.

[81] Ji S, Li J, Li J, et al. Dynamic reversible evolution of solid electrolyte interface in nonflammable triethyl phosphate electrolyte enabling safe and stable potassium‐ion batteries [J]. Advanced Functional Materials, 2022, 32(28): 2200771.

[82] Wu J, Zhang Q, Liu S, et al. Synergy of binders and electrolytes in enabling microsized alloy

anodes for high performance potassium-ion batteries [J]. Nano Energy, 2020, 77: 105118.

[83] Deng L, Wang T, Hong Y, et al. A nonflammable electrolyte enabled high performance $K_{0.5}MnO_2$ cathode for low-cost potassium-ion batteries [J]. ACS Energy Letters, 2020, 5(6): 1916-1922.

[84] Li A, Li C, Xiong P, et al. Rapid synthesis of layered K_xMnO_2 cathodes from metal-organic frameworks for potassium-ion batteries [J]. Chemical Science, 2022, 13(25): 7575-7580.

[85] Zhang R, Bao J, Wang Y, et al. Concentrated electrolytes stabilize bismuth-potassium batteries [J]. Chemical Science, 2018, 9(29): 6193-6198.

[86] Chen C, Wu M, Liu J, et al. Effects of ester-based electrolyte composition and salt concentration on the na-storage stability of hard carbon anodes [J]. Journal of Power Sources, 2020, 471: 228455.

[87] Yang Y, Li P, Wang N, et al. Fluorinated carboxylate ester-based electrolyte for lithium ion batteries operated at low temperature [J]. Chemical Communications, 2020, 56(67): 9640-9643.

[88] Wang L, Zou J, Chen S, et al. TiS_2 as a high performance potassium ion battery cathode in ether-based electrolyte [J]. Energy Storage Materials, 2018, 12: 216-222.

[89] Wang L, Yang J, Li J, et al. Graphite as a potassium ion battery anode in carbonate-based electrolyte and ether-based electrolyte [J]. Journal of Power Sources, 2019, 409: 24-30.

[90] Geng Y, Fu H, Hu Y, et al. Molecular-level design for a phosphate-based electrolyte for stable potassium-ion batteries [J]. Applied Physics Letters, 2024, 124(6): 22-30.

[91] Li L, Liu L, Hu Z, et al. Understanding high-rate K^+-solvent co-intercalation in natural graphite for potassium-ion batteries [J]. Angewandte Chemie International Edition, 2020, 59(31): 12917-12924.

[92] Moyer K, Donohue J, Ramanna N, et al. High-rate potassium ion and sodium ion batteries by co-intercalation anodes and open framework cathodes [J]. Nanoscale, 2018, 10(28): 13335-13342.

[93] Li B, Zhao J, Zhang Z, et al. Electrolyte‐regulated solid electrolyte interphase enables long cycle life performance in organic cathodes for potassium ion batteries [J]. Advanced Functional Materials, 2018, 29(5): 1807137.

[94] Wang Z, Luo K, Wu J F, et al. Rejuvenating propylene carbonate-based electrolytes by regulating the coordinated structure toward all-climate potassium-ion batteries [J]. Energy & Environmental Science, 2024, 17(1): 274-283.

[95] Liu X, Elia G A, Gao X, et al. Highly concentrated ktfsi : glyme electrolytes for K/bilayered‐batteries [J]. Batteries & Supercaps, 2020, 3(3): 261-267.

[96] Li J, Hu Y, Xie H, et al. Weak cation-solvent interactions in ether-based electrolytes stabilizing potassium-ion batteries[J]. Angewandte Chemie International Edition, 2022, 61(33): e202208291.

[97] Zhang W, Yan Y, Xie Z, et al. Engineering of nanonetwork-structured carbon to enable high-performance potassium-ion storage [J]. Journal of Colloid and Interface Science, 2020, 561: 195-202.

[98] Wang Z, Dong K, Wang D, et al. A nanosized SnSb alloy confined in n-doped 3D porous carbon coupled with ether-based electrolytes toward high-performance potassium-ion batteries [J]. Journal of Materials Chemistry A, 2019, 7(23): 14309-14318.

[99] Lei K, Zhu Z, Yin Z, et al. Dual interphase layers *in situ* formed on a manganese-based oxide cathode enable stable potassium storage [J]. Chemistry, 2019, 5(12): 3220-3231.

[100] Li L, Hu Z, Lu Y, et al. A low-strain potassium-rich prussian blue analogue cathode for high power potassium-ion batteries [J]. Angewandte Chemie International Edition, 2021, 60(23): 13050-13056.

[101] Lei Y, Han D, Dong J, et al. Unveiling the influence of electrode/electrolyte interface on the capacity fading for typical graphite-based potassium-ion batteries [J]. Energy Storage Mater, 2020, 24: 319-328.

[102] Li X, Ou X, Tang Y. 6.0 V high‐voltage and concentrated electrolyte toward high energy density K‐based dual‐graphite battery [J]. Advanced Energy Materials, 2020, 10(41): 2002567.

[103] Liao J, Chen C, Hu Q, et al. A low-strain phosphate cathode for high-rate and ultralong cycle-life potassium-ion batteries [J]. Angewandte Chemie International Edition, 2021, 60(48): 25575-25582.

[104] Moshkovich M, Gofer Y, Aurbach D, et al. Investigation of the electrochemical windows of aprotic alkali metal (Li, Na, K) salt solutions[J]. Journal of the Electrochemical Society, 2001, 148(4): E155.

[105] Hosaka T, Kubota K, Hameed A S, et al. Research development on K-ion batteries [J]. Chemical Reviews, 2020, 120(14): 6358-6466.

[106] Hess M. Non-linearity of the solid-electrolyte-interphase overpotential [J]. Electrochim Acta, 2017, 244: 69-76.

[107] Yoon S U, Kim H, Jin H J, et al. Effects of fluoroethylene carbonate-induced solid-electrolyte-interface layers on carbon-based anode materials for potassium ion batteries [J]. Applied Surface Science, 2021, 547: 149193.

[108] Ells A W, May R, Marbella L E. Potassium fluoride and carbonate lead to cell failure in potassium-ion batteries [J]. ACS Applied Materials & Interfaces, 2021, 13(45): 53841-53849.

[109] Tang M, Wu Y, Chen Y, et al. An organic cathode with high capacities for fast-charge potassium-ion batteries [J]. Journal of Materials Chemistry A, 2019, 7(2): 486-492.

[110] Liu G, Cao Z, Zhou L, et al. Additives engineered nonflammable electrolyte for safer potassium ion batteries [J]. Advanced Functional Materials, 2020, 30(43): 2001934.

[111] Wang C Y, Liu T, Yang X G, et al. Fast charging of energy dense lithium ion batteries [J]. Nature, 2022, 611(7936): 485-490.

[112] Degen F, Winter M, Bendig D, et al. Energy consumption of current and future production of lithium ion and post lithium ion battery cells [J]. Nature energy, 2023, 8(11): 1284-1295.

[113] Liu Y K, Zhao C Z, Du J, et al. Research progresses of liquid electrolytes in lithium ion batteries [J]. Small, 2023, 19(8): 2205315.

[114] Hosaka T, Fukabori T, Matsuyama T, et al. 1,3,2-dioxathiolane 2,2-dioxide as an electrolyte additive for k-metal cells [J]. ACS Energy Letters, 2021, 6(10): 3643-3649.

[115] Yang H, Chen C Y, Hwang J, et al. Potassium difluorophosphate as an electrolyte additive for potassium ion batteries [J]. ACS Applied Materials & Interfaces, 2020, 12(32): 36168-36176.

[116] Li J, Zhuang N, Xie J, et al. K‐ion storage enhancement in Sb/reduced graphene oxide using ether‐based electrolyte [J]. Advanced Energy Materials, 2019, 10(5): 1903455.

[117] Katorova N S, Fedotov S S, Rupasov D P, et al. Effect of concentrated diglyme-based electrolytes

on the electrochemical performance of potassium-ion batteries [J]. ACS Applied Energy Materials, 2019, 2(8): 6051-6059.

[118] Yamada Y, Chiang C H, Sodeyama K, et al. Corrosion prevention mechanism of aluminum metal in superconcentrated electrolytes [J]. ChemElectroChem, 2015, 2(11): 1687-1694.

[119] Yoshida K, Nakamura M, Kazue Y, et al. Oxidative-stability enhancement and charge transport mechanism in glyme-lithium salt equimolar complexes [J]. Journal of the American Chemical Society, 2011, 133(33): 13121-13129.

[120] Ye M, Hwang J Y, Sun Y K. A 4 V class potassium metal battery with extremely low overpotential [J]. ACS Nano, 2019, 13(8): 9306-9314.

[121] Niu X, Li L, Qiu J, et al. Salt-concentrated electrolytes for graphite anode in potassium ion battery [J]. Solid State Ionics, 2019, 341: 115050.

[122] Hameed A S, Katogi A, Kubota K, et al. A layered inorganic-organic open framework material as a 4 V positive electrode with high‐rate performance for K‐ion batteries [J]. Advanced Energy Materials, 2019, 9(45): 1902528.

[123] Zheng J, Yang Y, Fan X, et al. Extremely stable antimony carbon composite anodes for potassium-ion batteries [J]. Energy & Environmental Science, 2019, 12(2): 615-623.

[124] He X D, Liu Z H, Liao J Y, et al. A three-dimensional macroporous antimony@carbon composite as a high-performance anode material for potassium-ion batteries [J]. Journal of Materials Chemistry A, 2019, 7(16): 9629-9637.

[125] Yang F, Hao J, Long J, et al. Achieving high‐performance metal phosphide anode for potassium ion batteries via concentrated electrolyte chemistry [J]. Advanced Energy Materials, 2020, 11(6): 2003346.

[126] Qin L, Xiao N, Zheng J, et al. Localized high‐concentration electrolytes boost potassium storage in high‐loading graphite [J]. Advanced Energy Materials, 2019, 9(44): 1902618.

[127] Du X, Zhang B. Robust solid electrolyte interphases in localized high concentration electrolytes boosting black phosphorus anode for potassium-ion batteries [J]. ACS Nano, 2021, 15(10): 16851-16860.

[128] Liang H J, Gu Z Y, Zhao X X, et al. Advanced flame-retardant electrolyte for highly stabilized K-ion storage in graphite anode [J]. Science Bulletin, 2022, 67(15): 1581-1588.

[129] Lu X, Bowden M E, Sprenkle V L, et al. A low cost, high energy density, and long cycle life potassium-sulfur battery for grid-scale energy storage [J]. Advanced Materials, 2015, 27(39): 5915-5922.

[130] Eremin R A, Kabanova N A, Morkhova Y A, et al. High-throughput search for potential potassium ion conductors: a combination of geometrical topological and density functional theory approaches [J]. Solid State Ionics, 2018, 326: 188-199.

[131] Wang J, Lei G, He T, et al. Defect rich potassium amide: a new solid state potassium ion electrolyte [J]. Journal of Energy Chemistry, 2022, 69: 555-560.

[132] Fan L, Wei S, Li S, et al. Recent progress of the solid state electrolytes for high energy metal based batteries [J]. Advanced Energy Materials, 2018, 8(11): 1702657.

[133] Feng X, Fang H, Wu N, et al. Review of modification strategies in emerging inorganic solid state electrolytes for lithium, sodium, and potassium batteries [J]. Joule, 2022, 6(3): 543-587.

[134] Yuan H, Li H, Zhang T, et al. A $K_2Fe_4O_7$ superionic conductor for all solid state potassium metal batteries [J]. Journal of Materials Chemistry A, 2018, 6(18): 8413-8418.

[135] Masese T, Yoshii K, Yamaguchi Y, et al. Rechargeable potassium ion batteries with honeycomb layered tellurates as high voltage cathodes and fast potassium ion conductors [J]. Nature Communications, 2018, 9(1): 3823.

[136] Zheng J, Schkeryantz L, Gourdin G, et al. Single potassium ion conducting polymer electrolytes: preparation, ionic conductivities, and electrochemical stability [J]. ACS Applied Energy Materials, 2021, 4(4): 4156-4164.

[137] Gao H, Xue L, Xin S, et al. A high energy density potassium battery with a polymer gel electrolyte and a polyaniline cathode [J]. Angewandte Chemie International Edition, 2018, 57(19): 5449-5453.

[138] Xiao Z, Zhou B, Wang J, et al. Peo-based electrolytes blended with star polymers with precisely imprinted polymeric pseudo crown ether cavities for alkali metal ion batteries [J]. Journal of Membrane Science, 2019, 576: 182-189.

[139] Fei H, Liu Y, An Y, et al. Stable all-solid-state potassium battery operating at room temperature with a composite polymer electrolyte and a sustainable organic cathode [J]. Journal of Power Sources, 2018, 399: 294-298.

[140] Fei H, Liu Y, An Y, et al. Safe all-solid-state potassium batteries with three dimentional, flexible and binder-free metal sulfide array electrode [J]. Journal of Power Sources, 2019, 433: 226697.

[141] Chandra A. Hot pressed K-ion conducting solid polymer electrolytes: synthesis, ion conduction and polymeric battery fabrication [J]. Indian Journal of Physics, 2015, 90(7): 759-765.

[142] Hamada M, Tatara R, Kubota K, et al. All solid state potassium polymer batteries enabled by the effective pretreatment of potassium metal [J]. ACS Energy Letters, 2022, 7(7): 2244-2246.

[143] Fiore M, Wheeler S, Hurlbutt K, et al. Paving the way toward highly efficient, high energy potassium ion batteries with ionic liquid electrolytes [J]. Chemistry of Materials, 2020, 32(18): 7653-7661.

[144] Onuma H, Kubota K, Muratsubaki S, et al. Application of ionic liquid as K-ion electrolyte of graphite//$K_2Mn[Fe(CN)_6]$ cell [J]. ACS Energy Letters, 2020, 5(9): 2849-2857.

[145] Beltrop K, Beuker S, Heckmann A, et al. Alternative electrochemical energy storage: potassium based dual graphite batteries [J]. Energy & Environmental Science, 2017, 10(10): 2090-2094.

[146] Yamamoto T, Matsumoto K, Hagiwara R, et al. Physicochemical and electrochemical properties of $K[N(So_2F)_2]$-[n-methyl-n-propylpyrrolidinium][$N(So_2F)_2$] ionic liquids for potassium-ion batteries [J]. Journal of Physical Chemistry C, 2017, 121(34): 18450-18458.

[147] Yamamoto T, Matsubara R, Nohira T. Highly conductive ionic liquid electrolytes for potassium ion batteries [J]. Journal of Chemical Engineering Data, 2021, 66(2): 1081-1088.

[148] Yamamoto T, Yadav A, Nohira T. Charge discharge behavior of graphite negative electrodes in FSA-based ionic liquid electrolytes: comparative study of Li-, Na-, K-ion systems [J]. Journal of the Electrochemical Society, 2022, 169(5): 050507.

第 5 章　总结与展望

钾离子电池，作为一种新型的电化学能量储存系统，因其丰富的钾资源、低成本和环境友好特性，在当今的能源领域受到广泛关注。它们在电动汽车、便携式电子设备和大规模电网储能等领域展现出了巨大的应用潜力。本专著全面回顾了钾离子电池的发展历程，分析了当前钾离子电池技术的挑战与机遇，并展望了未来发展的趋势(图 5-1)。

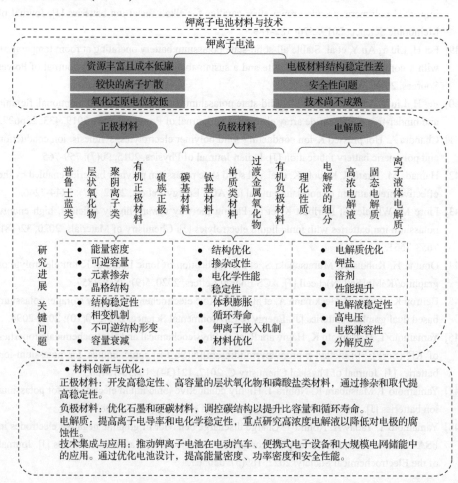

图 5-1　钾离子电池材料与技术全文框架

5.1　全 书 总 结

　　钾离子电池的工作原理类似于锂离子电池，是通过钾离子在负极和正极之间的往复嵌入和脱嵌来实现能量储存和释放。与锂离子电池相比，钾离子电池具有原材料丰富、成本较低等优势，但也面临着能量密度较低、循环寿命短等挑战(图 5-2)。

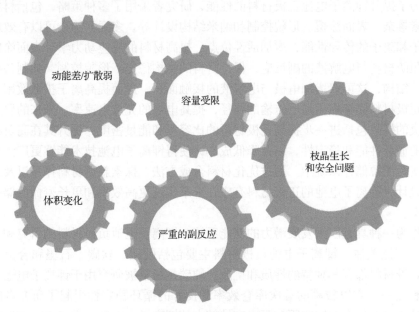

图 5-2　钾离子电池发展面临的挑战

　　钾离子电池正极材料的研究主要集中在普鲁士蓝类似物、氧化物、聚阴离子类材料和有机类材料上。这些材料不仅需要提供高的比能量和良好的电化学稳定性，还应具备在钾离子嵌入与脱嵌过程中的结构稳定性。层状结构氧化物是最常见的正极材料类型之一，这类材料的代表是层状钴酸钾($KCoO_2$)和层状镍酸钾($KNiO_2$)。它们拥有较宽的层间距离，有利于钾离子在电极材料中的快速嵌入和脱嵌。这种快速的离子交换能力对钾离子电池的高倍率性能至关重要。然而，层状结构材料在长期循环过程中容易发生层间崩塌和相变，从而导致比容量衰减和循环性能下降。隧道形氧化物如钼酸钾(K_2MoO_4)和钨酸钾(K_2WO_4)等同样被作为正极材料进行研究。这类材料往往具有高的热稳定性和化学稳定性，这对于确保电池的安全性至关重要。但是，它们的能量密度通常低于层状结构氧化物，所以研究的重点在于通过材料设计和掺杂策略提高离子扩散率和电子导电性。普鲁士蓝类似物正极材料，由于其开放的三维骨架提供了丰富的 K^+ 储存位点，有望实现商业化应用。但其结构中的结晶水和空位等缺陷仍然不利于高性能的发挥。聚阴离子类正极材料，如钾铁磷酸盐($KFePO_4$)和钾锰磷酸盐($KMnPO_4$)，提供了较稳定的电化学性能和良好的热稳定性。这些材料在钾离子嵌入过程中能够维持稳定的结构，从而导致良好的循环稳定性。内部结构的稳定性使得磷酸盐正极材料在循环充放电过程中表现出较低的容量衰减率。但是，由于离子扩散动力学的限制，如何提高其电导率和离子扩散率是当前的研究热点。

为了提升钾离子电池正极材料的性能，研究者采用了多种策略，包括材料的多元素掺杂、表面涂覆、形貌控制和纳米结构设计等。多元素掺杂可以有效地改善电子和离子的传导性能，增加活性位点，提高材料的反应动力学。表面涂覆层能够预防材料与电解液的副反应，保持材料的结构稳定。形貌控制，如制备中空或多孔结构，这可以增加电极与电解液的接触面积，进而提高离子扩散效率。纳米化正极材料能够缩短离子传输的路径，提高电池的充放电速率。未来的研究需要解决的挑战包括进一步提高正极材料的比容量和能量密度，提升其在高负荷条件下的循环性能和稳定性，以及降低成本，使得钾离子电池技术能够更广泛地应用于实际能源储存系统中。通过优化材料合成方法、探索新型材料体系以及改进电池设计，钾离子电池的正极材料有望在未来实现更高效率和更长寿命的储能解决方案。

作为一种具有巨大发展潜力的储能系统，钾离子电池负极材料的研究和开发受到了广泛关注。钾离子电池负极材料主要包括硬碳、软碳、石墨和合金等类型，每种材料都有其独特的性质和挑战。硬碳是最早被研究用于钾离子电池负极的材料之一。它以较高的首次库仑效率和良好的循环稳定性引起了研究者的关注。硬碳具有较大的层间距，可以容纳较大的钾离子，有助于提高电池的储能能力。但同时，硬碳的电子导电性相对较低，这限制了其在高倍率充放电条件下的应用。为了提高硬碳的电子导电性，研究人员通过引入导电添加剂、改变硬碳的微观结构等方式进行了大量尝试。软碳则因其较好的循环稳定性和电导率受到关注。与硬碳相比，软碳的结构更接近于石墨，有更好的层状排列，这有助于提高其电子和离子的传导性。然而，软碳的首次库仑效率相对较低，这是限制其应用的一个重要因素。研究人员正在寻找合适的预处理和掺杂方法，以提高软碳材料的首次库仑效率。石墨作为钾离子电池负极材料，以其高的电子导电性和良好的结构稳定性受到研究者的青睐。石墨负极可以提供较高的理论比容量，但其在钾离子电池中的实际应用受到挑战，主要因为钾离子的半径较大，石墨层间的嵌入和脱嵌过程中易发生结构破坏。为了解决这一问题，研究人员在石墨表面和层间引入功能化处理，以提高其与钾离子的兼容性和结构稳定性。

合金材料因其较高的理论比容量而成为钾离子电池负极研究的新兴领域。例如，硅、锡等材料与钾形成的合金可以提供极高的理论比容量。不过，这些材料在循环过程中容易发生体积膨胀和结构破坏，影响电池的循环稳定性和寿命。为了克服这些问题，研究人员开发了基于纳米结构和复合材料的策略，以缓解体积膨胀和提高结构稳定性。钾离子电池负极材料的研究仍处于快速发展阶段，不同类型的材料各有优势和局限。未来的研究将继续致力于寻找具有高能量密度、高电导率、高库仑效率和良好循环稳定性的负极材料。通过材料的结构设计、表面功能化处理和微纳尺度构筑等方法优化负极材料的性能，钾离子电池有望实现在能源储存领域的广泛应用。

电解液的性能对整个电池系统的效率和安全性有着至关重要的影响。电解液主要由载体溶剂、钾盐和各种添加剂组成，它们共同决定了电解液的离子导电性、化学稳定性、热稳定性和电池的整体安全性。载体溶剂是影响电解液性能的关键因素之一。常见的载体溶剂有碳酸酯类、醚类和酯类等有机化合物。在选择载体溶剂时，不仅要考虑其溶解钾盐的能力，还要考虑与电池其他组件的相容性，以及对环境的影响。碳酸酯类溶剂通常因良好的电化学窗口和较高的介电常数而被选用，但它们可能会在电池工作的高电压下降解，影响电池的循环寿命和安全性。因此，研究者们正致力于发掘新型溶剂或溶剂混合体系以提高整体性能。钾盐作为电解液中的电化学活性物质，其稳定性、导电性和安全性直接决定了电池的性能。目前常用的钾盐包括六氟磷酸钾(KPF_6)、四氟硼酸钾(KBF_4)等。这些盐类必须具有高的溶解度以保证足够的离子浓度，以及较低的结晶倾向以避免低温下的析出，影响电池的放电能力和低温性能。此外，研究者还在寻找新型钾盐，以解决现有钾盐的热稳定性和化学稳定性问题。添加剂的应用在电解液中尤为重要，它们可以有效改善电解液的综合性能。常见的添加剂有阻燃剂、降解剂和润湿剂等。阻燃剂能够提高电池在过热情况下的安全性；降解剂可通过牺牲反应减少电解液的分解，从而保护正负极材料；润湿剂可以改善电极材料的润湿性，提升电池的充放电效率。添加剂的设计和选择必须确保不会干扰电解液的基本性能，同时提升电池的整体性能和安全性。

钾离子电池的电解液研究需要深入考虑离子运动的热力学和动力学特性，包括离子在电极界面上的传输和扩散过程。电解液内离子传输效率的高低直接影响到电池的放电电流和能量密度。在设计和优化电解液时，研究者需要兼顾到离子在溶剂中的溶解度、在电解液中的迁移数、电解液与电极材料的界面稳定性以及溶剂对电化学窗口的影响。钾离子电池的电解液开发也面临着环境挑战，如如何减少或替换有毒或有害化学物质，以及如何提高电解液的回收利用率。未来的研究将继续探索更加环保、安全、高效的电解液系统，这将对钾离子电池的商业化应用产生重要影响。此外，集流体、导电剂和黏结剂等部件的设计也是提升整体电池性能不可或缺的一环。

5.2　未来展望

钾离子电池技术作为未来能量储存技术的一个有前进的方向，其发展不仅关乎科技进步，更涉及能源战略和环境可持续发展。钾离子电池的进一步研究需要解决现有材料的一些限制，如提高能量密度、增强循环稳定性及改善材料的合成和加工成本(图 5-3)。

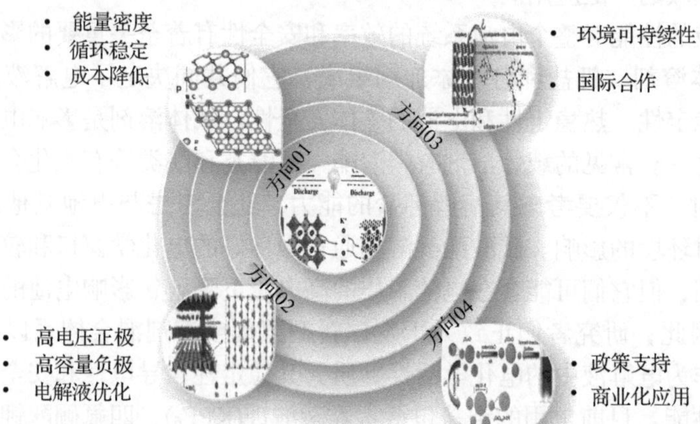

图 5-3　钾离子电池未来的发展方向

目前负极材料的研究主要集中在发展新型硬碳材料和高比容量合金材料。未来的研究将继续致力于寻找具有高能量密度、高电导率、高库仑效率和良好循环稳定性的负极材料。通过材料的结构设计、表面功能化处理和微纳尺度构筑等方法优化负极材料的性能，钾离子电池有望实现在能源储存领域的广泛应用。而正极材料的研究则着眼于发展高电压和高比容量的层状材料以及更稳定的磷酸盐类材料。未来的研究需要解决的挑战包括进一步提高正极材料的比容量和能量密度，提升其在高负荷条件下的循环性能和稳定性，以及降低成本，使得钾离子电池技术能够更广泛地应用于实际能源储存系统中。

通过优化材料合成方法、探索新型材料体系以及改进电池设计，钾离子电池的正极材料有望在未来实现更高效率和更长寿命的储能解决方案。对于电解液的研究，未来将朝着开发新型高效能的电解液及添加剂推进，目的是提高钾离子的传递速率和电池的安全性。钾离子电池的电解液研究需要深入考虑离子运动的热力学和动力学特性，包括离子在电极界面上的传输和扩散过程。电解液内离子传输效率的高低直接影响到电池的放电电流和能量密度。在设计和优化电解液时，研究者需要兼顾到离子在溶剂中的溶解度、在电解液中的迁移数、电解液与电极材料的界面稳定性以及溶剂对电化学窗口的影响。钾离子电池的电解液开发也面临着环境挑战，如如何减少或替换有毒或有害化学物质，以及如何提高电解液的回收利用率。未来的研究将继续探索更加环保、安全、高效的电解液系统，这将对钾离子电池的商业化应用产生重要影响。此外，集流体、导电剂和黏结剂等部件的设计也是提升整体电池性能不可或缺的一环。此外，研究者们也在寻求更环保和可持续的替代品，以减少电池的环境影响。

电池的工程设计和制造技术也是影响钾离子电池未来发展的重要因素。制造工艺的优化可以降低生产成本，提高电池性能的一致性和可靠性，从而推动钾离子电池在市场上的竞争力。例如，通过改进电极涂布工艺、优化电池组装结构等方法，可以有效地提高生产效率和电池性能。在应用上的推广方面，钾离子电池的未来还包括对电动汽车、便携式电子设备、储能系统等应用场景的适配性研究，这要求电池不仅具备更高的能量密度和功率密度，还需要满足特定应用的耐用性和稳定性要求。

钾离子电池未来的发展还离不开国际化的合作。随着全球对环境保护和可再生能源的重视，钾离子电池因其独特的优势可能会在国际上受到更多的关注。通过国际合作，可以共享研究成果、加速技术创新，并推动全球能源转型。环境与可持续性将继续成为钾离子电池研究的核心主题。随着环保法规的日益严格，电池材料的循环利用和生命周期评估将变得越来越重要。发展可回收利用的电池材料，建立完整的电池回收和再利用体系，将对降低电池制造的环境足迹和实现循环经济提供重要支撑。最后，在政策和市场层面，政府部门的政策支持和市场的需求拉动将对钾离子电池的商业化进程产生重要影响。通过给予研发税收优惠、资助先进制造技术的开发和推广，在全球电池市场中占有一席之地的钾离子电池将得到加速发展。

综上所述，钾离子电池的未来可望在高性能和高安全性的驱动下，实现技术突破，推动新一轮的能源变革。尽管面临众多挑战，但凭借跨学科研究和国际合作，这一领域有望在不久的将来实现长足的进步。

编 后 记

"博士后文库"是汇集自然科学领域博士后研究人员优秀学术成果的系列丛书。"博士后文库"致力于打造专属于博士后学术创新的旗舰品牌，营造博士后百花齐放的学术氛围，提升博士后优秀成果的学术和社会影响力。

"博士后文库"出版资助工作开展以来，得到了全国博士后管委会办公室、中国博士后科学基金会、中国科学院、科学出版社等有关单位领导的大力支持，众多热心博士后事业的专家学者给予积极的建议，工作人员做了大量艰苦细致的工作。在此，我们一并表示感谢！

"博士后文库"编委会